欧州郵政事業論

欧州郵政事業論

立原 繁・栗原 啓著

東海大学出版部

European postal operators'strategic business developments

Shigeru TACHIHARA and Akira KURIHARA
Tokai University Press, 2019
ISBN978-4-486-02180-3

はじめに

　世界ではじめて近代的郵便制度を開始したのは、イギリス（連合王国）で、それは1840年であった。それから約30年後の1871年に日本でも郵便事業がはじまり、まもなく創業150年を迎えようとしている。日本における郵政事業は、郵便・貯金・保険を「三事業一体」「全国ネットワーク」「独立採算」のもと経営が行われて、国民利用者の利便性と経済発展に大きく貢献して来た。

　その郵政事業の骨格を成して来たのは「ユニバーサルサービス」である。1964年に制定された万国郵便条約は、ユニバーサルサービスを「全ての利用者が、その質を重視した郵便の役務を、加盟国の領域の全ての地点において、恒久的、かつ合理的な価格の下で受け付けることが出来るような普遍的な郵便業務の提供を受ける権利を享有することを確保する」（第3条）と定義している。そして加盟国の責務として「自国民のニーズ及び国内事情を考慮して、関係する郵便業務の範囲を定めるとともに、その質を重視し、及び合理的な価格を設定することについて条件を定める」ことを求めている。一般的に、ユニバーサルサービスは、①地理的ユニバーサルサービス（全国どの地域でもサービスを受けられること）、②経済的ユニバーサルサービス（誰もが利用可能な料金でサービスを受けられること）、③社会的ユニバーサルサービス（全ての人が差別なくサービスが受けられること）、④技術的ユニバーサルサービス（一定の品質をもったサービスを受けられること）、の4要素から成り立っていると理解されている。

　これらについての利用者の権利を保障するため、各国の規制当局は具体的なユニバーサルサービス基準を定め、自国の郵便事業者に対してその提供義務（ユニバーサルサービス義務）を課している。しかし、ユニバーサルサービスに係わる費用を、誰が、どのような方法で負担するかという大きな問題がある。郵便事業の独占が制度的に維持されているうちは、内部相互補助によってユニバーサルサービスコストを上回る一定収益を確保することは比較的容易だったが、郵便市場における競争政策の導入・拡大は、それまでの郵便事業体の財政収支を悪化させ、ユニバーサルサービス義務のための財政基盤を損なうことにつながってきている。

　以前は、ユニバーサルサービス義務のための財政的措置については、郵便事業体に対する独占権付与が最も伝統的な方策であった。しかし、1990年代以降、世界の郵便事業は、①技術的による他の通信メディアの発達、②民間宅配事業者の郵便物流への進出、③伝統的郵便事業体の非効率性の顕在化、④グローバル市場の発展、などの影響を受け、郵便市場の自由化と郵便事業体の経営改革（民営化）がほぼ同時並行的に進めら

れることとなった。とりわけ、郵便自由化は独占領域の縮小あるいは廃止をもたらし、伝統的な郵便事業体にとってはそれだけ安定的な収入源が失われたことになる。そのことは、必然的にユニバーサルサービスの供給体制に影響を及ぼし、サービス品質の低下あるいはサービス範囲の縮小などのリスクが高まったことになる。

　日本では2007年から実施された郵政民営化を背景としながら、政府内で郵便自由化とユニバーサルサービスの確保のあり方について議論がなされてきた経緯がある。株式上場がなされたことにより、今後、株主は、より高い配当金とキャピタルゲインを要求してくるものと思われる。その中で、日本郵政グループが提供義務を持つユニバーサルサービスをどのように位置づけるのか、ユニバーサルサービスコストをどのように負担するのか、現在の水準のユニバーサルサービスを維持できるのか、その課題は大きい。

　本論は、郵政民営化の先陣を切った欧州の郵政事業の現状と課題の最先端を調査したものである。欧州諸国における郵政事業のあり方や経営戦略が、今後の日本郵政グループの未来戦略に役立つことができれば幸いである。

　本論を書き上げるための海外調査には、日本郵政グループ労働組合（増田光儀　委員長、小澤雅仁　副委員長、柴　愼一　副委員長、石川幸徳　書記長）のご支援を頂いた。
　また、特にJP総合研究所（増田喜三郎　所長、下原田　寿　副所長、武井幸介　客員研究員、伊藤栄一　客員研究員、澤口由佳　研究員）の熱心なご協力を頂くことが出来た。
　欧州委員会や欧州各国の郵便労働組合とUNIグローバルユニオン郵便・ロジスティクス部会局長Cornelia Broos 氏、欧州郵便・ロジスティクス部会担当部長Dimitris Theodorakis 氏の協力も得た。
　出版にあたっての企画から編集までを、浅野清彦　氏（東海大学出版部部長・政治経済学部教授）と田志口克己　氏（東海大学出版部）にたいへんお世話になった。
　心より感謝申し上げる。

立原　繁
栗原　啓
2019年2月

目　　次

はじめに……………………………………………………………………………… i

第 1 章　欧州郵便法の裁定者　EU ……………………………………………… 1
第 2 章　ポストノルド：世界の郵便事業の自由化の先駆け　スウェーデン…… 9
第 3 章　ポストノルド・デンマーク：「電子政府」と郵便物量の減少　デンマーク……21
第 4 章　ポストノルド：国境を越えた郵便事業会社　スウェーデン・デンマーク……31
第 5 章　ロイヤルメール：郵便会社と郵便局会社　英国………………………39
第 6 章　b ポスト：株主の重みを知る上場会社　ベルギー……………………65
第 7 章　ポスト NL：「選択」と「集中」を実施するオランダポスト　オランダ……81
第 8 章　ポステ・イタリアーネ：金融に重きをおくポスタルオペレーター
　　　　　　　　　　　　　　　　　　　　　　　　　　　　　イタリア……91
第 9 章　ラ・ポスト：政府の行政の一角をになう郵政事業体　フランス…… 107
第 10 章　ポステンノルゲ：EU に翻弄される郵便事業　ノルウェー………… 135
第 11 章　ポスティ：郵便ネットワークを活かしたサービス　フィランド…… 153
第 12 章　ドイツポスト DHL：世界を行くグローバル企業　ドイツ………… 171
第 13 章　ポルトガルポスト（CTF-PT）：完全民営化企業　ポルトガル…… 205
第 14 章　スイスポスト：評価が世界 1 位の取り組み　スイス……………… 223
第 15 章　万国郵便連合（UPU）：国際郵便ルールの元締め………………… 245
第 16 章　むすびと展望…………………………………………………………… 255

索引………………………………………………………………………………… 259
著者紹介

第1章　EU
郵便法の裁定者

EU 郵便指令の概要

　欧州連合（EU）の郵便市場は巨大である。現在 28 カ国が加盟しており、EU と欧州経済領域（EEA）とスイス郵便事業とエクスプレスを含めた郵便市場の規模を 900 億ユーロ（2016 年）としている。その内訳は書状郵便 42％、小包とエクスプレス 58％である。国内郵便取扱数は 640 億通である[1]。そして、約 210 万人[2]が郵便事業に従事している。この市場をコントロールしているのが EU 郵便指令である。

　第1次 EU 郵便指令は 1997 年であり、その後の 2002 年と 2008 年に2度改定された。2002 年の第2次郵便指令では価格と重量の上限が下げられた。2008 年の現行の第3次郵便指令によって EU の郵便市場の完全自由化への道筋が整えられた。2010 年までに EU28 カ国のうち 16 カ国が完全に市場開放を行い、そしてその残りの 11 カ国について 2012 年末までに完全開放するという期限が設定された（図1）。なお、英国は 2006 年より市場を完全に自由化している。

　一連の郵便指令は、①欧州郵便単一市場の形成、②良質なユニバーサルサービスの維持、③郵便市場の競争の導入、を柱としており、その実現のために、リザーブドエリアと呼ばれる独占領域を徐々に縮小することで、段階的に競争を導入する方法が採られた。ただし、EU 郵便指令は、加盟国にある程度の柔軟性も持たせている。

　さらに、郵便事業の運営体と規制体を分離することで、国営形態への復帰の可能性を

図1　EU 郵便指令の道筋

1992 年	郵便サービスの統合市場の発展に関するグリーンペーパー
1997 年	第1回郵便指令
1999 年	第1回リザーブドエリアの縮小　（350 グラム以上　かつ基本料金の5倍未満）
2002 年	第2回郵便指令
2003 年	第2回リザーブドエリアの縮小（100 グラム以上　かつ基本料金の3倍未満）
2006 年	第3回リザーブドエリアの縮小（50 グラム以上　かつ基本料金の 2.5 倍未満）
2008 年	第3回郵便指令
	リザーブドエリアを 2010 年末までに撤廃し完全自由化　（東と南ヨーロッパ諸国を除く）
	リザーブドエリアを 2012 年末までに撤廃し完全自由化

出展：EU の資料を参考に筆者作成

---

[1] (3 pp. 26, 47)
[2] (2)

封じ、その後の民営化、株式上場への道筋を開いた。このように、1990年代初めからの欧州郵便事業の自由化は、2013年の完全自由化を経て、各国の郵便事業体の民営化・株式上場で一先ずの山を越えたものと思われた。

現在では、Eコマースの拡大による小包の増加、電子的な代替手段によって書状郵便の大幅な減少が起きている。このような郵便を取り巻く環境の変化が現行の第3次EU郵便指令を新たな郵便指令に換えようとする動きにつながっている。

ユニバーサルサービス義務（USO）

EU郵便指令の最も重要な事項はユニバーサルサービス義務である。その定義として、恒久的に郵便のUSOを実施しなければならないと示されており、郵便事業体は少なくとも1週間のうち5営業日は郵便配達を行なわなければならないとうたっている。但し、ここでもUSOにある程度の柔軟性と例外が存在している。例えば離島や山間へき地などの地域的な状況により、あるいは例外的な問題により、その加盟国が正当な理由であればこのルールを必ずしも適用する必要はないとされている（図2）。

EUでは郵便のユニバーサルサービスに最低限含めなければならないサービスとして、書状では2キロまで、小包では10キロまでといった規定のほか、USOには国内サービスや国際的サービスもある。一方、USOの対象にならないサービスとして追跡

図2　USOにかかわる収集と配達日数（2017年12月現在）

収集と配達頻度	加盟国
書状：5日、小包：規定なし	キプロス、スウェーデン
書状：5日、小包：5日	オーストリア、ベルギー、ブルガリア、エストニア、チェコ、スペイン、フィンランド、ギリシャ、クロアチア、ハンガリー、アイルランド、イタリア、ラトビア、リトアニア、ルクセンブルク、オランダ、ポーランド、ポルトガル、ルーマニア、スロバキア、スロベニア
書状：6日、小包：5日	デンマーク、英国
書状：6日、小包：6日	フランス、ドイツ、マルタ

図3　ユニバーサル・サービス義務（USO）と付加価値税の免除（2018年現在）

	オランダ	ドイツ	スウェーデン	フィンランド	英国	イタリア	フランス	ベルギー	デンマーク
通常郵便									
大口差出郵便									
ダイレクトメール									
雑誌									
非優先郵便									
通常小包									
大口差出小包									

　　　ユニバーサル・サービス義務と付加価値税の免除
　　　ユニバーサル・サービス義務と付加価値税の免除なし
　　　ユニバーサル・サービス義務なし

出展：「ポストNL」の資料

サービスがある。現在の傾向としては USO の対象範囲の縮小がありバルクメール、DM、定期刊行物などをユニバーサルサービスから外す加盟国が増加している（図3）。

加盟国がユニバーサルサービスについて順守しなければならないメカニズムが3点あり、このうち少なくとも1つを守らなければならないとされている。

①市場競争
②ユニバーサルサービスの一部を、あるいは領土の一部をカバーするために外注化をすること
③ユニバーサルサービスの公的調達の実施

第3次 EU 郵便指令をもって、それまで各国1つに絞られていた郵便のユニバーサルサービス事業者は事実上複数化への可能性がひらかれた。その目的は競争の導入、利用者の選択肢の拡大である。ほとんどの加盟国では、従来どおりに1つの事業者をユニバーサルサービス事業者として指名している。例えば、ドイツでは、市場競争のメカニズムを使ってユニバーサルサービスを提供している[3]。実際には、「ドイツポスト」が実態は自主的におこなっているにすぎないようである。

小包の規制

EU 市場では郵便物数が大きく減少する一方で、小包市場は非常に大きく成長している。しかし、小包市場の規模については各国で重量の上限の違い、あるいはマーケットデータがあまりないことにより統一されたコンセンサスが存在しない。

各国の国内小包のセグメントは全体の小包収益の7割から8割を占める。その一方でEU 加盟国間の越境小包は全収益の2割以下であり、E コマースの発達により今後の越境物流の成長の余地は大きい。

消費者や中小企業間での取引きについて小包料金が高いため EU 加盟国間での売買の障壁になっていることから、EU 加盟国間の小包配達サービスの規制を、欧州委員会の郵便チームが 2012 年から手掛けている。欧州委員会はこの規制案を 2016 年に採択している。

2016 年当時の規制案は価格の規制を行うことではなく、料金や料金設定の透明性の確保と規制当局によるモニタリングの強化によって、価格が低下して消費者や中小小売業者にメリットがもたらされることを意図していた[4]。

USO の将来

郵便市場は変わりつつあるが、変化の速度が加盟国間で一律ではない。EU では、郵便物数の減少によって USO の持続性が課題となっており、将来に向けて、いつその定

---
[3] [5]
[4] [5]

義と、ユニバーサルサービスの基準の見直しが喫緊の課題となっている。欧州委員会によると、EU 郵便指令の改定をもって、USO の定義の変更が必要となる可能性を意味することから欧州委員会郵便サービス部門は現在行なっていることは情報や事実の収集、各加盟国のユーザーがどのような需要やニーズがあるか調査・研究[5]を実施しているとのことであった。そして、最終段階にあることが UNI グローバルユニオンや欧州の郵便労組との意見交換から推察している。

1. 欧州委員会：アプリケーションリポート

政治的な情勢を抜きにすることは出来ない。欧州委員会は4年に1度、アプリケーションリポートを作成しており、2015 年に採択された最新のリポートで欧州委員会は「郵便の市場は急激な進化を遂げ続けており郵便市場全体の緊密なモニタリングとさらなる分析、現行の規制的な枠組みの効果の検証が必要である」とリポートした。

2. 欧州議会：アプリケーションリポートへの回答

欧州議会から欧州委員会のアプリケーション報告書への回答は、EU 郵便指令は加盟国に対して、利用者のニーズをしっかりと満たし、技術、経済、そして社会的な環境の変化にも柔軟に対応し、ユニバーサルサービスを長期にわたって持続可能とすることを採択した。

3. EU 閣僚理事会の考え方

EU 閣僚理事会には郵便ワーキンググループが設置されている。オランダが議長国を務めた時に、郵便指令の見直しをするように欧州委員会に勧告している。EU 閣僚理事会は正式に現行の郵便指令の改定の立場を取りさらに、EU 閣僚理事会、欧州委員会、そして欧州議会の3つ全ての機関とも郵便市場の推移をモニタリングする必要性と現行の郵便指令の改定の検討が必要である立場を採っている。

EU 郵便指令による雇用の側面

一連の EU 郵便指令によって、欧州の各国の郵便事業体では雇用の面での過度な改革・調整が行われている。UNI ヨーロッパグローバルユニオンの欧州地域組織は、「自由化の結果として、欧州委員会の約束したサービスの向上も価格の低下も起こらなかった。少数の利益を受けた者と、大多数の不利益を被った者に分断した。前者は旧国営事業体の民間シェアホルダー、経営者、大口利用者であり、後者は田舎に住む人々、雇用や労働環境に影響があった郵便労働者である」[6]と声を大にして批判を繰り広げている。

特に、第3次 EU 郵便指令は、欧州の郵便事業者の雇用数や仕事の種類、労働条件、

---

[5] [5]
[6] [1]

スキル要件について大きな影響を与え、郵便労働者に働く環境に変化をもたらした[7]。

　欧州におけるEコマースの市場は、配達コストと利用者への配達の質的サービスの向上を巡って、物流事業者間の競争が激しくなっており、絶え間のないコスト圧力は、労働者賃金と労働条件に悪影響を及ぼしている。

事業の多角化

　欧州の各国の郵便事業体は、このような新たな郵便市場環境で、ユニバーサルサービス義務を提供するために、新たな収入源、新ビジネスを模索してきている。具体的には、①従来の郵便サービス以外の配達品目の配達（食料品や医薬品：ポストノルドデンマーク）、②ホームモニタリングサービス（家庭訪問サービス、高齢者見守りサービス：ラ・ポスト、ポストノルド）、③リサイクルのための家電製品の収集や設置（ポストNL、ラ・ポスト）、④郵便局での新たなサービス（金融ビジネス分野、保険・住宅ローン、クレジットカード・デビットカード：ロイヤルメール、ポステイタリアーネ）、⑤特定のセクター向けのサービス（電子政府や福祉サービス）、⑥公共空間サービス（道路の点検）、などである[8]。

　このように各国の郵便事業者はその取り巻く環境（各国の事情、事業展開のスピード、ビジネスの着眼点）によって非郵便分野への展開が進んでおり、非郵便分野の収入が郵便事業収入を上回ってきている郵便事業者も現れている。これらの動向により、郵便事業者は新たな参入者や他の事業者との競争に迫られ、郵便自由化と事業の多角化は雇用維持と労働条件に大きな影響を及ぼしている。

雇用課題

　今後、欧州の郵便事業者にとっては、急成長しているEコマース市場が重要な収入源である。郵便事業者はこれまでの市場変化に対応して、柔軟性、迅速性、配達サービスの観点から、郵便オペレーションを変えている。例えば、郵便書状分野では労働強化とコストカット、また、労働者の身分の再分類を行って高齢労働者の早期退職を進めてきた。

　一方で、小包分野では柔軟性のある労働形態と外部委託が進んでおり、アウトソーシング、柔軟性のある雇用制度、そして派遣労働が取り入れられている。

　第1次郵便指令から完全自由化までの間に、郵便労組と経営者側は、①自然減による雇用の削減、②ピーク時間を重点的にカバーする各種効率化、③全労働者に占める非常勤労働者の割合の制限設定、④早期退職やレイオフを避けるための短時間労働の取り決め、⑤余剰人員の再訓練と再配置、⑥解雇手当金、⑦生涯学習の一環としてのトレーニング、などに合意した[9]。

---

[7] [4ページ：36]
[8] [4ページ：40]

欧州諸国の郵便配達日数について

　非EU国であるノルウェーやスイスを含めて、配達頻度には実際の規程と現実に違いがある。スウェーデンでは週5日配達となっているが、既に週3日配達を可能とする「郵便法」の改正が決定している。デンマークではすでに週5日配達がされておらず、2018年1月からは、配達員は週5日配達に出るが、受け取る側は週1日の実質的配達となる。フィンランドでは現状では週5日の配達が行われているが、サービスレベルの引き下げが進みつつある。ポルトガルでは週5日配達となっているが実際には優先メールの配達が優先されており普通郵便はなかなか配達されない現実となっている。ベルギーでは配達日はEU郵便指令で決まっている週5日配達を実施、英国の週6日配達、ドイツの週6日配達、スイスは週5日配達など、配達日数の遠心化が進んでいる。
　各国とも郵便物の減少による配達頻度への影響が大きいようである。これは労働力や雇用確保にも影響が現われることは確実である。

新たなEU郵便指令に対するEU領域内の郵便労組の考え方

　欧州委員会(EC)から委託を受けたコペンハーゲン・エコノミクスが郵便分野での2013年-2016年の経過を分析した報告書「MAIN DEVELOPMENTS IN THE POSTAL SECTOR 2013-2016」を2018年7月に完成している。さらに、ウィキコンサルトが2018年9月に小包に関する「Dynamic Development of Cross-border E-commerce through Efficient Parcel Delivery」の中間報告書が出されており、2019年初めをめざして最終報告書をまとめている状況である。2つの報告書には新たなEU郵便指令に向けた提案が示されている。
　コペンハーゲン・エコノミクスの報告書は、2013年から2016年までの収集したデータを基に作成されており、そこには2つの特徴が示されている。1つは書状郵便の減少、もう1つはEコマースによる小包の取扱いの拡大、同時に他の民間事業との競争を激化、そして、書状郵便の減少がUSOの維持をリスクに晒していること等が述べられている。ユニバーサルサービスを維持するシナリオとして、配達日数の削減、配達速度のダウン、配達場所の見直し(戸別配達以外へ)、全国均一料金制度の見直し、郵便局の設置の見直し、が示されている。
　ウィキコンサルトの小包に関する中間報告書では、EU領域外からの越境小包を含む小包市場の推移、小包市場での雇用と労働条件、小包サービスが環境へ与える影響が述べられている。
　当然のこととして、世界の郵便労組を組織するUNIグローバルユニオン(国際労働産別)でも、組合側の意見を反映させるために欧州の各郵便労組から新たなEU郵便指令に対する意見をまとめている。英国やアイルランドの郵便関係労組では少なくとも週

[9] [4ページ：42]

図4 EU法の成立までのプロセス

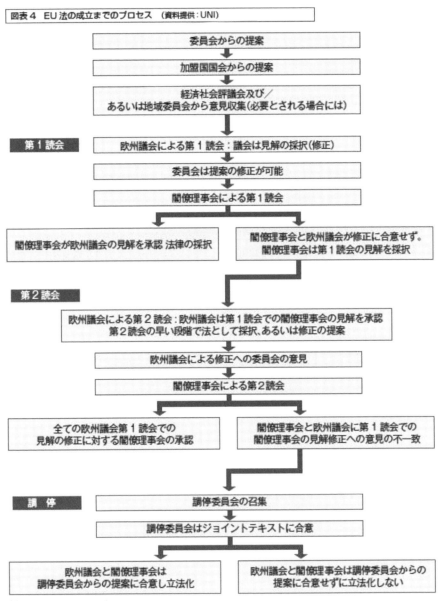

出展：UNI GLOBAL UNION

5日配達の維持とユニバーサルサービスの財政面で重点を当てるように求めている。ドイツの組合は現行の郵便指令の維持を望んでいる。チェコの組合からは、現行の郵便指令の向上を最低でも望むが、可能でなければ現状の維持を希望している。北欧諸国からは現行の郵便指令以上の自由化の導入をしないことやUSOの財政的なフレームワークを新たな郵便指令に含めるように求めている。フランスやベルギー等の組合からは、雇用や労働条件の向上、サービス品質の向上、配達における郵便や小包の違いの解消、環境の保全のための規制強化を求めている。

　2019年には欧州議会選挙が実施される。その後、EU郵便指令の見直しの議論は開始されその数年後に改定が行われる可能性がある（図4）。その中心的課題はユニバーサルサービスの改革であり、この改革は非常に複雑かつ政治的にセンシティブな問題である。この郵便指令の改定は、EU全体、地域全体にいるさまざまなユーザーのニーズを満たすよう十分な柔軟性を持たさなければならない。

　現在、欧州各国の郵便事業体でEU郵便指令の解釈の仕方が異なってきている。加盟各国間での格差が広がってきている。新たな郵便指令はユニバーサルサービスのサービス内容の改定を避けて通れない状況であるが、フレームワークであり、最低条件の提示である。それ以上のサービスを提供する郵便事業体が郵便利用者の支持を得ることは明白である。

引用文献

1. コーネリア・ブロース．2017．2017年12月6日．
2. POSTEUROP. About Us. *POSTEUROP.* [Online] [Cited: 1 4, 2019.] http://www.posteurop.org/aboutus.
3. Cerpickis, Mindaugas; Facino, Martina; Geus, Marjolein; Möller Boivie, Anna;Gårdebrink, Jimmy; Almqvist, Mattias;Apon, Jochem;Basalisco, Bruno; Ballebye Okholm, Henrik. 2018. Main Developments in the Postal Sector (2013-2016). *European Union.* [Online] 7 2018. [Cited: 1 3, 2019.] http://publications.europa.eu/publication/manifestation_identifier/PUB_ET0318267ENN.
4. 欧州における郵便事業と労働運動の強化に向けて．ディミトリス・テオドラキス．2017. 37. ：日本郵政グループ労働組合　JP総合研究所，2017年3月，JP総研Research.
5. カミラ・オリビエス（欧州委員会郵便サービス部門）．2017．EU郵便調査．2017年12月6日．

第2章　スウェーデン
ポストノルド：世界の郵便事業の自由化の先駆け

スウェーデンの郵便事業と制度改革

　スカンジナビア半島のバルト海側に位置するスウェーデンの総人口は約1,000万人（2017年）であり、その約40％は南部に位置する三つの大都市圏（ストックホルム、ヨーデボリ、マルメ）に集中している。同国の約6割が森林や山地となっており、また国土のおよそ1割は10万以上あるとされる湖沼や河川で占められている。スウェーデンの人口密度は低く、国土面積は45.0万km^{2}と日本の約1.2倍もあるにも関わらず、人口密度は2017年で22.2人/m^{2}と日本（336人/m^2）のおよそ15分の1程度しかない。

　このスウェーデンの郵便事業は1990年代初頭までは政府の直営事業（郵政庁）として行われていた。スウェーデンは1993年1月に郵政庁による郵便の独占が廃止され、1994年3月に政府が全株式を保有する特殊会社、「ポステンAB」が誕生した。郵政庁が有していた郵便事業に関する監督権限は電気通信庁に移管され、「郵便電気通信庁」（PTS）となった。郵便法の下、「ポステンAB」は唯一のユニバーサルサービス提供者として存在し、規制体によって料金はコントロールされていた。

　このように1993年には世界でも最も早く郵便事業の制度改革に着手している。制度改革の理由としては、郵便市場は郵政庁の独占とされていたが、1990年代初頭には、後述の「シティメール」の市場参入によって競争が現実化したこと、インターネットやEメールなど通信手段の発達によって、郵便の取扱量の減少[1]として現われ始め、これに対応するための手段が市場の自由化策であった。

　こうした社会の変化に柔軟に対応するため、「ポステンAB」は経営上の判断として「経営の自由度の拡大による事業領域の拡張」と「企業的経営による生産性の向上」を実現することで[2]、外国市場への進出や金融やIT分野への参入を望んでいたと推察される。

　この自由化政策によって、配達率の低下や大量差出郵便での料金値下げ・小口郵便の料金の値上げが起きている[3]。社会的な影響ではスウェーデンからは郵便局がなくなった[4]。しかし、郵便局はポスタルポイントとしてスーパーやガソリンスタンドやキオスク等に設置されている。

---

[1]　(7 p.5)
[2]　(3 p.84)
[3]　(3 p.87)
[4]　(3 p.87)

2008 年 4 月 1 日にデンマークの郵便事業会社である「ポステン・デンマーク」とスウェーデンの郵便会社「ポステン AB」が統合の意思を発表、2009 年 6 月 24 日「ポステン・ノルデン AB」が成立した。同社の株式をスウェーデン政府が 60％、デンマーク政府が 40％を持ち、株主投票権は各 1：1 の共同所有会社である[5]。「ポステンノルデン AB」はその後「ポストノルド」に改称している。スウェーデン全国に週 5 日配達のユニバーサルサービス義務（USO）がある。高品質なサービスや手頃な郵便料金の維持等の確保を目標に設定している[6]。

なお、スウェーデンにおいても、ユニバーサルサービスの一環として基礎的キャッシャーサービスが、郵便局以外に支払い手段を持たない利用者のために、2002 年 1 月に施行された「基本支払業務法」によって義務づけられた。しかし、利用者減少などにより 2008 年末には廃止された経過がある。

規制体

「郵便電気通信庁（PTS）」は郵政庁から「ポステン AB」への組織形態の変更に伴って、それまで郵政庁が有していた郵便事業に関する監督権限が電気通信庁に移管され、1994 年 3 月 1 日に独立機関として設置され、電子通信（電気通信、インターネット、電波関連分野）及び郵便事業分野の監督を行う[7]。

「企業・イノベーション省」が「ポストノルド」の所有権を持つ。「PTS」はサービスがライセンスの条件に合っているか、ユニバーサルサービスが守られているか監督している。

「ポストノルド」は郵便法によってユニバーサルサービスの提供が義務付けられている。免許付与の条件として、EU 郵便指令に示される「20 kg までの郵便物について週 5 日」の集配義務である。スウェーデンの他の郵便事業者と同様に郵便サービスを実施するには免許の取得が必要である。この免許のために、「ポストノルド」は 2017 年には 1,700 万スウェーデン・クローナ（SEK）（2016 年：1,700 万）を「PTS」に納入している[8]。

1. ユニバーサルサービス

(1) 参入要件

1997 年には書状で重量 2 kg 以下のものに関しては、当初は「届出制」であったが「郵便電気通信庁（PTS）」によって「免許制」となり参入規制が強化されている。書状については宛先の示された封筒等に入れられた重量が 2 キロまでと定義されている。郵便だけでなくカタログや新聞の配達にも免許が必要であるが、小包はこの限りではない[9]。

---

[5] (2 p. 27)
[6] (3 p. 84)
[7] (1)
[8] (2 p. 69)

(2) 付加価値税（VAT）

郵政庁時代は郵便料金について付加価値税は賦課されていなかった。「ポステン AB」発足当初は郵便料金への付加価値税（VAT）は 12％の軽減課税であったが、その後の EU 加盟時に 25％の VAT が導入された[10]。スウェーデンでは全ての参入事業者を平等に扱う観点から VAT は免除されていない[11]。

(3) 配達頻度

配達頻度は週 5 日であるが、遠隔地では週 5 日の郵便配達が免除されており、週に 2 日から 4 日の配達とされている。2018 年の対象世帯数は約 1,300 世帯[12]。

(4) 送達速度

郵便の減少による「ポストノルド・スウェーデン」の利益率が低下している。このような現状を意識した郵便法が 2017 年に成立し、2018 年 1 月 1 日から送達速度による郵便の区分をやめ、国内のどの場所で差し出されても 95％の郵便物は翌々日の配達となった[13]。このサービス見直しについて、ポストノルド物流部門長は「翌日配達のために航空機で輸送していた郵便物を鉄道などに切り替えることでコストの節減となり、5〜6 年は週 5 日配達の維持が可能である」と語っている[14]。政府はこの見直しで、年間に約 2 億 5,000 万から 3 億 SEK のコスト削減につながると見込んでいる[15]。

(5) ユニバーサルサービス基金

スウェーデンではユニバーサルサービスに対する補償メカニズムは存在しない。ただし、ユニバーサルサービス提供事業者に課せられた義務として、目の不自由な方への郵便物の配達、遠隔地に居住する高齢者や障害者への郵便サービスを実施しており、そのための補償は存在する。「PTS」から「ポストノルド」は身障者への郵便サービスに関する協定によって 2,200 万 SEK（2016 年：2,400 万）を受け取っている[16]。その他として、「ポステン AB」は、2008 年まで基礎的キャッシャーサービスを実行しており、政府からそれに対する補助を 2007 年まで受けていた[17]。

最近の進展として、「ポストノルド・デンマーク」の業績不振に伴い、スウェーデンとデンマークの両政府はデンマーク事業を安定した生産モデルへ移行するための資金注入について合意している。その内容としては、デンマーク政府がユニバーサルサービス

---

[9] (3 p. 85)
[10] (7 p. 15)
[11] (12 p. 36)
[12] (3 p. 84)
[13] (2 p. 18-19)
[14] [9]
[15] (10 p. 260)
[16] (2 p. 69)
[17] (6 p. 5)

を確保するために、15億3,300万SEKの拠出のほかに、同国政府が2億6,700万SEK、スウェーデン政府が4億SEKの拠出である。

ここで重要なことは、スウェーデンでもユニバーサルサービスが立ち行かなくなった場合には同国政府がそれを支える資金を注入する可能性がある点[18]も見逃してはならない。

なお、この両国の合意について、デンマークの民間事業者団体は「民間事業者の排除を可能とする違法な政府補助にあたる」と異議をEUに申し立てを行っていたが欧州委員会からは承認している[19]。

(6) 料金の変化

スウェーデンの郵便料金は差出人が個人なのか大口利用者であるのか、どの郵便会社を使うか、郵便のデザイン、地域的に配達されるか、全国的に配達されか、配達スピードなどによって異なる。「ブリング・シティメール」は、「ポストノルド」よりも安い料金や大口割引で事業を行なっており、大口やセカンドクラスメールは価格競争に陥った[20]。「ポストノルド」は郵便料金を2018年には9SEKへ値上げした[21]。

スウェーデンにおける郵便事業

1. 郵便市場

スウェーデンの郵便市場には30事業者（2018年11月1日現在）が参入しており、「ポストノルド」と「ブリング・シティメール」を除くと大規模な事業者は存在しない。

郵便市場は重量が2キロまでの宛名郵便が主体である。2017年のスウェーデンの郵便取扱量は22億通（3.1減）で、2000年以降では書状の取扱量は36％も減少している。この期間中に「ポストノルド」は47％も取扱量が減少した。2017年の同社のシェアは取扱額は87.3％・取扱量の79.1％という状況である（図1）。

「ブリング・シティメール」については、市場シェアは取扱量で約18％を占めている。同社は新聞配達事業者や一部のローカル事業者とパートナーシップを結び、それらのシェアを合計すると20％以上となる。しかし、ポストノルドが郵便市場での最大の事業者であることには変わりがない。郵便物の48％がストックホルム、ヨーテボリ、マルメの三大都市圏で配達されている。残りの52％はその他の地域で競争は主要都市に限られている。「ポストノルド」の全国での平均的なシェアは90％で、大都市圏では大幅に減少して65-69％である（図2）[22]。

---

[18] (11)
[19] (13)
[20] (3 p. 87)
[21] (14 p. 40)
[22] (3 pp. 85-86)

図1　スウェーデン郵便市場シェア（2017年）

	書状（通）%		市場シェア（取扱量）%		市場シェア（売上）%	
	2017年	2016年	2017年	2016年	2017年	2016年
ポストノルド	17億4,120万	18億3,500万	79.1	80.7	87.3	88.2
ブリング・シティ・メール	3億9,460万	3億9,710万	17.9	17.5	10.3	10.0
新聞配達事業者	6,190万	3,650万	2.8	1.6	1.3	0.7
その他	410万	450万	0.18	0.2	1.1	1.1
トータル	22億180万	22億7,310万	100	100	100	100

出典：Rapport：Svensk postmarknad 2018（PTS）

図2　大都市圏の各社別市場シェア

(物数)			
	ポストノルド	ブリング・シティメール	その他
ストックホルム	65.3%	34.6%	0.1%
ヨーテボリ	69%	27%	4%
マルメ	67%	26%	6%

出典：Rapport：Svensk postmarknad 2018 （PTS）

2．競争

　スウェーデンでは1993年の市場自由化以前も郵政庁は競争に直面しおり、1991年にシティメールは都市部に限定したサービスを2日に1度配達する大口郵便の領域に参入した。この戦略により「ポステンAB」よりも割安な料金でのサービス提供が可能となった。この料金設定の秘密は、すでに事前処理された郵便物であったため集荷と区分処理のコストが掛からなかったことにあった。高い競争力のある価格設定にもかかわらず、当時の「ポステンAB」が激しく競争した結果、「シティメール」は1992年と95年に2度破綻している。

　その後市場に復帰した「シティメール」は次第に営業範囲を拡大し、1998年6月株式上場し、「シティーメールスウェーデン」となった。その後「ロイヤルメール」や「DHL」の傘下に入ったが、最終的にはノルウェー政府が全額出資する「ポステンノルゲ」（ノルウェーポスト）に買収され、さらに、2018年4月にはドイツのアルグラキャピタル社によって買収され、社名も「ブリング・シティメール」から発足当初の「シティメール」に変更されている[23]。

　90年代後半には、「ポステンAB」は中小規模の都市部での行政やビジネスからの郵便の取り扱いにターゲットを絞った小規模なローカルな企業との競争に直面した。これら多くの企業は「ポステンAB」との競争に破れ市場を撤退しているものの、そのなかでも低コストを武器に市場で生き残っている企業も存在する。

---

[23] (8)

3. 小包市場

　スウェーデンの小包市場に「Bussgods」、「DB シャンカー」、「DHL」、「ポストノルド」、及び「UPS」の5社が参入している。市場全体がEコマースの進展によって拡大している。2017年、「ポストノルド」の「Eコマース＆ロジスティクス」での売上は6％の伸びであり、「小包＆ロジスティクス」が売上全体の半分を稼ぎ出している[24]。

　UNIグローバルユニオン郵便ロジスティクス部会がリサーチ機関の「Sydex」に委託して行った調査によると、スウェーデンの規制体である「PTS」は毎年小包の調査を行っているが、「事業者はデータを提供することを求められておらず、必然的にその正確な取扱量に関する数値を持ち合わせていない」という[25]。そのためにスウェーデンの小包市場の規模は過小評価されている可能性がある。

郵便局の変化と現状

1. ポスタルサービスポイント

　現在、スウェーデンには郵便局と呼ばれる施設は存在しない。全ての郵便局はポスタルサービスポイントに転換されている。2001年、「ポステン AB」は郵便ネットワークの再編ではチェーンストアや食料品店やガソリンスタンド等とのパートナーシップで、郵便商品やサービスはそれらの店舗を通して提供することになった。地域の食料雑貨店やスーパーマーケット、ガソリンスタンドなどに郵便業務を委託する代理店方式である。

　新しいネットワークでは、①「郵便代理店」、②「ビジネスセンター」、③「切手販売代理店」、から構成されている。①「郵便代理店」はスーパーマーケットなどへ委託されており、通常郵便物・書留・小包等の取扱や郵便物の受取りも可能である、②直営の「ビジネスセンター」は主に大口の法人利用者向けであるが、個人利用者の取扱も行う、③「切手販売代理店」は小さな商店やガソリンスタンドなどへ委託されており、取扱は郵便ポストに直接投函できるものに限定されている[26]。

　「切手販売代理店」は、2004年の約800カ所から2006年の約2,000カ所、そして、2015年には約2,300カ所[27]へと拡大している。ビジネスセンターは2004年の430カ所から2006年には381カ所[28]、そして、2016年には261カ所[29]へと減少している。「郵便代理店」は2004年の1,600カ所[30]から2017年には1,900カ所[31]へと増加傾向にある。

　以上の通りに、アクセスの向上がはかられ、営業時間も従来の郵便局と比べて長くなった。このような手段によって「ポステン AB」は従業員と郵便局のコスト削減を可

---

[24] (2 p. 20)
[25] (3 p. 86)
[26] (4 p. 6)
[27] (5 p. 20)
[28] (4 p. 7)
[29] (5 p. 22)
[30] (4 p. 7)
[31] [9]

能としたのであった[32]。再編当初の利用者からの不満は、アクセスポイント数は増加したものの、ポスタルサービスポイントでは一律のサービスを提供していないため、利用者には分かりにくく、「どこへ行ったら良いのか」という不満が生じた。そこで、サービスをシンボルマークやロゴを用いて利用者に分かり易くして不満の解消をはかった[33]。

　当然のことながら人口密集地域に比べて遠隔地ではサービス拠点が少ないことが多く、郵便配達員がポスタルサービスポイントの役割を果たしており、郵便を配達しながら基本的な郵便サービスを提供している[34]。

　なお、スウェーデンでは郵便サービス拠点数やそれが直営であるか委託かについてユニバーサルサービス提供事業者に法的な規制をかけていない。郵便サービス拠点のあり方は、基本的にポストノルド・スウェーデンの意思決定に任されており、その時々の市場環境や経営状況に照らして自律的に設定することが可能とされている。PTSは郵便サービスが全国的に広く提供されていることで、ユニバーサルサービスが提供されていれば郵便サービス拠点の数やその運営形態は問題とならないとのスタンスをとっている[35]。

「ポストノルド・スウェーデン」の従業員の概要

　スウェーデンでは郵便市場の自由化以降、雇用が大きく減少している。スウェーデンには1990年時点では4万9,000人が就労していたが2004年には3万3,000人となった。スウェーデンポストの郵便部門については1990年の3万5,000人から書状郵便の部門が廃止された1999年には2万4,500人と1万人以上の減少となっている。雇用の減少傾向は変わっていない。

　スウェーデンのポストノルドではフルタイムとパートタイムを合計して2万592人が在籍している。2013年からは5％減で1990年以降からの推移では58％減である。

　スウェーデンの市場全体で見た場合には、「ポストノルド・スウェーデン」の雇用の減少が新たな市場参入者によってカバーされていない。新規事業者による雇用者数は1万3,000人であるものの、2013年と比較すると4％も減少している。雇用削減に最も影響があったのは女性であったという。規制緩和前のスウェーデンポストの従業員の多くは女性であったが、現在では40％に過ぎなくなっている。フルタイム雇用については、「ポストノルド・スウェーデン」の母体となった「ポステンAB」時代を含め1994年の79％から最近では72％まで減少している[36]。

---

[32] (4 p. 5)
[33] (4 pp. 10-11)
[34] (4 p. 8)
[35] (4 pp. 10-11)
[36] (3 p. 88)

労働組合からの観点

スウェーデンの郵便労働者を組織するのは「SEKO」(交通・運輸・郵便・テレコム部門から構成される産別)である。トータルで約16万人を組織する。郵便部会は1万3,000人の組織人員であるが、「SEKO」の方針から「ポストノルド・スウェーデン」以外の企業の労働者も組織しており、ポストノルドに限れば1万人がSEKOの組合員である。そのため、郵便分野全体の労働者が1つの協約下にあり労働条件の向上がはかられている。

書状と小包を統合したモデルである現在進行中の「統合生産モデル」についてロジスティクスと郵便配達は異なるシステムでオペレーションされているが、Eコマース物流の拡大にともない、郵便配達とロジスティクスの両方の仕事を郵便外務員が行うことになった。ポストノルドの基本的な戦略は、郵便物の減少をEコマース物流で埋め合わせをすることである。開始過程にあって2万1,401人にまで人減らしが行われた。これに対して、SEKOでは、①アウトソースは認めない、②フルタイム雇用を守る、③人員削減は責任をもって対処する、以上3つの方針を立てた。労使が協議を重ねた上で「統合生産モデル」が実行に移されている[37]。

人員削減に対する対応としては、「SEKO」は会社側との協議を行い再就職の斡旋や年収の2年分の退職金を含む早期退職スキームを導入した。従業員にとって好条件でのスキームである。

労働条件への影響も大きかった。「SEKO」は2001年に「ポステンAB」と「シティメール」の2社の800の職場に調査に入っている。「SEKO」は、「ポステンAB」の職場では「将来不安」が引き金となり、従業員はストレスと仕事量の増大による心身への負担で、長期休養・職場内での事故・離職の増加が引き起こされていると報告している。「シティメール」でも同様な傾向が見られた。「SEKO」では労働条件の悪化を問題視しており、改善のために給与アップを要求している。さらに、郵便配達員の負担解消のために郵便受け箱が設置されること、小包市場は規制されるべきであると主張している[38]。

「ポストノルド」の展望

現在、スウェーデンには「DHL」(ドイツポスト)、「GLS」(ロイヤルメール)、「ポスティ」(フィンランドポスト)など北欧を含む欧州の各国のナショナルプレイヤーやその子会社が、人口が1,000万人ほどの市場規模の小さな国で競合関係にある。このような状況下にある地元がスウェーデンの郵便事業者にとっては極めて厳しいといえる。1990年代にはじまった郵便市場の自由化によって、ナショナルオペレーターは民間か

---

[37] [9]
[38] (3 p. 88)

ポストノルド：世界の郵便事業の自由化の先駆け　17

スウェーデンの郵便ポスト

SEKOとの意見交換

SEKO本部にて

らの挑戦に直面し、さらには、Eメールなどの電子媒体手段へ発展によって、郵便物数の減少傾向に歯止めがかからない。一方で、Eコマース物流の増加に伴う郵便とロジスティクスのオペレーションの統合、郵便物の送達速度の低減化策の導入や郵便料金の値上げを通じてEU郵便指令で定められている週5日配達の維持を図っている。

郵便局ネットワークについては、すでに郵便局はスウェーデンには存在しないが、ポスタルサービスポイントとしてスーパーや食料品店などへの委託化が進んでいる。これによって、長い営業時間、サービスポイントの増加によってアクセスと利便性がはかられている。

郵便労働者を組織化している「SEKO」は、当初は国営の郵便事業者の従業員のみを組織化していたが、その後、民間へも組織の拡大をはかり、郵便分野の全ての労働者は一つの労働協約の対象とされており、企業が労働条件を引き下げることで競争力を高めることを阻止することにつながっている。

さらには、「SEKO」は北欧地域の郵便労組や「UNIグローバルユニオン」（国際労働

産別組合）郵便部会での会合などを通じて年に何度もミーティングや意見交換を行なっている。企業間の競争にとらわれない、郵便労組の連携が国内はもとより国際レベル、北欧、地域レベルで行われている。

引用文献

1. PTS. About the Swedish Post and Telecom Authority. *PTS*. [Online] [Cited: 1 18, 2019.]
   https://www.pts.se/globalassets/startpage/dokument/icke-legala-dokument/faktablad/ovrigt/eng-om-pts-okt-2018-2.pdf.
2. postnord. Annual and Sustainability Report 2017. *postnord*. [Online] 3 16, 2018. [Cited: 12 25, 2018.]
   https://www.postnord.com/globalassets/global/sverige/dokument/rapporter/arsredovisningar/2017/postnord-2017-eng.pdf.
3. Syndex. THE ECONOMIC AND SOCIAL CONSEQUENCES OF POSTAL SERVICES LIBERALIZATION. *Sydex*. [Online] 2018. [Cited: 1 19, 2019.]
   https://drive.google.com/file/d/1QgzLLWC5VzrZ0-xxxodQWjL5rNECV4kb/view.
4. PTS. Presentation of Posten AB's new service network: a presentation in English of PTS reportson access to the new postal network. [Online] 2006. [Cited: 1 20, 2019.]
   http://docplayer.net/21075835-Presentation-of-posten-ab-s-new-service-network.html.
5. —. The Swedish Postal Services Market 2016. *PTS*. [Online] 4 14, 2016. [Cited: 1 20, 2019.]
   https://docplayer.net/39218704-The-swedish-postal-services-market-2016.html#show_full_text.
6. Dieke, Alex, Junk, Petra and Thiele, Sonja. Universal Postal Service and Competition: Experience from Europe. *ofcom*. [Online] 9 23, 2011. [Cited: 1 22, 2019.]
   https://www.ofcom.org.uk/__data/assets/pdf_file/0021/76404/tnt_post_exhibit_1.pdf.
7. What has Postal Liberalisation delivered? The Case of Sweden . *UNI Global Union*. [Online] 1 2009. [Cited: 1 21, 2019.]
   http://mail.uniglobalunion.org/apps/UNINews.nsf/Sweden%20case%20study.pdf.
8. Allegra Capital. ALLEGRA CAPITAL acquires Bring Citymail from Posten Norge. *Allegra Capital*. [Online] 4 2018. [Cited: 1 21, 2019.]
   https://allegracapital.com/2018/04/24/allegra-capital-acquires-bring-citymail-from-posten-norge/.
9. アールクヴィスト・ポストノルド物流部門長. 北欧郵便調査. 2017 年 12 月 4-5 日.
10. Ballebye Okholm, Henrik, et al. Main developments in the postal sector（2013-2016）. *Publiations Office of the European Union*. [Online] 9 18, 2018. [Cited: 1 22, 2019.]
    https://publications.europa.eu/en/publication-detail/-/publication/2cc0a03d-bbbb-11e8-99ee-01aa75ed71a1/language-en.
11. Government Offices of Sweden . Denmark and Sweden reach agreement on PostNord. *Government Offices of Sweden* . [Online] 10 20, 2017 . [Cited: 1 20, 2019.]
    https://www.government.se/press-releases/2017/10/denmark-and-sweden-reach-agreement-on-postnord/.
12. postnl. European Postal Markets2014 - An Overview. *postnl*. [Online] 3 20, 2014. [Cited: 1 26, 2019.]
    https://www.slideshare.net/PostNLCommunication/european-postal-markets2014.
13. CEP RESEARCH. European Commission approves state aid to PostNord Denmark. *CEP RESEARCH*. [Online] 6 1, 2018. [Cited: 1 26, 2019.]
    https://www.cep-research.com/index/search?searchType=fulltext&search=European+Commission+approves+state+aid+to+PostNord+denmark.
14. postnl. Eyuropean postal markets 2018 an overview. *postnl*. [Online] 3 31, 2018. [Cited: 12

25, 2018.]
https://www.postnl.nl/Images/European-Postal-Markets-An-Overview-2018_tcm10-22110.pdf.

第3章　デンマーク
ポストノルド：「電子政府」と郵便物量の減少

デンマークの郵便事業と制度改革

　ヨーロッパ大陸から連なるユトランド半島とその周辺にある大小約 400 の島々からなるデンマーク王国。デンマーク本土の総人口は約 580 万人（2018 年現在）で、これは北海道と同程度である。デンマーク王国はこの「本土」のほか、ノルウェー沖とアイスランドの間にある「フェロー諸島」と「グリーンランド」から構成されている。本土の国土面積は 4.3 万 km^2 と日本の九州とほぼ同じであるが、同国の人口密度は 2017 年で 133 人/m^2 と日本（336 人/m^2）のおよそ 3 分の 1 程度である。ちなみに、「フェロー諸島」と「グリーンランド」の郵便サービスは「ポストノルド」による実施ではなく、独自の郵便事業者が実施している。

　デンマークポストは 1624 年に国王の命によって設置された。1995 年に新自由主義的政策の影響により「デンマークポスト」は国営公社へ移行した。デンマークでの郵便事業の自由化は、EU 郵便指令にそって段階的に推し進められてきた。このプロセスは 1999 年に始まり、2011 年 1 月 1 日に完全に自由化された[1]。2002 年にデンマークポスト設置法の成立に伴い公社から政府が 100％の株式を保有する特殊会社へと変遷している。2005 年にデンマーク政府は英国の投資会社「CVC キャピタル・パートナーズ」にデンマークポストの株式 22％の株式を売却した。「デンマークポスト」の 3.5％の株式の一部は割引価格で従業員へ、残りの株式はインセンティブプランのために確保した。

　デンマーク政府は郵便事業改革に熱心であった保守政権であったこともあり、「デンマークポスト」は「CVC キャピタル・パートナーズ」と 50％マイナス株を取得し、「ベルギーポスト」の近代化推進のために、戦略的なパートナーシップを 2006 年に結んでいる。

　2009 年に「ポステン AB」と「ポステン・デンマーク」が統合して「ポストノルド」が成立する。発足当初の規模は約 450 億スウェーデン・クローナ（SEK）の年間収益と 5 万人以上の従業員であった、スウェーデン政府とデンマーク政府が 6：4 の割合で株式保有し、1：1 の議決権を有している。予定では統合後の約 3 から 5 年で株式上場する計画となっていたが、両国政府が株式を保有する状態で現在にいたっている。なお、この会社統合に先立ち、「CVC キャピタル・パートナーズ」が持つ「デンマークポスト」の株式は、デンマーク政府が買戻し、デンマーク政府が保有する「ベルギーポス

---

[1] (2 p. 1)

ト」の株式は CVC へ売却・整理された。

現状ではデジタル化の進展により E コマース物流の急増と郵便物の減少に伴って、デンマーク及びスウェーデンの両国政府はデンマークの郵便のユニバーサルサービスを維持するための資金投入の決定をし、それに伴う郵便オペレーションの再構築が行われることになる。

規制体

デンマークの規制体は運輸建設住宅省と運輸建設庁である。運輸建設住宅省が所有者となり、運輸建設庁がユニバーサルサービス事業者としての「ポストノルド・デンマーク」の監督を行う。2011 年から郵便市場は第 3 次 EU 郵便指令に沿って、完全自由化された。「2010 年郵便法」によって、「ポストノルド・デンマーク」は運輸建設庁によってユニバーサルサービス提供事業者として指定され、国内と国際郵便業務を実施する。さらに、Danske Bank とのパートナーシップによって、支払サービスと銀行サービスを提供する[2]。

サービスレベル

国連の経済社会局（UNDESA）が国連に加盟する国を対象にした「電子政府」ランキングがあり、2018 年にはデンマークが第 1 位となっている[3]。その理由として市民と行政の間のコミュニケーションはデジタルとすることを義務付けていることも大いに関係するようである。「電子政府」政策により郵便需要が少なくなり、他国に比べて大幅に急激に郵便物の減少が進む。こうした状況下で郵便事業体の経営も非常に厳しい状況の下に置かれている。郵便のサービスレベルを可能な限り引き下げ、最低限の郵便サービスの維持・存続を図ろうと様々な模索を続けている。

1. 参入要件

郵便サービス事業に参入を望む事業者は運輸建設庁から認可を受けなければならない[4]。

2. 付加価値税（VAT）

「2017 年から切手を貼った郵便物から VAT を免除する仕組みを廃止する」[5] と宣言しているが、ポスト NL（オランダの郵便事業者）がまとめている 2018 年の資料ではユニバーサルサービス商品については、従来通りに通常郵便と通常小包については VAT が免除されている[6]。

---

[2] (2 p. 1)
[3] [16]
[4] (2 p. 2)
[5] [9]
[6] (1 p. 7)

3. ユニバーサルサービスの範囲

　ユニバーサルサービスの範囲は、2キロまでの郵便、2キロまでの本・新聞・雑誌、20キロまでの小包、書留や保険つきの付加価値サービス、7キロまでの目の不自由な方への点字郵便物[7]としている。

4. 配達頻度・送達速度・料金

　デンマークポストは2010年の郵便法に基づいてユニバーサルサービスを実施している。一方で、ユニバーサルサービス義務は政府援助なくして実施しなければならないという政府の強い意向もあり、デジタル化の影響で急速に落ち込む郵便物数による収入の減少をカバーするため、デンマークポストはサービスレベルの引き下げや料金の引き上げを行っている。

(1) 送達速度

　これについては、欧州のユニバーサルサービス提供事業者は法律によって、ユニバーサルサービス義務としての翌日配達の提供が義務付されている。加えて、郵便物の何パーセントの翌日に到着しなければならないと設定されている。そのため、翌日配達サービスをコスト削減のために取りやめるケースもある。デンマークも例外でなく、2016年に翌日配達をユニバーサルサービス範囲外の付加価値サービスとして翌日配達を提供している[8]。「Aクラスレター」と呼ばれた翌日配達の郵便物がなくなり、そして、「Bクラスレター」と呼ばれた3日以内に配達する郵便物は、「普通郵便」と名称を変えて5日以内の配達へとサービスダウンとなった。これまで翌日配達サービスであった「Aクラスレター」は「クイックレター」として置き換わっている[9]。

(2) 料金

　料金については、すでに上記の「Aクラスレター」は、2015年には10デンマーク・クローネ（DKK）から19DKKへ、そして、2018年現在「クイックレター」は27DKKである。このようにサービスの利用減少に伴い料金も大幅に引き上げられている。この郵便料金の高さに皮肉を込めて「米国人がデンマークに国際郵便を差し出す3倍もの郵便料金でデンマーク人は同じ町内に郵便を差し出す」とデンマークの地元紙は伝えている[10]。

(3) 配達頻度

　2016年の郵便法によって、それまでの週6日配達が5日配達へと変更になった。EU

---

[7] (2 p.1)
[8] (12 p.258-259)
[9] (12 p.283)
[10] (13)

郵便指令では義務付けられている最低週5日配達はデンマークでも表向きは守られているが、「ポストノルド・デンマーク」では「EU郵便指令」で定められたユニバーサルサービスの「解釈」を変更することで、ユニバーサルサービス水準の引き下げを行った。

すでに述べたように、2016年の「Bクラスレター」は普通郵便である「レター」となり実際には週に1度郵便を配達となった。ペーター・イェンセン・ポストノルドデンマーク CEO は、「EU郵便指令による5日配達との違いについて「郵便外務員は毎日配達しているが、市民は毎日郵便を受け取るわけではない。週5日を厳格に解釈しすぎていた。EUも了解しており、今後はスウェーデン、フィンランド、ノルウェー、イタリアなども追従するのでは、翌日配達を望むなら、これは『クイックレター』を利用すれば良いのではないか」と語っている[11]。

5. ユニバーサルサービス基金と補助金

ユニバーサルサービスに対する費用はその利益で賄うシステムとなっている。そして、配当金を政府に支払わなければならない。その一方で、スウェーデンの章ですでに述べたように、デジタル化が進む中でユニバーサルサービスを維持するための大規模な政府補助金を欧州委員会が承認している。この両国の合意を巡って、デンマークの民間事業者団体がポストノルド救済措置の是非をめぐって欧州委員会に申し立てを行っていたケースであったが同委員会から承認された[12]。

6. 郵便局

デンマークにおいてもスウェーデンと同様、郵便のサービスポイントの多くは現在、ガソリンスタンドや小売雑貨店やスーパーマーケット等に委託され、それらの店舗の中に約2,000ある[13]。

「ポストノルド・デンマーク」の従業員の概要

急速なデジタル化の影響による郵便物数の減少が従業員の削減につながっている。デンマークの労働組合3Fによれば、デンマークには、2001年の時点での従業員数は2万5,000人であったが、そして1万人になり、8,000人となり、さらに今後3～4年以内に5,000人となる[14]とのことであった。実際に、2017年にフルタイム換算で8,645人(2016年:10,282人)へと減少している。従業員の内、約3分の1に当たる3,000人が公務員身分を持ち、公務員契約によって雇用されている[15]。

---

11 [14]
12 (13)
13 (15)
14 [9]
15 [14]

郵便物の大幅な減少と電子政府

　「EU郵便指令」によってデンマークの郵便市場が完全に自由化されたが、1999年にデンマークでの郵便物の年間取扱量は最大の15億通となった[16]。そして、2000年から2001年以降で見ると73％も減少している[17]。2017年の郵便取扱量は3億500万通に過ぎず、2016-17年間には18％も減少している。2000年以降の郵便取扱量の推移をみるとデンマークでは79％も減少している[18]。

　このような郵便物の減少の理由としては政府が推進する1994年にスタートした前述の「電子政府」構想が存在する。1968年には全ての国内在住者に、個人番号制度、日本でいう「マイナンバー」が導入されている。これをベースとして、この構想が進んだと考えられる。デンマークでは90年代より政府機関や自治体が独自にシステムを構築してきた結果、システムの縦割りが進み利用者には使い勝手の悪い状態となっていたが、2007年に公共サービスポータルが導入されて連携が進み、パソコンやスマートフォンで各行政の各種手続き（税金、結婚、不動産の売買、オンラインバンキング、社会保障サービス等）が可能となった。2014年以降は、デンマーク政府は公的機関から15歳以上の個人や企業宛の通信は「デジタルポスト」で行なうことを義務化した。例外はあり、コンピュータのアクセスが不可能な人、コンピュータで受け取ることに身体的に支障のある人等は郵便で受け取ることが引き続き可能である[19]。このような政府の方針があり、大口のビジネス利用者は紙ベースの郵便からデジタルへと切りかえが起きて郵便取扱数は激減していったのである（図1）。料金値上げやサービスレベルの低下などにより、デンマーク国会やほかのいくつかの公的機関も、「ポストノルド・デンマーク」との郵便サービス契約を解消し、民間郵便会社を新しい契約先に切り替えを行なう動きもある。

　1通当たりの利益はデジタルと郵便では大きな違いがある[20]。デジタル化が郵便事業者を「救う」ことにはなっていない。なお、この「デジタルポスト」の運営会社である「e-Boks」には、ポストノルドのデンマークの事業会社「ポストデンマーク」とIT企業の「ネッツ」の2社が1：1の割合で出資している[21]。

政府補助金と郵便と物流ネットワークの再構築

　すでに述べているように、「ポストデンマーク」では郵便物の減少とEコマース物流の増大に対応するために様々な取り組みが行われている。その1つである生産システムへの移行に際しては、デンマーク政府とスウェーデン政府から総額で22億SEKの内

---

[16] [4]
[17] (3)
[18] (5 p. 21)
[19] (6)
[20] (8 p. 2)
[21] (7)

図1 デンマークでの郵便物量の推移

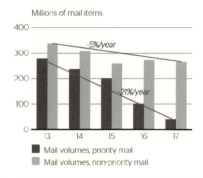

出典：ANNUAL AND SUSTAINABILITY REPORT 2017

の15億3,300万SEKが、ユニバーサルサービスに関わるネットワークの縮小に関わるものとして欧州委員会から承認された。この資金は従業員削減のために用いられる。

先に述べたように、「ポストノルド・デンマーク」には約3,000人が公務員身分を保有しており、2002年の協約によって、公務員身分の従業員を解雇する際には、3年分の給与と年金支給が求められている。そのため、実際に解雇するには相当な資金が必要であることから、退職を通して公務員身分の従業員の減少を待つというのが過去の経営陣の考え方であったと見られる。実際のところ、デンマークでは270万の家庭と13万の企業に小包を配達するためにはフルタイム換算で約5,000人で十分とされ、その内郵便外務員は3,000人である。郵便配達ネットワークの大規模な再構築のために3,500～4,000人の削減を行うものである[22]。

これが新しいデンマーク生産モデルの完成図である。

そのために、デンマーク政府とスウェーデン政府が合意した資金投入で、デンマーク政府から出される15億3,300万SEKがこのために充てられることになる。この同計画の主要部分は郵便事業網の縮小で、デンマーク国内の処理施設を115カ所から21カ所にまで削減する。また、郵便物と小包は小包配達網を通じて配達される。

イェンセンCEOは郵便と小包の統合する生産モデルについて、「このモデルでは、配送システムを『クイックフロー』と『基本フロー』に分け、『クイックフロー』では、基本的に毎日車で配達される小包、『クイックレター』、新聞を対象とし、都市の『クイックレター』だけは電動バイクによる配達で『基本フロー』については、レター、雑誌などを内容とし、これは週5日以内（週1回）の配達。

これはフラワーと呼ばれるモデルである。5つの花びらのように区域を5つに分け

[22] [14]

て、各花びらを月曜日から金曜日までの1週間を5日かけて配達する。そして全ての郵便外務員が携帯を持ち、局内にいる管理者と密に連絡を取って配達を行う」と述べた[23]。週に1度しか郵便物が届けられないことを意味する。このモデルは2018年に導入された。

「ポストノルド・デンマーク」は郵便サービスレベルの抜本的な見直しによる大幅なコスト削減と、成長部門である物流・ロジスティクス分野への変革という、「選択」と「集中」の戦略によって今後の成長・発展機会をうかがっている。

さらに「ポストノルド・デンマーク」では、Eコマースに特化することを念頭に、倉庫や3PL（サードパーティーロジスティクス）など、物流・ロジスティクス分野へ重点的な投資を計画している。以上のことから、今後、同社では小包やEコマース、ロジスティクス分野を中核事業とした上で、郵便サービスには重点をおかない戦略にしているものと考えられる。

労働組合の対応

ポストノルド・デンマークでは、1899年公務員を中心にコペンハーゲンでデンマークポスト公務員協議会が作られた。その後身である公務員の郵便労組（DPF）とブルーカラーの郵便職員組合（SIDポスト）は長らく関係はよくなかった。1997年政府による郵便局の公務員制度の廃止を受けて、DPFとSIDが統合、2002年団体協約を結んだ。この団体協約では公務員として身分を失っても労働条件が守られる等、労働者には有利な条項が入っており、組合員の95%から支持を得た。そしてSIDと女性労組（KAD）が2005年に統合し、「3F」が誕生した。

組合側は政府と使用者側の動きに振り回されている。2011年当時のポストノルドデンマーク経営陣はEコマースを中心に、さらに食品の配達、無名宛郵便などに力を入れるとした。ところが郵便物の急激な減少が起こり、「3F」は2015年には5年間はアウトソースしないこと、やむなく解雇を実施する場合は6週間の現給保障と再教育の機会が提供されるような条件を引き出している。

「ポストノルド・デンマーク」の展望

デンマークは国連が調査を行った「電子政府」ランキングの2018年度版において世界第1位のポジションを獲得した。その一方で、万国郵便連合（UPU）による2018年に出された郵便業務発展総合指数（2IPD）の結果の順位は65位であった。2つの結果がデンマークでの郵便事業の置かれた状況を如実に示唆しているように思われる。「電子政府」が強力に推進されたため、「ポストノルド・デンマーク」は郵便サービスレベルの抜本的な見直しによる大幅なコスト削減と、成長部門である物流・ロジスティクス分野への変革という、「選択」と「集中」の戦略をとっている。

---

[23] [14]

28　第3章　デンマーク

しかしながら、北欧という小さな市場に「ドイツポスト DHL」、「ロイヤルメール」、「ラ・ポスト」などの巨大郵便企業が参入して「ポストノルド・デンマーク」は厳しい環境に直面している事実がある。

補助金の問題については、結果的に今回はスウェーデン政府も補助金の一部を負担することとなったが、「ポストノルド」の共同出資者という理由で他国の郵便事業救済のために資金を投入することには、スウェーデン内からも疑問の声があったことは事実である。例えば、2017 年の報道によると、デンマークで郵便物が急速に減少したのはデンマーク政府が推進する「電子政府」政策によるものあり、スウェーデン政府は株主合意に反するとして訴訟を進める[24] という報道があった。これには「ポストノルド」はスウェーデンで売上の 70%を上げにも関わらず出資比率が 60%[25] とういう株主間の不均衡にも不満があると見うけられる。

デンマーク政府は「電子政府」を推進する一方で、「ポストノルド」の所有者でもあり、利益相反する状況におかれている「ポストノルド・デンマーク」の今後の方向性をこれからも注視する必要がある。

デンマークの郵便ポスト

引用文献

1. postnl. European postal markets: 2018 an overview. *postnl*. [Online] 3 31, 2018. [Cited: 1 20, 2019.]
   https://www.postnl.nl/Images/European-Postal-Markets-An-Overview-2018_tcm10-22110.pdf.
2. UNIERSAL POSTAL UNION. Denmark: Status and structures of postal entities. [Online] 2018. [Cited: 1 12, 2019.]
   http://www.upu.int/fileadmin/documentsFiles/theUpu/statusOfPostalEntities/dnkEn.pdf.
3. European Commission. State aid: Commission approves compensation granted by Denmark to Post Danmark for its universal service obligation. *European Commission*. [Online] 5 28, 2018. [Cited: 1 26, 2019.]
   http://europa.eu/rapid/press-release_IP-18-3965_en.htm.
4. 北欧研究所. デンマーク郵便事業の危機. 北欧研究所. (オンライン) 2017 年 2 月 22 日. (引用

---
[24] (10)
[25] (11)

日: 2019 年 1 月 10 日.)
  http://www.japanordic.com/essay/2017postnordcrises/.
5. postnord. Annual and Sustainability Report 2017. *postnord*. [Online] 3 16, 2018. [Cited: 1 20, 2019.]
  https://www.postnord.com/globalassets/global/sverige/dokument/rapporter/arsredovisningar/2017/postnord-2017-eng.pdf.
6. Færdselsstyrelsen. Digital Post. *Færdselsstyrelsen*. [Online] 11 14, 2018. [Cited: 1 26, 2019.]
  https://www.fstyr.dk/DA/Om-FS/Kontakt/Digital-Post.aspx.
7. e-Boks.dk. Your daily organiser: All your digital mail in one secure place. *e-Boks.dk*. [Online] [Cited: 1 28, 2019.]
  https://www.e-boks.com/danmark/da.
8. Copenhagen Economics. E-government and e-substitution of postal services: Strategic and policy implications. *Copenhagen Economics*. [Online] 2017. [Cited: 1 28, 2019.]
  https://www.copenhageneconomics.com/dyn/resources/Filelibrary/file/2/72/1499238037/summary-of-midsummer-conference-copenhagen-20-june-2017.pdf.
9. デンマークとノルウェーの郵便労組.(インタビュー対象者)JP 労組郵便調査団. 2017 年 12 月 6-7 日.
10. Swedish Press Review. Government plans to sue Danish state. *Swedish Press Review*. [Online] 9 29, 2017. [Cited: 1 29, 2019.]
  http://pressreview.se/?tag=postnord.
11. —. External experts to review crisis. *Swedish Press Review*. [Online] 2 21, 2017. [Cited: 1 30, 2019.]
  http://pressreview.se/?tag=postnord.
12. Okholm, Ph.D. Henrik Ballebye, et al. Main Developments in the Postal Sector (2013-2016): Study for the European Commission, Directorate-General for Internal Market, Industry, Market, Industry, Entrepreneurship and SMEs. *European Commission*. [Online] 7 2018. [Cited: 1 29, 2019.]
  https://publications.europa.eu/en/publication-detail/-/publication/d22799b5-bbb7-11e8-99ee-01aa75ed71a1/language-en.
13. The Local. https://www.thelocal.dk/20160503/denmarks-postal-service-just-got-even-worse. *The Local*. [Online] 5 3, 2016. [Cited: 1 29, 2019.]
  https://www.thelocal.dk/20160503/denmarks-postal-service-just-got-even-worse.
14. ペーター・イェンセン・ポストノルドデンマーク CEO. 北欧郵便事業調査. 2017 年 12 月 6-7 日.
15. postnord. 500 nye udleveringssteder. *postnord*. [Online] [Cited: 1 29, 2019.]
  https://www.postnord.dk/om-os/udleveringssteder.
16. デンマーク大使館.【ここまで進んだデンマーク政府のデジタル化】. デンマーク大使館.(オンライン)2018 年 7 月 31 日.(引用日: 2019 年 1 月 30 日.)
  https://www.facebook.com/EmbassyDenmark/posts/%E3%81%93%E3%81%93%E3%81%BE%E3%81%A7%E9%80%B2%E3%82%93%E3%81%A0%E3%83%87%E3%83%B3%E3%83%9E%E3%83%BC%E3%82%AF%E6%94%BF%E5%BA%9C%E3%81%AE%E3%83%87%E3%82%B8%E3%82%BF%E3%83%AB%E5%8C%96%E3%83%87%E3%83%B3%E3%83%9E%E3%83%BC%E3%82%B8%E3%82%BF%E3%83%AB%E5%8C%96%E3%83%87%E3%83%B3%E3%83%9E%E3%83%BC%E3%82%B8%E3%82%BF%E3%83%AB%E5%8C%96%E3%83%87%E3%83%B3%E3%83%9E%E3%83%BC%E3%82%B8%E3%82%BF%E3%83%AB%E5%8C%96%E3%83%87%E3%83%B3%E3%83%9E%E3%83%9E%E3%83%BC%E3%82%B8%E3%82%BF%E3%83%AB%E5%8C%96%E3%83%87%E3%83%B3%E3%83%9E%E3%83%9E.

第4章　スウェーデン・デンマーク
ポストノルド：国境を越えた郵便事業会社

「ポストノルド」

　2009年にスウェーデンの「ポステンAB」とデンマークの「ポストデンマークA/S」が統合により「ポストノルド」が成立した。デンマーク政府が40％、スウェーデン政府が60％の株式を保有し、株主投票権は1：1である。デンマークとスウェーデン両国で郵便事業を実施している。ガバナンス構造としては、最高決議機関としての年次総会、取締役会、社長とグループCEOから構成されている。取締役会の役員は組織・経営・管理に責務がある。会長は取締役会を指揮する（図1）[1]。なお、配当金については純利益の40-60％を目標としている[2]。

　スウェーデンとデンマーク両国のほかに、ノルウェーやフィンランドで事業を展開。北欧地域外では、国際事業子会社の「ダイレクトリンク」を通して、ドイツ、英国、米国、シンガポール、香港、オーストラリア、中国等にプレゼンスがある。2006年にスタートした「ストラルフォルス」はデジタルソリューションに強みがある。「ポストノルド」は現在、Eコマースをベースとした戦略を強化している。2009年以降、フィン

図1　ポストノルド組織図

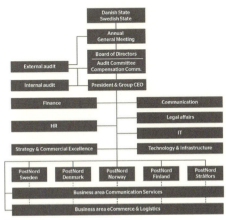

出典：ポストノルドホームページ

---
[1] (2)
[2] (1 p.19)

ランドやノルウェーを含む北欧全体を一体化させたネットワークでコミュニケーション・配達及びロジスティクスサービスを展開中である（図1）。

デンマークとスウェーデンの郵便事業体を統合は、規模の経済・郵便市場の自由化・地域重視の姿勢が根底を流れている。規模の経済によって商品やサービスやITの相乗効果を引き出し、減少する郵便物や激化する小包の市場環境に対応をはかっている[3]。

「ポストノルド」は北欧地域全体で、約1万1,000人の郵便外務員・ドライバー、1万9,400台の車両（内28％電気自動車）、約6,200以上（スウェーデン1,900、デンマーク1,600、ノルウェー1,500、フィンランド1,200）の配達拠点数を持つ北欧随一の郵便企業である[4]。

ポストノルドグループ従業員数

2017年のグループの従業員（FTE：8時間労働換算）は約31,000人である。なお、国別や事業部ごとの内訳の数は平均従業員数の数値は一致しない（図2）。

図2　従業員数（FTE）

単位：人	2017年	2016年
スウェーデン	19,550	19,534
デンマーク	8,645	10,282
ノルウェー	1,224	1,330
フィンランド	123	173
ストラルフォルス	769	883
ダイレクトリンク	230	192
平均従業員数（FTE）人	31,350	33,278

出典：Annual and Sustainability Report 2017 から筆者作成

「ポストノルド」の経営状況

「ポストノルド」の2017年通期は減収減益となった。「ポストノルド」の小包・急送便・物流事業を含むEコマース・物流事業の収益は、2017年は4％増の193億5,400万スウェーデン・クローナ（SEK）（2016年：185億8,700万SEK）となった。一方、郵便事業は引き続き縮小し、2017年の収益は11％減の177億2,500万SEK（2016年：198億9,100万SEK）となっている（図3）。郵便物数は9％（スウェーデンで7％、デンマークで18％）減少した。なお、郵便取扱量の推移では2000年以降ではスウェーデンの46％減、デンマークの79％減[5]であり、長期的な減少傾向がとまる様子はない。

---

[3] (5 pp. 4-5)
[4] [3]
[5] (1 p. 7)

図3　ポストノルド・グループ

（単位：スウェーデン・クローナ）	2017年	2016年
売上高	370億7,900万	384億7,800万
郵便事業	177億2,500万	198億9,100万
Eコマース・物流関連	193億5,400万	185億8,700万
営業収入（EBIT）	-1億2,400万	-10億8,300万
調整後営業利益（EBIT）	3億3,800万	5億
純利益	-3億3,700万	-15億8,300万

出典：Annual and Sustainability Report 2017

　その結果、「ポストノルド」全体の売上高は、通期は4%減の370億7,900万SEK（2016年：384億7,800万SEK）となった。2017年の調整後営業利益は、3億3,800万SEK（2016年：5億SEK）に落ち込んだ。

　国別にみると、「ポストノルド・スウェーデン」では「Eコマース・物流」事業の7%の収益増が郵便事業収益の低下によって打ち消される形となった。営業利益は2016年の5億SEKから3億3,800万SEKに落ち込んでいる。「ポストノルド」のノルウェー事業とフィンランド事業は2016年から収益をわずかに増やして黒字転換した。コミュニケーション・ソリューションを提供する「ポストノルド・ストラルフォルス」の調整後営業利益は順調である。国際事業子会社「ダイレクトリンク」は、売上高は4%増、利益もわずかに増加した[6]。

図4　ポストノルド売上高内訳（郵便とEコマース物流）

出典：Annual and Sustainability Report 2017

図5 「ポストノルド・スウェーデン」

単位：スウェーデン・クローナ	2017年	2016年
売上高	226億7,100万	230億2,500万
郵便事業	113億2,900万	120億7,600万
Eコマース関連	103億6,500万	98億6,900万
グループ内取引	9億7,600万	10億8,100万
営業利益（EBIT）	5億1,500万	8億2,400万
調整後営業利益（EBIT）	5億1,500万	8億4,700万
郵便取扱量（通）	16億3,700万	17億5,900万
小包取扱量（個）	9,770万	n.a

出典：Annual and Sustainability Report 2016と2017より筆者作成

　図3は2017年の「ポストノルド」全体における売上高内訳を現したもので、図4はEコマース物流は52%で郵便は48%の割合となっている。

1.「ポストノルド・スウェーデン」

　「ポストノルド・スウェーデン」での2017年の売上高は226億7,100万SEK（2016年：230億2,500万SEK）である。郵便事業については取扱量が7%減少して売上高も6%減少している。Eコマース＆ロジスティクスでは好調なEコマースによる取扱量の増加により売上も6%の増加となった。営業利益は郵便の落ち込み分を、Eコマース関連物流で埋め合わせが出来なかった（図5)[7]。

2.「ポストノルド・デンマーク」

　「ポストノルド・デンマーク」については、2017年の売上高は87億2,000万SEK（2016年：95億7,100万SEK）である。郵便事業は18%の取扱量の減少に伴い売上高は22%の減少となった。Eコマース関連の売上高は6%増となった。デンマークの事業でも郵便の落ち込みをEコマース物流増で埋め合わせが出来なかった（図6)[8]。

3.「ポストノルド・ノルウェー」

　ノルウェーの郵便市場での規制緩和とEコマース物流によって営業面での明るさが見られる。2017年の営業利益（EBIT）はコスト調整やEコマース物流からの増加等により2,400万SEKで前年度の−3,600万SEKから改善した（図7)[9]。

---

[7] (1 p. 20)
[8] (5 p. 21)
[9] (1 p. 22)

図6 「ポストノルド・デンマーク」

単位：スウェーデン・クローナ	2017年	2016年
売上高	87億2,000万	95億7,100万
郵便事業	41億7,700万	54億1,000万
Eコマース関連	40億7,000万	37億3,300万
グループ間取引	4億7,500万	4億3,000万
営業利益（EBIT）	-11億1,500万	-19億1,000万
調整後営業利益（EBIT）	-6億5,400万	-6億2,500万
郵便取扱量（通）	3億500万	3億7,300万
小包取扱量（個）	4,720万	n.a

出典：Annual and Sustainability Report 2016 と 2017 より筆者作成

図7 「ポストノルド・ノルウェー」

単位：スウェーデン・クローナ	2017年	2016年
売上高	38億7,500万	37億8,900万
郵便事業	4,600万	3,600万
Eコマース関連	31億9,500万	32億9,800万
グループ間取引	6億3,300万	4億5,500万
営業利益（EBIT）	2,400万	-3,600万
調整後営業利益（EBIT）	2,400万	-3,100万
小包取扱量（個）	1,720万	n.a

出典：Annual and Sustainability Report 2016 と 2017 より筆者作成

4.「ポストノルド・フィンランド」

「B2B」と「B2C」関連の物流の拡大によって、売上高は3％の増加となった。営業利益は800万SEK（2016年：-1,500万SEK）へ拡大している。これは取扱量の増加とコスト調整とリース費用削減等からの効果による（図8）[10]。

図8 「ポストノルド・フィンランド」

単位：スウェーデン・クローナ	2017年	2016年
売上高	10億2,800万	9億8,400万
郵便事業	1,200万	1,600万
Eコマース関連	6億9,400万	6億9,800万
グループ間取引	3億2,200万	2億7,000万
営業利益（EBIT）	800万	-1,500万
調整後営業利益（EBIT）	800万	-1,500万
小包取扱量（個）	8,300万	n.a

出典：Annual and Sustainability Report 2016 と 2017 より筆者作成

---

[10] (1 p.22)

5.「ポストノルド・ストラルフォルス」

デジタル関連のサービス売上拡大によって、調整後営業利益は1億6,100万SEK（2016年：1億2,400万SEK）から増加した（図9）[11]。

図9 「ポストノルド・ストラルフォルス」

単位：スウェーデン・クローナ	2017年	2016年
売上高	20億8,100万	22億4,000万
コミュニケーションサービス	19億3,500万	21億2,400万
グループ間取引	1億4,600万	1億1,600万
営業利益（EBIT）	1億6,100万	-1億5,100万
調整後営業利益（EBIT）	1億6,100万	1億2,400万

出典：Annual and Sustainability Report 2016 と 2017 より筆者作成

6.「ダイレクトリンク」

主に北欧地域外での事業活動となる。グローバルな商品の配達だけでなく、DMや通関やリターンロジスティクス等のサービスを提供する。売上高は10億2,800万SEK（2016年9億8,900万SEK）と4％増である。営業利益は2,800万SEKとわずかに増加している（図10）[12]。

図10 「ダイレクトリンク」

単位：スウェーデン・クローナ	2017年	2016年
売上高	10億2,800万	9億8,900万
コミュニケーションサービス	10億2,800万	9億8,900万
営業利益（EBIT）	2,800万	2,700万
調整後営業利益（EBIT）	2,800万	2,700万

出典：Annual and Sustainability Report 2016 と 2017 より筆者作成

「ポストノルド」の展望

北欧は世界でも最も郵便の自由化が進んだ地域として上げることが出来る。1人当たりのGDPは世界でも上位を占めるが、人口規模が北欧4カ国（スウェーデン、デンマーク、ノルウェー、フィンランド）でも約2,700万人に過ぎない小さな市場に欧州各国の郵便事業体がビジネスチャンスを巡ってひしめき合っている。

「ポストノルド」はスウェーデンとデンマークの郵便事業を統合して両国において郵

---

[11] (1 p. 23)
[12] (1 p. 23)

便事業を展開。一般的に郵便事業者はその国の国境内でビジネスを行なうことが普通で国境の外で事業を行なう際には、子会社やパートナー企業を通して行う。代表的な例として、「ドイツポスト DHL」は、国内では「ドイツポスト」で、国外では「DHL」のブランドで、フランスの「ラ・ポスト」も「ジオポスト」のブランドで、英国の「ロイヤルメール」も欧州大陸でその子会社である「GLS」のブランドで、小包やロジスティクス等のサービスを提供している。そのため、複数の国でユニバーサルサービスを展開する事業者はレアケースと思える。

すでに、デンマークの第3章で述べたように、「ポストノルド」が成立する前には、「ベルギーポスト」の49％の株式を「デンマークポスト」と「CVC キャピタルパートナーズ」が共同で保有していたことなど、既に欧州では各国の郵便事業体がお互いに国境の枠組みを越えて市場参入を行なっており国境はあってなきに等しい。

しかし最近では、スウェーデンとデンマークの章でも記したが株主であるスウェーデン政府とデンマーク政府の間に不協和音が現われているようである。デンマークでは「電子政府」推進のために郵便が切り捨てられているように見受けられる。スウェーデンではデンマークの事業を救うためにスウェーデンの国民の税金が投入されことについての反発も起きている。

「ポストノルド」という企業が行なっているサービスであっても、政府の政策よって配達頻度についても両国でも違いがある。高度にデジタル化が進んだ社会での増え続けるEコマース物流と減少する郵便、郵便のサービスポイントへのアクセスなどについて今後も注目が必要である。

ポストノルド本社

引用文献

1. postnord. Annual and Sustainability Report 2017. *postnord*. [Online] 3 16, 2018. [Cited: 12 25, 2018.]
   https://www.postnord.com/globalassets/global/sverige/dokument/rapporter/arsredovisningar/2017/postnord-2017-eng.pdf.
2. —. corporate governance. *postnord*. [Online] 6 21, 2018. [Cited: 1 20, 2019.]

https://www.postnord.com/en/about-us/corporate-governance/.
3. アールクヴィスト・ポストノルド物流部門長. 北欧郵便調査. 2017 年 12 月 4-5 日.
4. Post and Parcel. Post Nord "meeting strong growth in e-commerce with increased capacity and flexibility. *Post and Parcel*. ［Online］2 9, 2018. ［Cited: 1 20, 2019.］
https://postandparcel.info/93629/news/parcel/post-nord-meeting-strong-growth-e-commerce-increased-capacity-flexibility/.
5. Posten Norden. Posten Norden Annual Report 2009. *Posten Norden*. ［Online］2 24, 2010. ［Cited: 1 28, 2019.］
https://www.postnord.com/globalassets/global/english/document/reports/annual-reports/2009/posten-norden-annual-report-2009.pdf.

第5章　英国
ロイヤルメール：郵便会社と郵便局会社

英国の郵便と制度改革

　英国はヨーロッパ大陸の北西岸に位置するグレートブリテン島やアイルランド島北東部から構成される連合王国で、その面積は 23.3 万平方キロメートルで日本の約 3 分の 2 の国土となる。人口規模は 6,565 万人（2016 年）で欧州ではロシア、ドイツに続く第 3 位である。首都ロンドンは世界の金融センターである。2016 年の名目上の GDP は 2 兆 6,290 億ドルで世界 5 位、一人当たり名目 GDP は 40,096 ドルである。2018 年現在、主要 EU 加盟国の一つであるが、EU 離脱が国民投票で決定され、現在離脱交渉が行われている。

　「ロイヤルメール」の歴史は当時の国王ヘンリー 8 世の時代の 1516 年にまで遡る。一般の利用は 1635 年から可能となった。1840 年に「ローランド・ヒル」は 1 ペニーで英国のどこへでも配達される近代的郵便制度を創設した。1969 年郵政省は廃止され、政府の省庁から公社へと改組された。

　1980 年代から 90 年代世界的な規制緩和の流れが潮流であった。サッチャー政権下は国営事業が払い下げられたが、「ロイヤルメール」は売却されずに公社型態を維持した。1996 年保守党メージャー政権になって「ロイヤルメール」民営化案が提出されたが、地方サービスの悪化を恐れた保守党議員の反対により阻止された。

　1997 年労働党の選挙綱領の中では、「郵政事業はより広い商業的自由度を持つべきである」と謳われ、同年に労働党が政権を取るとすぐ民営化の動きが出てきた。一方、欧州連合（EU）では 1990 年代から段階的な郵便事業の自由化の道を選択し、「郵便単一市場の形成」、「良質なユニバーサルサービスの維持・提供」、「競争の導入」等を決定している。

　1997 年の第 1 次 EU 郵便指令を受けて、2000 年改正郵便サービス法が採択され、「ロイヤルメール」は政府が 100％の株式を保有する特殊会社化、2002 年に「公社」の呼称からロイヤルメール・グループ」（Royal Mail Group）となり、3 つの事業、①「ロイヤルメール」（郵便物の配達）、②「パーセルフォース」（小包の配達）、③「郵便局会社」（窓口会社）へ再編された。この間、2000 年に「ロイヤルメール」の名称は「コンシグニア」と改称されたが国民利用者の間に定着せず、2002 年に再び「ロイヤルメール・グループ」：へと再変更された。

　一方、2001 年に英国政府は、民間企業に郵便事業業務の許可を与える「郵便サービ

ス委員会」(ポストコム) を設立、また「郵便サービス消費者委員会」(ポストウオッチ) も立ちあがり、郵便事業は運営体と規制体に分離された。

これらの準備期間を経て、EU 郵便指令で予定されていた期限である 2009 年 1 月より 3 年早い 2006 年 1 月 1 日に自由化が実施され、「ロイヤルメール」は独占の地位を失うもののユニバーサルサービス提供義務を負う唯一の事業者とされた。「ロイヤルメール」が独占してきた 350 年間にわたる英国の郵便事業は完全自由化された。このような結果、英国は EU 領域において最も競合が激しい郵便市場化した。

2007 年に労働党政権は郵便自由化を受け、リチャード・フーパー・オフコム (ポストコムに替わる監督官庁) 副委員長が 2008 年にまとめた郵政事業の将来に関する報告書「近代化か衰退か－英国におけるユニバーサル郵便サービスを維持するための政策」がある。その報告書が指摘した「ロイヤルメール」を取り巻く問題点は、コミュニケーション手段のデジタル化による影響で、①値上げでは収入の落ち込み分を埋められない、②欧州他国の郵便事業と比較して非効率、③英国最大規模の年金債務を抱えているために財務が改善しない、④労使関係の悪さ、⑤規制体である「ポストコム」との関係も悪化している (「ポストコム」がユニバーサルサービスの保護よりも競争を重視する姿勢等) を挙げている。

さらに、2010 年 9 月に保守党と自由民主党連立政権から依頼を受けたフーパー氏は「デジタル時代におけるロイヤルメールの郵便ユニバーサルサービスの維持」と題する第 2 次レポートを提出した。2008 年のレポートと同様の内容ではあったが、そこには 2 つの提案として、①「ロイヤルメール」の規制の責任は、E メールやインターネットを規制しているオフコムが行うべきである、②「ロイヤルメール」を民営化した場合には従業員にも株式の提供を行うべきである、が盛り込まれていた。

2011 年キャメロン政権はその報告書を受けて「郵便サービス法」を成立させ民営化の道が開かれた。その主な内容は①「ロイヤルメール」の完全民営化と 10% 株式を従業員に与える、②「ロイヤルメール」の「年金基金の負債」と資産の政府への移管、③郵便局会社の国営維持、④郵便局会社の相互会社化、⑤規制体の「オフコム」へ移管、であった。

新たな「郵便サービス法」によって「オフコム」は郵便事業の規制体に至っている。2012 年に「オフコム」は新しい規制を導入した。従来は免許制であった郵便事業への参入には、免許を要さなくなり、「ロイヤルメール」が持続的なサービスの提供が可能となるように、料金の決定に際してインフレや需要動向に基づいての柔軟的に郵便料金を決定できるようになった[1]。

「郵便サービス法」により「郵便局会社」については、2012 年には「郵便局会社」は「ロイヤルメール」から切り離されている[2]。2018 年現在、「ロイヤルメール」とその姉

---

[1] [22 pp. 32-35]
[2] (5 p. 89)

図1　沿革

2006年	
1月1日	英国郵便市場完全開放
2011年	
10月1日	監督官庁が「ポストコム」から「オフコム」へ
〃	2011年郵便サービス法
2012年	
1月	「ロイヤルメール」と「郵便局会社」間のメール配達協定
4月1日	年金基金負債を「ロイヤルメール年金基金」→「Royal Mail Statutory Pension Scheme（RMSPS）」へ移管
〃	「ロイヤルメール」と郵便局会社に分離
2013年	
7月10日	「ロイヤルメール」の株式公開を政府決定
9月12日	ロンドン証券取引所への上場を発表
9月13日	持株会社名を「ロイヤルメール・ホールディングス」→「ポスタルサービス・ホールデイングカンパニー」
9月27日	株式公開前事前購入申込み
10月15日	「ロイヤルメール」はロンドン証券取引所に上場
2015年	「ロイヤルメール」完全民営化

出典：筆者作成

妹会社である「郵便局会社」が英国の郵便を主に担っている（図1）。

2013年に「ロイヤルメール」は強烈な国民や英国通信労組（CWU）からの反対にも関わらず、2013年10月に株式上場を果たし、株式の70％が民間の手にわたった。その内訳は、個人に17％、金融機関へ43％、「ロイヤルメール自社株保有制度」（Sip）へ10％となっている。政府が30％の株式を保有していたが、2015年6月と10月に15％ずつ売却して「ロイヤルメール」は完全民営化された。「ロイヤルメール」はEUの数ある郵便事業体の中でも一握りの完全に民営化された事業者となっている。ちなみに、欧州では「ロイヤルメール」のほかオランダなどの郵便事業体が完全に民営化されている。部分的に政府が株式を保有しているのは、ベルギー、イタリアなどである。

株式上場初日には公開価格の3.3ポンドから4.5ポンドに上昇したことで、「500年の歴史を誇る英国の郵便事業を、公開価格をあまりに低く設定しての売却によって、企業投資家の利益を優先した」との批判が国民と労働側から巻き起こった。株式上場以降、約10億ポンドが株主配当として支払われており、労働側ではこれらの配当は「将来への投資」に使われるべきものであったと批判している[3]。

---

[3] (5 pp.89-90)

図2　英国宛名郵便の取扱数の推移

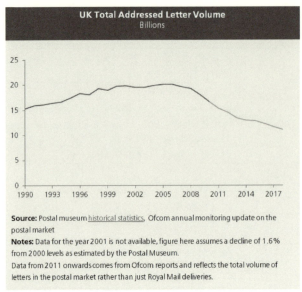

出典：Postal Services （House of Commons Library）

英国の郵便市場概要

1. 郵便（書状）市場

　英国の郵便市場は完全自由化し、「ロイヤルメール」が「オフコム」によってユニバーサルサービス提供事業者に指定されている。英国全体の書状郵便の取扱数は2017-18年の過去5年で約16％が減少した（図2）[4]。プライスウォーターハウスクーパース（PWC）では2023年までに83億通へと取扱数が減少すると推定する[5]。

　英国の郵便市場競争メカニズムには「エンド・トゥ・エンド」と「ダウンストリームアクセス」の2つのタイプが存在する。「エンド・トゥ・エンド」競争は郵便事業者が郵便の収集、区分処理、配達までを実施するものである。一方で、「ダウンストリームアクセス」はロイヤルメール以外の事業者が収集と区分処理し、戸別配達はロイヤルメールが実際の配達を行なう方式である。

　「エンド・トゥ・エンド」競争は極めて小さくロイヤルメールが市場を支配的な立場にある。2017/18年には僅か0.1％がロイヤルメール以外の事業者の手で執り行われたにすぎない。この市場に参入したWhistl（現在のTNT）はロンドンやリバプールやマ

---
[4] (23 p. 17)
[5] (6 p. 8)

ンチェスターでビジネスを展開し、そのピーク時の 2014/15 年には 1 億 7,000 万通を取扱い全体の 1.3％を占めるに至った。しかし、「Whistl」は 2015 年に資金繰りに窮したためにこの市場からは撤退をしている。

この「エンド・トゥ・エンド」競争について、「ロイヤルメール」は「オフコム」に対してユニバーサルサービスにマイナスの影響を与えると批判を繰り広げた。一方、2014 年 12 月のオフコム報告書では「エンド・トゥ・エンド」競争が財政的にユニバーサルサービスに影響は与えないと結論を下している。「Whistl」の撤退後は「エンド・トゥ・エンド」競争は大幅に縮小した[6]。

2. 小包市場

オンラインショッピングの利用拡大により小包市場が盛況である。英国内の小包市場全体では 2017-18 年には、取扱量は 24 億個（前年度比：11％増）で収入も 94 億ポンド（5％増）の規模となった。「パーセルシッピング・インデックス」では過去 2 年間にグローバル市場での小包量が 48％も増加しており、2017 年-2021 年までに小包取扱量は毎年 20％も拡大していくと予測している[7]。

その一方で、そのため競争も激しさを増している。小包一つ当たりの収入が 5％減少して 2016-17 年の 4.19 ポンドから 2017-18 年の 3.98 ポンドとなっている[8]。「アマゾン」が 2014 年に自社配送サービスをスタート、スタート 1 カ月で英国の小包市場の 3％を確保した。この動きは小包事業者にとっては脅威と見なされている。

英国で出される小包の 3 個に 2 つは E コマース関連[9]であり、利用者からは柔軟性があり利便性の高いサービスが求められている。株式公開（IPO）以来急速なスピードで取扱量が伸びており、2016 年度の「ロイヤルメール」の取扱量シェアは 53％、ヘルメスの 13％、DPD の 7％、Yodel の 6％、TNT の 4％、その他の 17％となる。これらのトップ 5 社が市場全体の 83％を占めている。一方、収入については、「ロイヤルメール」の 41％、DPD の 10％、ヘルメスの 8％、UPS の 6％と Yodel の 6％、その他の 29％である。同様にこれらのトップ 5 社が全体の 71％を占めている[10]。

オンラインショッピングで購入した商品を自宅以外の実店舗や宅配ボックスで受け取ることが可能となる「クリック＆コレクトサービス」の利用が拡大している。「ロイヤルメール」を含む事業者がこのサービスにビジネスチャンスを見出している。しかし「ロイヤルメール」は、小包数が英国の小包処理能力を約 25％も上回っている状況と推測している[11]。小包事業者による処理能力の向上のための投資が価格に反映されることになりそうである。

---

[6] (23 pp. 17-19)
[7] (5 p. 90)
[8] (23 p. 22)
[9] (12 p. 2)
[10] (20 p. 6)
[11] (23 p. 22)

「ロイヤルメール」

「ロイヤルメール・グループ」は英国最大のネットワークを有し英国内で書状と小包・宅配を扱う「UKPIL」（UK Parcels, International & Letters）と、英国以外の欧州において業務を行う「GLS」（ジェネラル・ロジスティクス・システム）とに分けられる。「パーセルフォース・ワールドワイド」は小包配達業務を行う部門である（図3）。その主な子会社は GLS を含む4社（GLS、Royal Mail Estates Limited、Royal Mail Investments Limited、RM Property and Facilities Solutions Limited）と、関連会社（Quadrant Catering Limited，Mallzee Limited，Market Engine Global Pty Limited）やジョイントベンチャー（ParceLock GmbH）がある[12]。

英国の郵便の減少は電子的な代替手段の発達により構造的になっており、ロイヤルメールでは2004年のピーク時から2016年までを比較すると42％も減少している[13]。そして、この減少を小包や国際ロジスティクス分野で補っている構図である。国際市場への展開のために企業買収を進めており、2016年度にはロイヤルメールでは約4億5,000万ポンドを投資している[14]。またEコマースのブームを反映して、英国に送られる最大の小包の送付元は中国となっている[15]。

「GLS」はドイツ・フランス・イタリア・米国に子会社を持つ。「GLS」は子会社やパートナー企業を通して41カ国で事業展開している[16]。

「ロイヤルメール」は競合他社の比較で「最高サービスを提供」と評価を受けている。「Ipsos Morii」が2017年に行った調査では88％が「満足」と回答している[17]。そしてあ

図3　ロイヤルメールグループのブランド

事業部門	ブランド
UK Parcels, International & Letters（UKPIL）	Royal Mail PARCELFORCE WORLDWIDE
ジェネラル・ロジスティクス・システム（GLS）	GLS

出典：ロイヤルメール年次報告書2017-18年より筆者作成

---

[12]　(4 p. 130, 140)
[13]　(4 p. 12)
[14]　(5 p. 90)
[15]　(2)
[16]　(4 pp. 2-3)

くまで他社との比較によるものとして解釈が可能である。

1. ロイヤルメール・グループのガバナンス

取締役会はグループ目標や戦略設定し業績やリスクマネジメントを監督する。契約・投資・内部統制・重要政策を承認する。「ロイヤルメール」年報告書2017-18年によると、取締役会は9名のメンバーで構成されている。取締役会には、指名委員会、リスク監査委員会、年金委員会、報酬委員会が設けられている。会長は取締役会で指導力を発揮しなければならない。CEOは日常業務を行い、取締役が定めた戦略にそってビジネスを実施する[18]。

2. 従業員の動向

「ロイヤルメール・グループ」の従業員数は2017-18年の年次報告書によると、2018年度では「UKPIL」の141,162人で、欧州を拠点にビジネスを行う「GLS」は17,955人でのトータルでは159,117人としている。英国内の約71％はフルタイム雇用であり残りの29％はパートタイム雇用となる。そして、98.7％以上の従業員は正規の雇用形態にある（図4）[19]。

UKPIL従業員の賃金は生活賃金を上回っており、福利厚生や有給休暇や年金制度が充実している[20]。「ロイヤルメール」従業員の退職率は7.2％であり、英国平均の23％と比べるとかなり安定しているといえる。「ロイヤルメール」の年間賃金は基本水準で約22,589ポンドであるが、これは英国の平均年収の27,000ポンドからみると大幅に低いレベルといえるが、「CWU」は2008年の経済危機の際にもこの水準を維持している[21]。

図4 各年度末 従業員数 単位（人）

	2018年	2017年	2016年	2015年	2014年
UKPIL	141,162	141,819	142,544	146,109	152,440
GLS	17,955	17,136	13,991	14,409	13,811
トータル	159,117	158,955	156,535	160,518	166,251

出典：ロイヤルメール年次報告書2017-2018

3. 「ロイヤルメール」と「郵便局会社」の関係

「ロイヤルメール」と「郵便局会社」間には郵便物配達契約と基本契約が存在するのみで資本関係は存在しない。郵便物配達契約については、2012年に両社の間で締結さ

---

[17] (5 p.91)
[18] (4 pp.56-61)
[19] (4 p.49)
[20] (4 p.49)
[21] (5 p.92)

れ有効期間は10年である。「郵便局会社」は「ロイヤルメール」のために小包サービスとリテールサービスの取扱いを行っている[22]。この契約には5年後の見直しの条項が存在する[23]。基本契約について、「ロイヤルメール」は「郵便局会社」が独自のITやファシリティ・マネジメント構築が完成するまでの経過措置として、「ロイヤルメール」へのアクセスを可能とするものである。2015年にこの契約は延長されている[24]。

4. ロイヤルメール・グループの業績（2017-18年）

「ロイヤルメール」の収益は「UKPIL」と「GLS」の小包取扱増により101億7,200万ポンド（前年度比：2％増）を計上。転換費用計上前調整営業利益は6億9,400万ポンド（前年度比：1％増）となった。税引き前利益は600万ポンド増加して5億6,500万ポンドを計上。ロイヤルメール・グループのネットキャッシュは前年度のマイナス3億3,800万ポンドから一転して1,400万ポンドに改善している（2018年3月25日現在）（図5）。「ロイヤルメール年金プラン」での確定給付型のスキームが2018年3月31日に閉鎖され、新たな年金スキームが2018年4月1日からスタートした。2017-18年の普通株の配当金は24ペンスである（図6）[25]。

図5 ロイヤルメール経営結果　単位：ポンド

調整後結果	2018年	2017年	増減率
収益	101億7,200万	97億7,600万	2％
転換費用計上前営業利益	6億9,400万	7億1,200万	1％
転換費用計上後営業利益	5億8,100万	5億7,500万	6％
利益率	5.7％	5.9％	20bps
税引き前利益	5億6,500万	5億5,900万	
1株当たり利益（ペンス）	45.5	44.1	
年間取引キャッシュフロー	5億4,500万	4億2,000万	
ネットキャッシュ	1,400万	-3億3,800万	

出典：ロイヤルメール年次報告書2017-18年告書2017-18年

図6 ロイヤルメール配当金

年	配当金（年間）
2018年	24.00
2017年	23.00
2016年	22.10
2015年	21.00
2014年	13.30

出典：https://shares.telegraph.co.uk/fundamentals/?epic=RMG から筆者作成

5. 「UKPIL」と「GLS」（2017-18年）と経営状況

「UKPIL」（2017-18年）の事業実績は前年度と比較して、「UKPIL」の小包収益は4％パーセント増（「アマゾン」から出された小包を除く）であるが書状は4％減であり収益は前年度比でイーブンである。トータルの小包取扱量は5％増となった（図7）[26]。
国際小包の分野でも特にアジアから欧州地域への物量が増加し、取扱量では2％増、

---

[22] (11 p. 3)
[23] (14 p. 24)
[24] (11 p. 3)
[25] (4 p. 4)
[26] (4 p. 7)

図7　UKPIL の調整後業績（英国での小包、国際と書状）単位：ポンド

種類	2018 年度	2017 年度	増減率
書状とその他の収入	30 億 5,100 万	32 億 3,400 万	-6%
広告郵便	11 億 100 万	10 億 8,700 万	1%
（書状全体）	41 億 5,200 万	43 億 2,100 万	-4%
小包	34 億 6,300 万	33 億 3,700 万	4%
収益（ポンド）	76 億 1,500 万	76 億 5,800 万	横ばい

出典：ロイヤルメール年次報告書 2017-18 年

図8　小包取扱数（個）

	2018 年度	2017 年度	増減率
コアネットワーク	11 億 3,200 万	10 億 7,300 万	6%
パーセルフォース	9,800 万	9,600 万	2%
トータル	12 億 3,000 万	11 億 6,900 万	5%

出典：ロイヤルメール年次報告書 2017-18 年

図9　UKPIL（英国での小包、国際と書状）取扱量（通）

郵便	2018 年度	2017 年度	増減率
宛名郵便	112 億 6,900 万	119 億 2,2200 万	-5%
無宛名郵便	31 億 900 万	29 億 3,400 万	6%

出典：ロイヤルメール年次報告書 2017-18 年

図10　グループ収入（「ロイヤルメール」と「GLS」）単位：ポンド

（ポンド）	2018 年度	2017 年度	増減率
UKPIL	76 億 1,500 万	76 億 5,800 万	横ばい
GLS	25 億 5,700 万	21 億 1,800 万	10%
収益	101 億 7,200 万	97 億 7,600 万	2%

出典：ロイヤルメール年次報告書 2017-18 年

　収入ベースでは1%増の4,800万ポンドであり、同様に米国から欧州への越境サービスも拡大している。「パーセルフォース」による取扱量も新規契約や既存の事業者からの出荷増により2%増となり、転換費用計上前営業利益は5億4,800万ポンド（2%減）から5億300万ポンドとなった（図8）[27]。

　総選挙による宛名郵便収益で宛名郵便は4〜6%減少幅の予測の範囲内に収まっている（図9）[28]。

　ファーストクラスメール（投函日の翌日配達）の品質水準の達成率は91.6%（目標値：93%）となった。一方、セカンドクラスメール（投函日の3日後配達）の目標値は

---

[27] （4 pp. 21-22）
[28] （12 p. 6）

98.5％で達成率は98.4％で誤差の範囲に収まっている[29]。

「GLS」の業績は引き続き堅調で取扱量は9％アップで、収益は10％増となり国内市場と海外市場で好調であったため、その収入は10％増の211億8,000万ポンドとなった（図10）[30]。

6. 自社株保有制度

「ロイヤルメール」では会社と従業員のより密接な関係構築を図るために株式を無償でほぼ全従業員に配布されている。フルタイム従業員はその等級や年齢に関係なく同じ数の株式を配布し、パートタイム従業員については労働時間数に対して比例配分となった。しかし、ユニバーサルサービスに携わらないGLSやジョイントベンチャー企業の従業員は除外されている。この無償配布された株式は「ロイヤルメールシェア・インセンティブプラン（Sip）」へ信託され、発行済み株式の10％を従業員に割り当てている。万国郵便連合（UPU）や「ロイヤルメール」の2017-18年の年次報告書では従業員は12％の株式を保有しているとされる[31]。

従業員に配布された株式には、英国歳入関税庁による株式奨励制度により、優遇税制措置があるため所得税、NI（国民保険）やキャピタルゲイン税も納める必要がない。この制度下では「ロイヤルメール」社員である限りはその株式の保有と配当金を受け取りが可能。また5年以上の保有者又は適格な退職者には、課税上の優遇措置がある。ただし、株式獲得後、少なくとも3年間は「Sip」から株式を取り出しや売買は出来ないことになっていたが、2013年10月～2014年4月に無償配布された株式を持つ従業員は2017年4月9日からそれらの株式の売却が可能となっている。売却の際には年収が11,501～45,000ポンドの従業員は基本税率の20％の所得税と12％の国民保険料を納めなければならない。

なお、「CWU」ではこの自社株保有制度を活用して、徐々に従業員の株式保有分を拡大し従業員による会社に対する影響行使の可能性を探っている[32]。

7. 「物言う投資家」の存在

株主には当然、「物言う投資家」も含まれており（図11）、議決権行使助言会社の「Institutional Shareholder Services (ISS)」や「Glass」、「Lewis & Co」は、2018年の「ロイヤルメール」の株主総会において新CEOのリコ・バック氏の高額な報酬に反対するように「ロイヤルメール」の株主にアドバイスを送り、0.44％を保有する「ロイヤルロンドン・アセットマネジメント（RLAM）」は賛成する意向を示した。

実際に、「ロイヤルメール」のピーター・ロング会長は巨額な報酬に対して株主側か

---

[29] (4 p. 10)
[30] (4 p. 4)
[31] (13 p. 5)
[32] [1]

図11　主要株主

主要株主：機関投資機関	保有率
Oregon Public Employees Retirement Fund	0.04%

主要株主：ミューチュラルファンド	保有率
Oppenheimer International Growth Fund	2.28%
Vanguard International Stock Index-Total Intl Stock Indx	1.16%
Hotchkis and Wiley Mid-Cap Value Fund	1.01%
Janus Henderson European Focus Fund	0.65%
Janus Henderson Global Equity Income Fund	0.55%
iShares MSCI Eafe ETF	0.49%
iShares MSCI EAFE Minimum Volatility ETF	0.47%
Vanguard Tax Managed Fund-Vanguard Developed Markets Index Fund	0.44%
Hotchkis and Wiley Value Opportunities Fund	0.31%
DFA International Core Equity Portfolio	0.23%

出典：ヤフーファイナンス（2018年4月24日時点）

らの批判を受けて辞任している。さらに、2018年7月のロイヤルメール株主株総会ではリコ・バック新CEOの目標を達成した場合のボーナスを含めた報酬パッケージの金額が600万ポンドに上るとことに批判が広がっていた[33]。利益をいかに配分するかについての株主の姿勢は常に注視することが必要である。

8. 民営化の影響

2016年1月の「CWU」による「民営化の影響」報告書によると、民営化時の2013年3月に15万人いた従業員数は約8%減少して、2016年には約139,000人となった。なお民営化以前からも従業員数は減少しており、2003年の198,552人から2013年の150,000人へと、毎年平均して4,850人相当の減少である。一方で2013年から2016年の平均減少人員数は3,666人である。この人員減少は自主的な退職や自然減によるもとしているが、労働側のリポートでは「ロイヤルメール」からの圧力があると伝えている。

配達局や区分処理局への影響については、「ロイヤルメール」のトランスフォーメーションプログラムによって2013年の48区分処理局から2017年には39局へと減少している。配達局は2013年の1,455局から2017年には1,380局へと同様に減少を見た。「Scale Payment Delivery Office（SPDO）」と呼ばれる小規模な配達局も2013年の600〜650の局数から2017年には542局までに減少となっているものの、配達局や区分処理局の削減は民営化以前から既に実施されている。その流れが続いていること認められる。

民営化以前から郵便料金の引き上げがされており、2007年から2012年のファーストクラスで34ペンスから60ペンスへ、セカンドクラスでは同じ時期に24ペンスから50

---

[33]（18）

ペンスとなった[34]。

　料金の値上げについては郵便物数の減少を値上げでカバーして郵便事業を継続するためであることは明白である。配達局の削減等により利用者へのサービスが低下しているにもかかわらず株主への配当で2013年から2017年までの4年間に8億ポンドを上回る配当金が支払われていることに対して批判が出ている[35]。しかし、自社株保有制度によって従業員も配当により利益を得ているところもあり判断が難しいようである。

9. 配達頻度

　EU加盟諸国の郵便事業体は配達頻度をEU指令により週5日と設定しているが、多くの国では実際にはそれが維持されていない。しかし、ロイヤルメールでは週6日の郵便と週5日の小包配達の維持をしている。「CWU」は「ロイヤルメール」のビジネスチャンスの喪失や地域社会への影響や雇用にも大きく影響するため、今後もこれは維持されるべきであるとの見解を示している[36]。

10.「見守りサービス」

　「見守りサービス」関係については、「ロイヤルメール」としては試行も実施も行なっていないとしているが、英国王室領のジャージー島の「ジャージーポスト」（ロイヤルメールとは別会社）では試行がされており、郵便配達時に高齢者の住宅を訪問して安否の確認を行なうなどしている。「CWU」では試行の結果が良ければ「ロイヤルメール」でも取り入れるのではないかという見方をしている。しかし、2018年6月時点では「ロイヤルメール」の考え方について明らかではないようである。「CWU」は「ジャージーポスト」の従業員も組織化しており、現行の仕事に新たに上乗せをした形でサービスを行なっているため従業員の負担が大きくなることが課題として上がっているという。さらに、このサービスを実際に行なったとしてもどの程度の収入が上がるかということも課題であるようだ[37]。

「ロイヤルメール」年金問題

　「ロイヤルメール」の従業員は確定給付型の年金を受け取るプログラムであったが、①退職後の人生が長くなり年金基金の負債の増加、②2008年の金融危機に伴う金利の低下、③80年代の使用者側から数度にわたって拠出金が出されなかった時期があったこと、④「ロイヤルメール」の年金は公的部門にあったにもかかわらず税収ではなく事業収入から拠出していたこと、⑤「ロイヤルメール」は年金基金の欠損を埋め合わせるために8億6,700万ポンド（2010年時点）を投入したこと、以上の要因によって年金

---

[34] (17 pp. 4-7)
[35] (16)
[36] [1]
[37] [1]

が問題化していた。

「2011 年郵便サービス法」によって年金制度の大改革が行われ、「ロイヤルメール」の年金基金 280 億ポンドの資産と 120 億ポンドの負債を政府に移管する事で、「ロイヤルメール」はこの問題から解放された。「ロイヤルメール」の年金問題と民営化が一体的に取り扱われ、「ロイヤルメール」年金基金からその債務を取り除くことで民営化が完成したといえる。その後、「ロイヤルメール」は退職後の収入レベルを保障する確定給付型年金からより給付の少ない確定拠出型年金へ変更を計画したことを受けて 2017 年から 2018 年にかけて年金問題が再浮上した。「CWU」は年金を含む 4 つの柱（年金、賃金と週間労働時間の短縮、法的保護の拡大、オペレーションの再構築）をめぐり約 10 カ月に及ぶ交渉を「ロイヤルメール」側と行い、2017 年 9 月には「CWU」は年金をめぐり組合員にストを問う投票が実施され、90％に及ぶ賛成で 2017 年末のピークシーズンのスト決行を予定した。しかし、高等法院がストにストップをかけ仲裁を双方に促した。その結果、週間労働時間の削減と「退職後の賃金」を保障する新たなスキームが合意案に盛り込まれ、「CWU」組合員はこの合意について 2018 年 3 月に賛成票を投じた。

これによると 2017 年 10 月に遡って 5％の賃上げとなる。2018 年 10 月からは週間労働時間が 1 時間のカットともなる。これは賃金には影響を与えることはない。そして、2019 年 10 月からはさらなる 1 時間の労働時間カット、2019 年 4 月からは 2％の賃上げとなる。

「ロイヤルメール」と「CWU」は 2022 年までに間の 35 時間の週間労働時間の達成のための「共通ビジョン」に向けた行動を行うことで合意している[38]。

「郵便局会社」

郵便局会社の株式は政府が保有しており、所轄省庁として「ビジネス・エネルギー・産業戦略省（BEIS）」が郵便サービス分野について責任を負う。郵便についての責任はケリー・トルハースト氏が政務次官として当たっている（2018 年 12 月現在）。郵政事業においては「ロイヤルメール」が配達業務を、「郵便局会社」は窓口業務を担っている。2013 年 10 月に「ロイヤルメール」の株式売却に踏み切ったが、それに先立ち 2012 年 4 月 1 日に「ロイヤルメール」と「郵便局会社」は分離されている。「郵便局会社」は郵便局ネットワークの維持を担っており郵便市場の自由化に伴い、窓口業務でも効率性の向上が大きな課題となっている。郵便局会社は 2018 年 3 月末現在で 11,547 局のネットワークの運営を行い、その店舗数は英国最大を誇る。

「BEIS」は「郵便局会社」の日々のオペレーションやその郵便局ネットワークや職員のマネジメントには一切関与しておらず、「BEIS」は「英国政府投資会社（UKGI）」を通して、郵便局会社の業績、特にミニマムネットワークアクセス基準と特定サービスの提供が遵守されているかをモニターするのみである。「BEIS」は取締役会に非常勤取締

[38] (15)

図 12　郵便局会社組織図

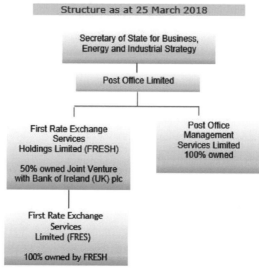

出典：郵便局会社　2017-18 年次報告書

役を指名する権限を有する。これに沿って通常は 1 名の「UKGI」職員を指名する[39]。

その郵便局ネットワークは 1980 年代初めと比較するとその規模は半減している。政府からトランスフォーメーションと近代化のための政府資金を受けて、郵便局会社はそのネットワークへの投資と 11,500 店舗の維持を約束している。

約 98％の郵便局はフランチャイズパートナーあるいは民間受託郵便局長（サブポストマスター）により運営されている。約 2％の郵便局は郵便局会社により運営されている。2009 年以降、郵便局数は概ね変化がない[40]。2000 年以降、郵便局会社は赤字状態にあり、実質的に政府からの補助金に依存している。2016-17 年度において初めて黒字となっている（図 12）[41]。

1．コーポレートガバナンス

取締役会の責務はビジネス戦略目標、ビジネスの監督、郵便局ビジョンの策定等である。取締役会は会長、グループ CE、最高財務業務責任者、そして 5 名の非常勤取締役からの 8 名の取締役から構成される。取締役会の重要な役割は郵便局会社を政府だけでなく地域社会全体の利益にむすびつけることである[42]。

---

[39]　(8 p. 17)
[40]　(9 p. 4)
[41]　(8 p. 8)
[42]　[8 pp. 17-19]

2. 経営状況

郵便局会社は2016-17年次報告書において16年ぶりに1,300万ポンドの利益を上げ、そして207-18年次報告書でも利益が2,200万ポンドも増加して3,500万ポンドとなったことを伝えている。売上高は9億5,700万ポンドから400万ポンド増加して9億6,100万ポンドとなっている。しかし、売上げとネットワーク補助金をプラスした収入は2015-16年の10億9,400万ポンドから2016-17年には10億3,700万ポンド、そして2017-18年には10億3,100万ポンドへと減少傾向にある。これは政府からのネットワーク補助金の削減が理由である。

英国下院図書館によるブリーフィング・ペーパー（2018年11月15日）によると、郵便局会社は営業利益を有形固定資産および無形固定資産の減価償却費、特別損益、閉鎖活動費、資本投資費の控除前の継続事業からの営業利益、そしてネットワーク補助金であらわしている。営業利益にはネットワーク補助金と投資資金を含まないとしている。

2017-18年年次報告書によると、その好調の理由として郵便局会社が「New Call Telecom Limited」からその事業のブロードバンド事業買収（2018年8月）、また英国の主要銀行の顧客のために郵便局会社の窓口でサービスの提供をする業務提携（2017年1月）を上げている。行政サービスや決済サービスの減少を郵便部門でカバーしている。

政府からのネットワーク維持補助金（NSP）は2017年の8,000万ポンドから7,000万ポンドへ減らされている。費用が1,800万ポンド減少したことでEBITDAは1,200万ポンド増加して1億500万ポンドを計上。有形固定資産および無形固定資産の償却費とネットワーク維持補助金（NSP）が含まれたのは最近では初めての事である。そして、有形固定資産および無形固定資産の償却費を含んでも4,700万ポンドを計上し

図13 損益集合勘定

単位：ポンド	2018年	2017年	増減額	増減率%
売上高	9億6,100万	9億5,700万	400万	-
費用	-9億6,000万	-9億7,800万	1,800万	2
ジョイントベンチャーからの利益配当	3,400万	3,400万	-	-
営業利益	3,500万	1,300万	2,200万	169
ネットワーク補助金	7,000万	8,000万	-1,000万	-13
有形固定資産および無形固定資産の減価償却費、特別損益、閉鎖活動費、資本投資費の控除前の継続事業からの営業利益（EBITDA）	1億500万	9,300万	1,200万	13
有形固定資産および無形固定資産の減価償却費	-5,500万	-	-5,500万	-100
特別損益	-300万	-	-300万	-100
閉鎖活動費控除前、資本投資費控除前の継続事業からの営業利益	4,700万	9,300万	-4,600万	-49

出典：郵便局会社　年次報告書2017-18

た[43]。

2017年12月、政府は郵便局ネットワークの近代化について2018年4月から2021年3月までの間に3億7,000万ポンドの投資をすることを明らかにした。そのうちの2億1,000万ポンドを現在進行している近代化計画に、そして1億6,000万ポンドは遠隔地や田舎の郵便局を支えるために投資されることになる（図13）[44]。

3. サブポストマスターと従業員数

郵便局の98％はサブポストマスターが運営している。サブポストマスターが組織する民間受託郵便局長全国同盟（NFSP）は1897年に創設され現在に至る。かつては労働組合としての地位を有していたが、2014年1月に労働組合としての地位を失い現在は会員組織として存続している。現在「CWU」は「NFSP」と「サブポストマスター」の利益を代表する[45]。

サブポストマスターの給与は2013年5月に出されたリポートによると、郵便局ビジネスから平均して2,719ポンドの実収を得ている。この収入で郵便局を運営する。これには経費や職員の給与、サブポストマスターの給与をカバーする。サブポストマスターの平均給与は月平均753ポンド（2013年）で2007年のレベルから36％減少となっている[46]。なお、従業員数は5,302人となっている（図14）[47]。

図14 郵便局会社の従業員数

	2018年	2017年	2016年
アドミニストレーション	1,205	1,275	1,261
直営店（DMB）	2,707	2,807	3,344
サプライチェーン	848	833	1,360
ネットワークと直営店移行プログラム	213	387	640
ポストオフィス保険	47		
合計	5,020	5,302	6,605

出典：郵便局会社　2016-17年次報告書、2017-18年次報告書から筆者作成

4. 郵便局へのアクセス基準

郵便局のアクセスに関して、政府から以下のような一定の基準が明示されている（図15）[48]。

この基準についてシチズン・アドバイス（郵便利用者の利益を代表する非営利組織）は現行の基準について実際に最短距離ではないことや郵便局で提供されるサービスや商

---
[43] (8 pp. 8, 35)
[44] (19)
[45] (9 p. 8)
[46] (21 pp. 5, 7, 33)
[47] (8 p. 48)
[48] (9 pp. 4-5)

図15　郵便局へのアクセス基準

1)	全国人口の99%が郵便局から3マイル圏内にあること
2)	全国人口の90%が郵便局から1マイル圏内にあること
3)	都市部の貧困地域の人口の99%が郵便局から1マイル圏内にあること
4)	都市部全体での人口の95%が郵便局から1マイル圏内にあること
5)	過疎部全体の人口の95%が郵便局から3マイル圏内あること
6)	郵便番号地域での人口の95%が郵便局から6マイル圏内にあること

出典：The Post Office

品も斟酌されていないと批判を展開している[49]。

5. 郵便局のサービス

「郵便局会社」では、戦略的ビジネス領域としてリーテイルと金融＆テレコムサービスを柱に据えている。その主たるサービスは為替取引や海外送金、プリペイドトラベルマネーカードなどを提供している。なお、郵便局は地方・僻地において重要な役割を果たしている。

リーテイルでは、郵便、リーテイル＆宝くじ、行政サービスを提供している。行政サービスとして労働厚生省、内務省（パスポートやビザ移民局）、運転免許交付局、その他の行政サービスを提供しており、決済サービスには請求書の支払いやATMでの取り扱いを行なっている。

金融サービス＆テレコム分野では銀行、保険、テレコムに関わるサービスを提供して

図16　収入の内訳　単位：ポンド

種類	2018年度	2017年度	増減率
＜小売＞			
郵便	3億3,400万	3億3,700万	-3
小売＆宝くじ	4,500万	4,500万	
行政サービス	9,900万	1億1,400万	-13
決済サービス	5,700万	6,600万	-14
＜金融＆テレコム＞			
金融サービス	2億1,500万	2億500万	5
テレコムサービス	1億4,700万	1億3,000万	13
＜保険＞	4,800万	4,300万	12
＜その他　収入＞	1,600万	1,700万	-6
総収入	9億6,100万	9億5,700万	

出典：郵便局会社　2017-18年年次報告書

[49] (9 p.5)

おり、金融サービスでは住宅ローン、クレジットカード、保険、貯金、旅行や銀行サービスを行なっている。テレコム分野では「Post Office HomePhone」、「ブロードバンドサービス」、「e-top ups」（プリペイド式の携帯電話などにお金を補充するためのカード）やフォンカードを取り扱い、金融分野については直接的に郵便貯金の勘定を持たずに、公的な貯蓄金融機関である「国民貯蓄投資機構」や民間金融機関の商品の提供となる。郵便局会社ではその子会社である「ポストオフィス・マネジメントサービシーズ」が保険の代理店業務を実施している（図16）。ジョイントベンチャーとして、郵便局会社とアイルランド銀行が2001年に出資比率1：1で「ファーストレート・エクスチェンジサービシーズ・ホールディングス」を設立している（図16）[50]。

6. 郵便局の種類

「郵便局会社」には「直営店」、「委託店」、「アウトリーチ型」の3種類の郵便局が存在する。現在1万1,547店舗（2018年3月現在）のうち、「直営店」は都市部を中心とした262店舗である。「委託店」として9,768店があり「Co-op」、「Spar」、「WHSmith」などの小売業者に委託したフランチャイズ店と個人経営の民間受託郵便局がある。そして「アウトリーチ型」として1,517店舗が存在する。「アウトリーチ型」については過疎部の集落で特定日の一定時間のみ開業する「パートタイム型店舗」や、地域の集会所、教会などを借りて近隣郵便局から出張して営業する「サテライト型」、移動可能なバン・タイプの自動車によって業務を行う「移動郵便局型」がある。前年度との比較では「直営局」数と「委託局」数がそれぞれ23と167と減少している。「アウトリーチ型」の郵便局数は78店舗の増加した。2000年には「アウトリーチ型」の郵便局数は52であったが2018年には1,517にまで拡大している（図17）[51]。郵便局の配置は2018年

図17　郵便局タイプ

	直営局	委託店	アウトリーチ局
2009年	373	10,776	803
2010年	373	10,599	933
2011年	373	10,468	979
2012年	373	10,428	1,017
2013年	373	10,342	1,065
2014年	350	10,255	1,091
2015年	326	10,172	1,136
2016年	315	10,062	1,266
2017年	285	9,935	1,439
2018年	262	9,768	1,517

出典：Post office numbers

---

[50] (8 pp. 11-14)
[51] (3 pp. 7-9)

図18　郵便局配置図

	局数	割合
過疎地域	6,110	53%
都市部	5,437	47%

出典：Post office numbers から筆者作成

3月末で過疎地域の6,110店舗（53%）と都市部の5,437店舗（47%）である（図18）。先に述べたように英国全体では店舗数で112の減少となる。2017年3月末現在の郵便局配置以下の通り。

7. ファンディング＆フィナンシャルパフォーマンス

政府は2021年3月まで3億7,000万ポンドの財政支援を約束しており、そのうち2億1,000万ポンドは郵便局ネットワークの近代化（ネットワーク転換計画）に投資される。そして1億6,000万ポンドは過疎地域での地域社会の最後のよりどころとなる店舗の維持のために使われる。2010年〜2018年間に政府が財政措置した20億ポンドは「ネットワーク転換計画」に使われている。

この財政措置は2010年に発表され、連立内閣が13億4,000万ポンドをこのプログラムに措置されることを約束している。2013年には政府は2015-16年から2017-18年の3年間に6億4,000万ポンドを追加措置した[52]。

8. ネットワーク維持補助金

ネットワーク維持補助金はネットワーク費用をカバーするために措置されており、それは「ネットワーク転換計画」の財政措置とは異なる。2010年当時の政権は、「ネットワーク維持補助金は徐々に削減されているが、過疎地域での利益を出せない郵便局の維持には必要な仕組みである」と声明を出している。ネットワーク維持補助金は、2016-17年には8,000万ポンドへ、2017-18年には7,000万ポンドと推移している[53]。

円滑な店舗運営のために、「ネットワーク補助金計画」として、2003〜11年までに年間1億5,000万ポンドが支出されている。政府は2010年11月に、2011〜15年に13億4,000万ポンドの基金を支出し、郵便局の存続を支援する計画を公表した。

9.「ネットワーク転換計画」

12年10月には「ネットワーク転換計画」が発表され、Post Officeを一層効率的なサービス提供のために大規模な「POメインズ」と小規模な「POローカルズ」に区分した。

---

[52] (10)
[53] (9 p.9)

「POローカルズ」は郊外や田舎に相応しい小規模なサブポストオフィスとして提唱され、このタイプの郵便局は大半のサービスを維持しており営業時間も延長されている。前出の「シチズン・アドバイス」は営業時間の延長は利用者から支持があり、伝統的な側面とサービスの維持をはかっているものの、身障者に優しいアクセス、利用者が求めるサービスの内容、待ち時間の改善が必要であるとしている。

現在、約4,000局が「POメインズ」への転換の最中である。この「POメインズ」は「POローカルズ」よりも営業時間が長く幅広い商品やサービスを提供する。

「コミュニティー支店基金」が設けられている。この基金が対象とするのは主に遠隔地の3,000の郵便局で、「コミュニティー支店」としての位置付けされる。これらの郵便局は政府から「コミュニティー支店基金」を通して支援を受けている。これらのコミュニティー店は従来のサブポストオフィスの形態を維持しており、新たなモデルへの転換が求められていない。政府は2021年までに遠隔地の郵便局を維持するために1億6,000万ポンドを措置している[54]。

10. サブポストマスターへの影響

新たなタイプの郵便局に転換したサブポストマスターの給与は変更となり、従来型の郵便局モデルのサブポストマスターについては郵便局会社から定額報酬と歩合制で報酬が支払われる。

1) 定額制：郵便局会社から小売りスペースの賃料代金
2) 歩合制：郵便局会社からサービスと商品の取扱件数に応じて支給

新たなモデルに移行した郵便局のサブポストマスターは定額報酬ではなくなるが、郵便局会社は魅力的な小売スペース作りと営業時間の延長によって利用者数の増加と収入増があり、失われた分の報酬を取り戻すことは可能であると考えている。新たな郵便局モデルへのシフトは義務ではなく自主的に行う仕組みであり、これを望まないサブポストマスターは従来どおりの報酬である[55]。

11. 直営郵便局とフランチャイズ（委託店）化

「近代化計画」では郵便局会社の「直営店」を「WHSmith」などの小売事業者への委託化を図っている。このプロセスは「ネットワーク転換計画」には含まれていないが、大きな意味での郵便局の近代化プログラムの一環であると考えられる。2016年10月には、郵便局会社は新たな契約に基づき「直営郵便局」を「WHSmith」に委託している。その時点では同社はすでに107局を運営している。2017年4月までに、さらに61局が

---

[54] (9 pp. 14-15)
[55] (9 pp. 15-17)

「WHSmith」に移される計画である。2018 年 10 月の同社との新たな契約では 2019 年中にさらに 41 の直営局が「WHSmith」の店舗内へ移転となる[56]。従業員については郵便局会社に直接雇用され、今後も郵便局の従業員である。そして、フランチャイズの合意では WHSmith への転籍も可能となる[57]。

郵便市場自由化からもたらされた社会的な側面

英国では大口利用者には料金の引き下げが市場の自由化と競争圧力によってもたらされたが、一般の郵便利用者には利用金値上げとサービス品質の低下という形で表れている。「ロイヤルメール」はユニバーサルサービスとサービス品質に厳しい規制がある。しかし、「アマゾン」、「ヨーデル」、「ヘルメス」などの競合企業はそのような規制が課せられていない。また、それらの企業は自営業者を配達員として配達個数による出来払いベースで配達に利用している。配達員は生活賃金を得るのもままならない、出来高制であるために、受取人が不在の場合には、小包を玄関前や自動車の下、あるいはゴミ箱の中におくために、紛失やダメージを被りやすい現状となっている[58]。

「CWU」による「ロイヤルメール」と郵便局会社への考え方

1.「CWU」の「郵便局会社」に対するキャンペーン

「CWU」は「郵便局会社」の将来についてのキャンペーンとして、①「郵便局会社」のローカルモデルへの反対、②直営店のフランチャイズ（委託店）化反対、③「郵便局会社」の「相互会社化」反対、④郵便局閉鎖と閉鎖に伴う郵便局のアウトリーチサービス反対、⑤郵便局長への「ネットワーク転換計画」についての情報提供の実施、⑥ポストバンクの設置、等について実施している。さらに、「年金を守ろう」キャンペーンを実施している[59]。

2.「ポストバンク」の設置

「CWU」がロンドン市立大学に委託し 2017 年 9 月に出された調査報告では郵便局会社と「アイルランド銀行」とのパートナーシップを終了させて国営の「ポストバンク」の設置を主張している。そこでは、「ポストバンク」の設置は主要銀行（「ロイヤルバンク・オブ・スコットランド」、「ロイズ銀行」）の店舗閉鎖を上回る効果があり、小規模企業が金融サービスへのアクセスを助けるものであると報告書は述べる。「アイルランド銀行」は郵便局会社に大幅な投資を行う能力に欠けており、中小企業への貸出と当座預金の提供が困難であるとしている。

なお、2017 年に銀行は 762 の店舗の閉鎖を計画している。これにより地域社会から

---

[56] (9 pp. 16-17)
[57] (7)
[58] (5 pp. 92-93)
[59] (9 p. 18)

重要な機能を奪い取っている。労働党も「ポストバンク」の設置を支持している。かつて郵便公社は「ジャイロバンク」という銀行部門を保有していたが1990年に分離・売却しているが、それへの回帰を目指している[60]。

3. 「郵便局会社」の将来の組織形態

2011年郵便サービス法は将来的に郵便局会社を相互会社化することを可能とするものであり必ずしも相互会社化することを求めていない。政府の考えでは、財政的安定と商業的に持続可能な状態への達成が、相互会社化への前提条件であるとしている。相互会社のメンバーには、サブポストマスターや従業員が含まれるべきであり、郵便局の利用者が関与できる仕組みにすべきなどとしている。

郵便局は中長期的に一層の効率化・合理化が必要とされており、持続可能な郵便局経営を実現するため、近隣のコミュニティーや民間セクターが各郵便局の経営に関与できるよう、政府は郵便局の「相互組織化」の検討しているようであるが、「CWU」の視点からは「郵便局会社」の相互会社化というよりも直営局のフランチャイズ化に焦点が当てられていると見ている[61]。

4. 将来の増収策

野党労働党と「CWU」は「ロイヤルメール・グループ」の再構築と再国有化を打ち出している。「CWU」は郵便物の減収を補う収入源として郵便2社が分断された中で効率よくビジネスを展開するには「ロイヤルメール」と「郵便局会社」の再統合と新たな収入源としての「ポストバンク」の設置が必要であるとしている。

「ポストバンク」の設置について、「CWU」は英国でも大都市部と地方部での人口格差が広がり、主だった銀行は地方や過疎地から撤退がある。さらに、キャッシュレス化が進行中であるものの高齢者にはスマートフォン等のIT機器の操作は難しい現実がある。そのため、「ポストバンク」を設置して金融排除につながらないように金融機関の受け皿として郵便局の店舗の活用が見込まれるとしている[62]。

5. 正規労働者と非正規労働者の待遇

「ロイヤルメール」の正規労働者と非正規労働者の待遇の違いについては、非正規労働者ではなく短時間の労働を行なう正規労働者と定められている。給与や社会保障は全て比例配分である。

「ロイヤルメール」は「CWU」との労働協約において正規労働者とパートタイムの割合を7:3と定めている。なお、英国で問題化している週当たりの労働時間が明記され

---

[60] [1]
[61] [1]
[62] [1]

ないゼロ時間契約は協約から排除されている。派遣労働については協約で12週間までの短期間の労働者の雇用は認められている。強制的な人員削減については実施しないが配置転換等で雇用を確保している[63]。

6. 最近の労使関係

「CWU」が主張していた4つの柱（年金、賃金と週刊労働時間の短縮、法的保護の拡大、オペレーションの再デザイン）を巡っての争議について「ロイヤルメール」と2018年2月1日に合意に至り、「CWU」と「ロイヤルメール」の関係は改善している。さらに、この合意を受けて「ロイヤルメール」の株価は6.6%の上昇となった。

最大の焦点は「ロイヤルメール」の企業年金問題である。「ローヤルメール」が確定給付型年金から企業負担の少ない給付の少ない確定拠出型年金への変更を計画したことに端を発した。一時は、「CWU」は2017年9月には年金問題を巡ってストライキの是非について組合員投票を実施、約90％の賛成でクリスマスにストを行う予定であったが高等法院が仲裁に促した経緯がある。

その結果として、内容に「退職後の賃金」を保障する新たなスキームとして集団的確定拠出型年金への変更や週間労働時間の削減、賃上げやベネフィット等が盛り込まれ、「CWU」組合員はこの合意について2018年3月に賛成票を投じた。

2017年10月に遡って5％の賃上げとベネフィットの支給、2018年10月からは賃金には影響を与えない週間労働時間の1時間カット、2019年10月からはさらなる1時間の労働時間カット、2019年4月からは2％の賃上げとなる。「ロイヤルメール」と「CWU」は2022年までに間の35時間の週間労働時間の達成のための「共通ビジョン」に向けた行動を行うことで合意した。「CWU」としては、今後は「ロイヤルメール」が協約をしっかりと守っているかどうかをチェックして行くことであるとしている[64]。

ロイヤルメールの展望

英国における郵便事業の改革は日本に先立って行われている。英国政府の労働党政権下で「ロイヤルメール」は民営化となり、保守党の連立内閣時代に場上の道筋をたどっている。現在の政権は保守党が担っているが、野党労働党は「ロイヤルメール」を含む鉄道、電力、水道事業等の旧国営企業の再国有化を掲げている。

デジタル化の流れで郵便物の減少分を小包の取扱い増による収入で補っているものの物流各社においては競争が激化している。このような状況において、「CWU」では「ロイヤルメール」と「郵便局会社」の分離は大きな間違いであり、「郵便局会社」の傘下に収益の柱となる「ポストバンク」を設置し、「ロイヤルメール」と「郵便局会社」を再び再統合させ、再国営化を目指しているところである。また、現在大手の金融機関が

---

[63] [1]
[64] [1]

支店を閉鎖している中で、ポストバンクにその代替機能を店舗に持たせて、中小企業向け、金融弱者のための包摂、過疎地域や遠隔地の住人のための金融サービスの提供することで、新たな「郵便会社」は国民生活や長期的な経営の安定と寄与することが可能であるとしている。一方、「郵便局会社」で進められている直営局の委託化に「CWU」は批判を強めており、この動きに対し我々はこれからも注視が必要である。

最後に、労働組合発祥の地である英国には労働者が関与する社会的なシステムがある。「政労使」による社会構成が全ての日常業務に反映されており、ロイヤルメールが不合理な意思決定をするようなことがあれば、「スト」も辞さないという構造が出来上がっている。現在は保守党政権ではあるが、労働党がいつでも政権を担えるという強みがあり、「CWU」が主張する「ロイヤルメール」と「郵便局会社」の再統合、再国有化そして、郵便会社については政権が交代することがあれば経営形態に大きな変化をもたらす可能性の大いにあると考える。

引用文献

1. CWU. 英国郵便調査．（インタビュー対象者）英国郵便調査調査団．ウィンブルドン，2018年6月22日．
2. JahshanElias. Ecommerce drives Royal Mail deliveries to the US. RETAIL GAZETTE.（オンライン）2018年8月3日．（引用日：2018年12月23日．）
https://www.retailgazette.co.uk/blog/2018/08/ecommerce-drives-uk-deliveries-us/.
3. Booth, Lorna and Brown, Jennifer. Post office numbers.［Online］8 9, 2018.［Cited: 12 27, 2018.］
http://researchbriefings.files.parliament.uk/documents/SN02585/SN02585.pdf.
4. Royal Mail Group. Royal Mail plc Annual Report and Financial Statements 2017-18. *Royal Mail Group.*［Online］5 17, 2018.［Cited: 12 23, 2018.］
https://www.royalmailgroup.com/media/10169/royal-mail-group-annual-report-and-accounts-2017-18.pdf.
5. Syndex. *THE ECONOMIC AND SOCIAL CONSEQUECNCES OF POSTAL SERVICES LIBERALIZATION.* Brussels : Syndex/Uni Global study, 2018.
6. PwC Strategy & Economics. The outlook for UKmail volumes to 2023. *PWC.*［Online］7 15, 2013.［Cited: 12 26, 2018.］.
https://www.royalmailgroup.com/media/10139/the-outlook-for-uk-mail-volumes-to-2023.pdf.
7. mynewsdesk. POST OFFICE LTD AND WHSMITH IN NEW TEN YEAR AGREEMENT.［Online］4 13, 2016.［Cited: 9 10, 2018.］.
http://www.mynewsdesk.com/uk/post-office/pressreleases/post-office-ltd-and-whsmith-in-new-ten-year-agreement-1370933.
8. Post Office Limited. Annual Report & Financial Statements 2017/18. *Post Office Limited.*［Online］8 9, 2018.［Cited: 12 26, 2018.］.
http://corporate.postoffice.co.uk/sites/default/files/ARA%20201718%20Final%20with%20signatures.pdf.
9. Phelan, olivia. The Post Office. *House of Commons Library.*［Online］11 15, 2018.［Cited: 12 26, 2018.］.
http://researchbriefings.files.parliament.uk/documents/CBP-7550/CBP-7550.pdf.
10. UK Parliament. Post Office. *UK Parliament.*［Online］11 27, 2013.［Cited: 12 28, 2018.］.
https://hansard.parliament.uk/commons/2013-11-27/debates/13112751000003/PostOffice.

11. Department for Business Innovation & Skills. Royal Mail: Sale oof Shares. *Department for Business Innovation & Skills.* [Online] 6 2015. [Cited: 12 26, 2018.].
https: //assets. publishing. service. gov. uk/government/uploads/system/uploads/attachment_data/file/433146/bis-15-313-royal-mail-sale-of-shares-report-to-parliament.pdf.
12. Royal Mail plc. Royal Mail plc Full Year Results Thursday 17 May 2018 Trascript. *Royal Mail plc.* [Online] 5 17, 2018. [Cited: 10 10, 2018.].
https://www.royalmailgroup.com/media/10050/transcript-royal-mail-fy-results-180518.pdf.
13. Universal Postal Union. Status and structures of postal entities United Kingdom. *Universal Postal Union.* [Online] 2018. [Cited: 9 19, 2018.].
http://www.upu.int/fileadmin/documentsFiles/theUpu/statusOfPostalEntities/gbrEn.pdf.
14. Roya Mail plc. Royal Mail Prospectus. *Royal Mail plc.* [Online] 10 11, 2013. [Cited: 9 19, 2018.].
https://webarchive.nationalarchives.gov.uk/tna/20131010135827/http://www.royalmailgroup.com/sites/default/files/Full_Prospectus.pdf.
15. London Stock Exchange. Royal Mail and CWU agreement and trading update. *Royal Mail Regulatory News (RMG).* [Online] 2 1, 2018. [Cited: 5 6, 2018.].
https://www.londonstockexchange.com/exchange/news/market-news/market-news-detail/RMG/13518283.html.
16. Cowburn, Ashley. Royal Mail shareholders paid over £800m in past four years while services are scaled back. *Independent.* [Online] 10 17, 2017. [Cited: 7 3, 2018.].
https://www.independent.co.uk/news/uk/politics/royal-mail-shareholders-paid-services-worker-post-office-cut-government-privatisation-a8004421.html.
17. CWU. Briefing: The Impact of Privatisation on Royal Mail. ウィンブルドン, 英国：CWU, 1 16, 2017.
18. The Guardian. Royal Mail chair resigns after shareholder pay revolt. *The Guardian.* [Online] 9 19, 2018. [Cited: 12 24, 2018.].
https://www.theguardian.com/business/2018/sep/19/royal-mail-chair-resigns-amid-boardroom-turmoil.
19. mynewsdesk. POST OFFICE ANNOUNCES 2ND CONSECUTIVE YEAR OF TRADING PROFIT. *myNewsdesk.* [Online] 9 13, 2018. [Cited: 12 27, 2018.].
http://www.mynewsdesk.com/uk/post-office/pressreleases/post-office-announces-2nd-consecutive-year-of-trading-profit-2692396.
20. Royal Mail plc. Royal Mail plc Full Year 2017-18 Results Presentation. *Royal Mail plc.* [Online] 5 17, 2018. [Cited: 12 19, 2018.].
https://www.royalmailgroup.com/media/10049/royal-mail-fy2017-18-analyst-presentation.pdf.
21. National Federation of SubPostmasters. Sub Post Office Income. *National Federation of SubPostmasters.* [Online] 2013. [Cited: 9 30, 2018.].
https://www.nfsp.org.uk/write/MediaUploads/Research%20and%20Policy%20docs/2012_Income_Survey_May2013. pdf#search=%27National+Federation+of+Subpostmasters%2C+Sub+Post+Office+Income%2C+May+2013%27.
22. 立原　繁，伊藤栄一．海外郵事情調査報告：欧州3カ国の株式上場の現状．台東区：日本郵政労働組合，2014.
23. Olivia Phelan; lorraine Conway; Lorna Booth. Postal Services. *House of Commons Library.* [Online] 12 25, 2018. [Cited: 12 18, 2018.].
http://researchbriefings.files.parliament.uk/documents/SN06763/SN06763.pdf.

第6章 ベルギー
bポスト：株主の重みを知る上場企業

ベルギー王国の概要

　ベルギー王国は西ヨーロッパに位置する連邦立憲君主国家である。ベルギーは隣国のオランダ、ルクセンブルクと合わせてベネルクスと呼ばれる。ベルギーの首都はブリュッセルで、欧州連合（EU）の主要機関が置かれておるため、「EUの首都」とも呼ばれており、欧州の重要拠点である。

　ベルギーの人口は1,151万人（2018年）で、2018年時点でのベルギーのGDP約5,360億ドルは、日本の九州とほぼ同等の経済規模である。2018年時点の一人当たり国民総所得は5万4975ドルで、イギリスに次ぐ世界18位となっており世界的に上位に位置している。

　郵政事業の経営環境を考えるうえで、特に郵便事業において重要な人口の分布の状況であるが、ベルギーの人口の1,151万人のうち、首都ブリュッセルの人口は約161万人であり、人口の一極集中は進んでいない。国土が狭いため、郵便の戸別配達における輸送コストは膨大ではないが、一極集中における利益を獲得できる地域は存在していないのも事実である。ベルギーでは、大企業の工場が地方に存在することから各地域にまんべんなく人口が定着しており、郵便事業を営む上でユニバーサルサービスの維持がある意味困難でもあるといえる。

ベルギー郵便市場の自由化

　ベルギーの郵便市場の自由化はEU郵便指令に従って進められてきた。ただし、ベルギー政府は、郵便事業、テレコム事業に対する自由化を比較的脅威と感じており、特にEU郵便指令の先を行って自由化を行わなかった。EU郵便指令の後追いという形であった。

　2006年第3次リザーブドエリアの縮小により50g以上の書状は競争に晒されることになり、2008年の第3次EU郵便指令を受けて、2011年1月からベルギー郵便市場は完全自由化に移行した。

　郵便事業体の経営形態の推移・変更としては、1991年に公社となり、2000年3月からは有限責任会社となっている。その際には、政府と経営者との間で、今後の自由化が進み株式上場を見据えた競争戦略についての協議が頻繁に行われたとされる。郵便自由化後の議論が進められていた。ベルギーポストは想定される市場開放に対しての準備を

いち早く進めて来た。

そして、2006年、ベルギー政府がベルギーポストの段階的・部分的民営化を決め、当時欧州において最優良郵便事業体と言われていた「デンマークポスト」と民間投資ファンドの「CVCキャピタルパートナーズ」（英国の民間ファンド）とのコンソーシアム（共同）が、50％マイナス1株（49.99％）をベルギー政府から購入した。この戦略的なパートナーシップを通じて、郵便事業の近代化と郵便市場の完全自由化に備えることとなった。2008年第3次EU郵便指令を受け、2011年から郵便市場は完全自由化となるが、その間の2009年、「デンマークポスト」が「CVCキャピタルパートナーズ」とのコンソーシアムおよび戦略的パートナーズから離脱した。そのため、「CVCキャピタルパートナーズ」がベルギー政府と並び民間では唯一のベルギーポストの株式保有者となった[1]。

2010年にベルギーポストはその社名を「bポスト」に変更し、ベルギーでの郵便のユニバーサルサービス提供事業者となった。その過程で、ベルギー政府と「CVCキャピタルパートナーズ」の間での合意事項が確認された。一つは「CVCキャピタルパートナーズ」とベルギー政府、両方の取締役が取締役会のメンバーとなるという明確なガバナンス体制、もう一つは、当時としては最善の選択肢と考えられたIPO（株式上場）という選択肢を行使する、というものであった。

実際にIPOは2013年に実施されることになるが、それはすでに2006年に決定されていた合意を実施したものであった。そのため、「bポスト」の株式上場の際にはベルギー政府の持株は売却されず、「CVCキャピタルパートナーズ」の持ち分のみが公開された[2]。

1. 郵便市場参入事業者

「BIPT」（ベルギーの郵便事業の規制体）によると、ベルギー市場には4つのプレイヤー（「bポスト」、「UPS」、「DHL」、「DPD」）が参入している。これらの4社によって市場の84.2％が占められている。「bポスト」は60％のシェアを確保するユニバーサルサービス提供事業者でありマーケットリーダーである。小包とエクスプレス市場において激しい競争下に置かれる状況である。

小包とエクスプレス市場においては、22社が参入しているが多くの企業のシェアはわずかにすぎない。「bポスト」は近隣周辺国の巨大郵便事業体の子会社（「ラ・ポスト」の子会社の「DPD」、ロイヤルメールの「GLS」、ポストNLの「G3」）との競争にさらされている[3]（図1）。

---

[1] (2)
[2] [11 p.41]
[3] (4 pp.34-35)

図1 ベルギー郵便市場の主要プレイヤー（2016年）

Company	Addressed mail	Parcel / express	Advertisement	Press	International mail	Other
Asendia		■	■			
Belgique Diffusion		■	■			
Belgium Parcels Service		■				
Bpost	■	■	■	■	■	■
Bubble Post		■				
Ciblex		■				
CityDepot		■				
DHL Express		■				
DHL Parcel		■				
DPD		■				
Dynalogic		■				
Euro Sprinters		■				
FedEx		■				
G3					■	
GLS		■				
Kariboo		■				
Mikropakket		■				
Mondial Relay		■				
Post NL		■				
PPP		■		■		
Sprintpack		■				
TBC-Post	■					
TNT Belgique		■				
UPS		■				
Vlaamse Post			■			

出典：THE ECONOMIC AND SOCIAL CONSEQUENCES OF POSTAL SERVICES LIBERALIZATION

2. ベルギー郵便市場の状況

　ベルギーの郵便市場の自由化は2011年に完全に自由化された。ベルギーの郵便市場も他の欧州諸国のように従来型の郵便物の減少とオンラインショッピングの拡大によるEコマース物流の増加している。

　例えば、2010年以降で郵便物が年平均で4.7%の割合で減少している。1人が送る郵便物数は2010年の204通から2017年の153通までに落ち込みが見られる。宛名郵便や無宛名郵便や国際郵便を含むあらゆる郵便について、2015-2016年に3.32%減となった。宛名郵便は6.3%減、国際郵便は12.4%減である。郵便市場全体の5%を占める新聞配達のプレス市場についても2011年と比較すると11.4%の減少である。

　一方、小包とエクスプレス市場については、2018年から過去3年を見ると、年間平均で16.4%の成長となっており、2010年以降については、約2倍となっており1億7,200万個を取り扱っている。ちなみに、2010年については8,800万個であった。2016年のベルギー郵便市場の規模は250億ユーロであり、2015年と比べて0.9%増となった。2010年からは12.4%のプラスとなっている。書状は49%を占めており、小包とエクスプレスが46%である。新聞については5%を占めるに過ぎない。

　郵便市場は全体としては成長している。その主な要因としては小包とエクスプレスの

影響が大きい。この成長が郵便物減少を相殺している。さらに、郵便料金の引き上げの効果もあるといえる。2010年以降では料金は14％アップである。同時に、ユニバーサルサービス義務のある小包の料金は国内については14％の引き上げで、国際の小包については26％もの増加となった。

サービス品質は高い水準を維持しているが基準を満たしていない。2016年については、「bポスト」を例にとると、2014年に法定サービス品質基準が93％から96％に引き上げられたこともあり2年連続で満たしていない。2016年には翌日配達の優先郵便の配達率は90.9％であったが、2010年については93.3％であり、2006年以降で最低の水準となっている。同じように、書留郵便も配達水準が低下している。

ポスタルポイント数は人口増加にも関らず同じレベルで推移している。現在計画案としては、郵便物の配達頻度を2日に1度に引き下げ、さらに、翌日配達郵便の料金の引き上げを実施し、プレミアムサービスとする検討を進めている[4]。

3. ベルギーの郵便分野での雇用

2017年のベルギーの郵便分野での雇用数は直接雇用で31,124人である。2010年から2017年の間に、郵便事業分野においての雇用者数は17.8％も減少している。しかし、2010年以降で初めて2017年に前年度比で1％の増加となった。これはEコマース物流とエクスプレスの取扱量の増加によると推測される。しかし、2010年の雇用者数よりも低いレベルである。2000年との比較では約40％もの雇用者数の減少である。8時間換算雇用者数においても、2010年と2017年の比較では減少傾向には変わりはない。この減少は主に郵便分野全体で75％の労働者を雇用する「bポスト」が行ったリストラ策による影響が大きいものと考えられる。なお、この数値には「bポスト」子会社の雇用者数は含まれていない[5]。

ベルギーポスト（「bポスト」）の概要と株式保有

「bポスト」は、ベルギーの郵便提供事業体で同国最大の郵便事業者であり、かつ、最大級の雇用者数を誇っている。近年積極的に企業買収を行ってサービスラインアップを広げている。国際的なネットワークも拡大している。「bポスト」の子会社「ランドマーク」を経由することで、「bポスト」は米国・カナダ・英国・オランダ・ポーランド・中国・オーストラリア・ニュージーランドのEコマース企業に物流ソリューションのサービス提供が可能である。2017年には米国のEコマース物流を提供する「ラディアル」を完全子会社化した。国内でも冷蔵や冷凍に強みを持つ「バブル」を買収している。

---

[4] (4 p. 34)
[5] (5 p. 42)

1.「bポスト」の株式上場

　2013年6月21日に「bポスト」はブリュッセル証券取引所に株式を上場した。これはベルギーにおいて2007年以来最大規模の上場であった。「bポスト」の株式上場に対してベルギー政府が保有している持株分は売却されていない。よって、ベルギー政府が50％＋1株を保有していることとなる。2009年デンマークポストとスウェーデンポストが統合し、「ポストノルデン」を設置するに及び、デンマークポストはベルギーポストの持株を「CVCファンド」に売却、過去「CVCファンド」が持っていた部分（32.2％）を一般投資家に公開したのである。これが2013年の「bポスト」の株式上場である。

　上場後の株主構成は、ベルギー政府50％＋1株（「SFPI」・ベルギー政府投資会社25.87％、ベルギー政府24.13％）、一般投資家32.20％、「CVCファンド」17.80％、となっている[6]。現在の株主構成は別記の表の通りである（図2、図3）。

　この上場に際して、2010年にはIPOプロセスがスタートしている。グローバルコーディネートの選出などが行われ、投資家への購入を促すポイントが公表されていた。これらは、①手紙と小包事業へ焦点をあてた利益成長（特に、2009年からの営業利益は毎年2桁成長を達成）、②適切な規制の下で安定した郵便事業者、③優れた経営実績を誇る経営陣、④継続的なコスト削減の余地（2003年社員数40,024人→2012年社員数25,705人へ）、⑤潤沢なキャッシュフロー、等であった。

　「bポスト」の上場時の売出価格は1株当たり14.5ユーロ（当時の為替相場で約2,030円）で、IPO時の募集総額は8億1,200万ユーロ（約1,136億円）、IPO時予想時価総額29億ユーロ（約4,060億円）であった[7]。

　このIPOにおいて、特徴的だったことは、「従業員向け株式割当購入制度」（総株式の0.5％分に限定して、売出人が割引額の費用を負担。ただし、購入株式は2年間の譲渡制限。）があった点である。これは、「bポスト」の全従業員に対するもので、売出価格の16.67％割引で株式を購入できるものであった。

　この割引率は会社と労働組合での交渉によって決まったものではなく、法律により「株式上場の際に1回のみ、会社は従業員に対して最大16.67％の割引率で株式を提供することができる」ことで定められているもので、購入に際して税金がかからない上限の数字でもある[8]。

　この割引購入の制度は、会社の職位によって購入額を制限した。上位経営者層が購入できる最高限度額は10万ユーロ、中堅の管理者層が2万5,000ユーロ、一般社員が5,000ユーロまでであった。

　一般社員の購入限度額である5,000ユーロは「bポスト」の郵便配達員の約4ヶ月分

---

[6] [11 p. 41]
[7] [10]
[8] [11 p. 42]

の給与にあたる。その意味では、一般社員からみれば一定の購入額が確保されたと評価された。しかし、一般社員はそれまであまり株式に投資する習慣がなかったこともあり、全般的にみれば株式を購入することに対し懐疑的であったとされていた。ところが、結果としては売り出された 30％の株式のうち、一般社員が購入した株式は 7％に達した。

株式の配当金に関しては、2006 年〜2013 年までの間は利益の 100％を配当金としており、持ち株の割合に応じてそれぞれベルギー政府と「CVC ファンド」等が受け取っていた。2013 年の IPO の直前に例外的にベルギー政府と「CVC ファンド」に配当金が支払われ、「b ポスト」は株式公開に際して、毎年純利益の 85％を配当金として株主に還元することを約束している[9]。

IPO による変化については、グループ構造や労使関係の変化はなかったが、最も大きく変わったと言えるのは取締役の構成である。2006 年、取締役会のメンバーのうち過半数＋1 人がベルギー政府からの取締役で、その他が「CVC ファンド」またはデンマークポストからの取締役であった。しかし 2013 年の上場後、まず独立した取締役が 2 名入った。そして「CVC ファンド」による株式の売却を通して「CVC ファンド」からの取締役が減り、2017 年の年次報告書には「CVC ファンド」からの取締役は見当たらない。

現在のところ、ベルギー政府が 50％＋1 株の株式を所有しており、近い将来に政府は 25％の株式の売却を行う意向のようである[10]。

株式をめぐる動きとしては実現しなかったものの「b ポスト」によるオランダの「ポスト NL」を買収する一連の動きが 2016 年には活発化した。「b ポスト」としては、規模の経済の実現、オランダ国内のネットワークの獲得、E コマース企業に対する交渉力の強化等[11] のもくろみがあったようであるが、懸念材料としては「b ポスト」株式の過

図 2　株主状況　（2018 年 11 月 7 日現在）

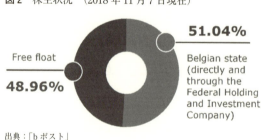

出典：「b ポスト」

---

[9] [11 p.42]
[10] (3)
[11] (12)

図3　大株主の状況

保有者	株数	%
Government of Belgium	102,075,649	51.00%
DWS Investment GmbH	5,283,732	2.64%
Norges Bank Investment Management	3,863,583	1.93%
The Vanguard Group, Inc.	2,651,240	1.33%
Degroof Petercam Asset Management SA	1,833,938	0.92%
Fideuram Asset Management（Ireland）DAC	1,297,059	0.65%
BlackRock Investment Management（UK）Ltd.	1,204,141	0.60%
Dimensional Fund Advisors LP	1,102,857	0.55%
BlackRock Advisors LLC	1,084,628	0.54%
BlackRock Fund Advisors	889,024	0.44%

出典：4 Traders

半数を保有するベルギー政府の動向があり、「ｂポスト」の新組織が非効率になり環境変化への対応が遅れる恐れがあることを拒否の理由[12]に挙げられている。また、オランダ政府や議会から慎重論[13]が出されたことも、この買収が成功しなかった理由に挙げられている。

4. 2017年「ｂポスト」の業績

　総営業収益（収益）は、30億2,380万ユーロ（前年度：24億2,520万ユーロ）から5億9,860万ユーロ（24.7％）の増加であった。しかし、これのプラス効果は料金の値上げに伴う「国内郵便」の減少（6,1000万ユーロ）によって一部相殺となった。

　「国内郵便」の収益は、2017年は13億5,340万（2016前年度比：6,100万ユーロ減少）となった。「広告郵便」の取扱量は前年の3.0％減に比べて2017年は1.5％増加したものの、2017年は通常郵便物における電子的代替手段の増加がさらに顕著となった。「広告郵便」は好調であった。

　「小包」の収益は7億9,610万ユーロ（4億1,670万ユーロ増）となった。その要因は以下のとおりである。「国内小包」取扱量は2017年には28.2％増加した。2016年の17.1％、2015年には12.6％の増加であった。これはＥコマースの成長によるC2C小包の持続的成長による。全体として「国内小包」は4,240万ユーロの収益増加となる。「国際小包」では3,310万ユーロの増加であった。これはアジアからの物流増加によるものである。「物流ソリューション」では「ダイナグループ」と「ラディアル」の統合により3億4,120万ユーロの増加となった。

　2017年の「追加収入源」の総営業収益は、8億3,150万ユーロとなる。前年度比で2

---
[12] (3)
[13] (1)

億3,140万ユーロの増加である。国際郵便は1億6,040万ユーロで、付加価値サービスは1億150万ユーロとわずかに減少した。コーポレート（調整カテゴリー）の総営業収益は、4,290万ユーロで1,150万ユーロの増加であった[14]（図4）。

図4　収入内訳

	2017年	2016年	2015年	増減率
国内郵便	13億5,340万	14億1,440万	14億6,420万	-4.3%
宛名郵便	8億790万	8億7,330万	9億1,760万	-7.5%
広告郵便	2億5,290万	2億4,780万	2億5,090万	2.0%
プレス	2億9,260万	2億9,320万	2億9,560万	-0.2%
小包	7億9,610万	3億7,940万	3億4,070万	109.9%
国内	2億2,420万	1億8,180万	1億6,120万	23.3%
国際	2億2,260万	1億8,950万	1億7,000万	17.5%
物流ソリューション	3億4,920万	800万	960万	
追加的収入源	8億3,150万	6億10万	5億8,900万	38.6%
国際郵便	1億6,040万	1億6,200万	1億7,570万	-1.0%
付加価値サービス	1億150万	1億310万	9,620万	-1.5%
金融サービス及び金融商品	1億8,260万	1億9,240万	2億510万	-5.1%
配達	9,810万	-	-	-
リテイル＆その他	2億8,890万	1億4,260万	1億1,200万	102.5%
コーポレート部門（調整カテゴリー）	4,290万	3,140万	3,980万	36.5%
合計	30億2,380万	24億2,520万	24億3,370万	24.7%

出典：「bポスト」年次報告書（2017年）

5. 郵便局ネットワークの現状

　ベルギー国内の「bポスト」の郵便局数は、690局（2010年）から662局（2017年）へと減少している。ポストポイント（委託局）についても704カ所（2010年）から675カ所（2017年）へと減少している[15]。2017年末の郵便局ネットワークは662郵便局と675ポスタルポイント、そして、4,250の切手販売所から構成されている（図5）。2017年には、ポストポイントは小包の受取り場所としての利便性の向上により利用者の訪問回数が11％増となった[16]。

　ロッカーについては、2017年に「キュービー」（ベルギー最大の小包ロッカー・ネットワーク）をスタート。「キュービー」はオープンな独立型ネットワークで誰もが利用可能である。2017年末のロッカー設置場所はベルギーが152カ所、オランダの61カ所となっている[17]。

---

[14] (7 pp.8-9)
[15] (5 pp.49-50)
[16] (6 p.19)
[17] (6 p.7)

図 5 ポストポイントの推移

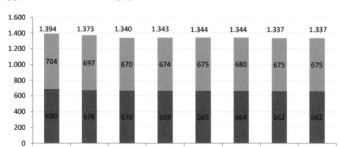

出典：REGARDING THE BELGIAN POSTAL ACTIVITIES MARKET OBSERVATORY FOR 2017

図 6 従業員数（8 時間換算）

	2017 年	2016 年	2015 年
従業員数（8 時間換算）	25,323	23,708	23,847

出典：「b ポスト」年次報告書（2017 年）

6. 従業員数

「b ポスト」の雇用者数がベルギーの郵便分野全体に占める割合は 75％である。2018 年には「b ポスト」は 23,382 人 FTE（8 時間換算）であり、2007 年の 32,000 人で、2002 年の 41,000 人であった。

「b ポスト」の約 45％の従業員は現在も公務員の身分である。2010 年には 70％が公務員であった。「b ポスト」のパートタイム従業員は 6,447 人（25％）である。郵便従業員を組織する VSOA-SLFP 労組によると、この減少は集団解雇でなく、早期退職スキームや転職斡旋によって行っている。「b ポスト」が 50％以上の株式を保有する子会社の従業員数は 8,506 人で、8 時間換算で 8,259 人となっている（図 6）[18]。

人員の減少は、コスト削減による人員削減であるとの考え方もあるが、近年、「b ポスト」では従業員の定着が思わしくないのもまた事実である。労働環境の悪化と経済状況の好況感により、郵便局を仕事の場として選ばなくなってきたとも言われている。2016 年には中東などからの移民を郵便配達人に採用するという報道もあった。マルク VSOA-SLFP 労組委員長によると、「退職率が 30％にも及ぶ」と言われた[19]。

また、「従業員が集まらないため、郵便局の営業時間をカットし、ビジネスチャンスの喪失となる悪循環に陥っている。要員不足のため一日中閉められた郵便局もあり、国民利用者の足が郵便局からさらに遠ざかる状況である。リテールに関しては、ベルギー

---

[18] (4 p. 37)
[19] (3)

政府と郵便局数についての取り決めで、今後減少することはない」[20]と思われる。しかし、すべての郵便局が毎日オープンしてされていないのも事実である。

7. サービスラインアップの充実と企業買収

　近年、「bポスト」はコストダウンを着実に実行して来たが、事業改善にはコストダウンだけでは困難であると判断し、既存の郵便インフラを活用した新たな事業展開を図っている。

　自動車のナンバープレートの交付・回収、交通違反罰金の扱い（EU内の他国からの渡航者の罰金納付を含む）、道路工事等の許可書の交付と掲示有無のチェックなど、それまで行政官庁が行っていたものを郵便局で取り扱っている[21]。

　しかし、郵便（書状）減少によるコストイーブン策としては、Eコマースの発展に伴う小包の増加分によりカバーしている現状である。小包の増加は近年、毎年20％となっている。郵便と小包配達のネットワークを併用することで、ラストマイルを効率的に配達できる。しかし、このまま書状の減少が進行し続けると、配達日数の削減の可能性や都市部以外での郵便料金の引き上げの可能性もある[22]。

　ベルギーの国民利用者の意識では、郵便よりも小包の方がより重要であるとの認識が強まっている。日本でも問題視されている「小包の不在」については、「bポスト」ではその解決策として、近隣の住民、近所に住む家族、近隣の郵便局、ポストポイント（委託局）やロッカーへの配達策を講じている[23]。

　一方、すでに述べたように「bポスト」は企業買収を戦略的に行っており、それによって事業拡大を行い、成長企業への模索を展開している。2017年には米国のEコマースのロジスティクスに強みがある「RADIAL」社を買収した[24]。同じく米国の越境の混載事業企業の「メールサービスインコーポレイティッド」（MSI）社をも傘下に収めている。英国の「ランドマーク」社をも買収したことで、カナダに物流拠点を持ち、アメリカへの配送が効率的になった[25]。

　こうしたことで、「bポスト」は北米でのビジネスチャンスが生まれている。現在、「bポスト」の拠点はEU域内だけでなく、これらの企業買収を通じて北米やアジア太平洋地域まで企業拡大を図っている。

　さらに、「bポスト」はEコマース物流に活路をめざして企業買収を着実に進めていく方針である。例えば、低温の荷物を輸送しベルギーとオランダの都市で自転車や電気自動車で事業を行っている「バブルポスト」社を2017年に、「bポスト」が郵便事業との相乗効果を期待して買収を行っている[26]。

---

[20]　(3)
[21]　(6 p. 20)
[22]　(3)
[23]　(3)
[24]　(6 p. 6)
[25]　(7 p. 96)

2016年「bポスト」は「ラガルデール」社のベルギー子会社を買収した。この企業はガソリンスタンド、駅、空港等で自営業者を使って新聞・雑誌・軽食等を販売しており、販売拠点数は220におよぶ[27]。

しかし、不在等の理由により配達されなかった小包は、朝6時から夕方6時まで営業を行うそれらの販売店に転送されており、その結果として郵便局のリテールの仕事を奪っているとも批判を受けている[28]。郵便利用者の利便性に郵便局が関われない状況が進展しているようだ。

8.「ビジョン2020」郵便処理施設の新対応

郵便物が減少する中において収益性の向上と小包の取り扱いの増加に対応するため、「bポスト」は国際空港近くに大規模な郵便処理施設を建設し、集中的に郵便と小包を取り扱っている。この他に2カ所の郵便ターミナルがあり、徹底した効率化のために将来的にはここに集約する予定である。

小包については、Eコマース市場等の状況をみながら、全国5カ所のセンターで処理する計画である。Eコマースの進展で小包が急成長している中で、この大規模な郵便ターミナルも、本来郵便を中心とした処理施設であったため、今後、さらに増加する小包に対応できる施設に移行していく考えである。

「bポスト」の配達は、郵便と小包を併用して配達しており、それによってコストダウンがはかられ、郵便減少に対応する手段にもなっている[29]。

郵便金融の概要

ポストバンクとしては、「bポストバンク」が1995年に「BNPパリパ・フォルテス」と1：1の出資比率で立ち上げ金融事業を展開している。現在、ベルギーでかなりの規模の金融機関となっている。2017年12月31日現在、bポストバンクには約755,000の当座預金口座と約938,500の普通預金口座がある。bポストはまた、マスターカードと提携したbポスト・バンク・クレジット・カードを提供している[30]。現在では「bポスト」バンクは「bポスト」と共に、「AGインシュランス」とパートナーシップを結び、その保険サービスの取り扱いを郵便局で行っている。今日163の郵便局でファイナンシャルアドバイザーや金融専門のスタッフが常駐してサービスを行っている[31]。

---

[26] (7 p. 50)
[27] (6 pp. 20-21)
[28] (3)
[29] (3)
[30] (7 p. 94)
[31] (6 p. 19)

「bポスト」の法的な枠組み：ユニバーサルサービスとライセンシング

　ユニバーサルサービス義務（USO）の料金設定について、「bポスト」は、適切な価格であること、費用を基準とした料金であること、透明性を有すること、差別的でないこと及び一律の規制料金であることを示す必要がある。また、郵便及びUSOの対象となる小包の規制料金の値上げについて、その上限があるほか、BIPT（ベルギーの郵便事業の規制体）による事前の認可が必要である。条件を満たされていない場合には「BIPT」が規制料金や値上げの認可を行わない可能性もある[32]。

　「bポスト」が提供義務を持つユニバーサルサービスについては、ベルギー政府との契約が2023年12月末での終了となる。現行のユニバーサルサービスの範囲およびユニバーサルサービス義務には以下の事項を含む。

- 収集、区分、輸送および2キロまでの郵便物と10キロまでの小包
- EU加盟国からの発送された20キロまでの小包の送達
- 書留と保険付き郵便の提供

　さらに、ユニバーサルサービス提供事業者として「bポスト」には、ベルギーにおいて均一料金サービスと同一のサービスが求められている。少なくとも1つのサービスポイントが各自治体に設置されなければならない。郵便物の収集と配達は日曜日と祝日を除いて少なくとも週に5回（EU郵便指令と同一水準）が求められている。

　ライセンシングについては、ユニバーサルサービス提供事業者以外でユニバーサルサービスの範疇に入る郵便物を配達する事業者は「BIPT」からの免許が必要である。この免許を取得するためには、雇用契約を従業員と結ばねばならない。これによって2013年に「TBCポスト」にライセンスが与えられた。

　「公的サービスミッション」に関しては、「bポスト」はベルギー政府によって補償される公的なサービスミッションの提供がある。「bポスト」はベルギー政府との間に2つのマネジメント契約があり、1つは新聞の配達で、もう1つは雑誌の配達である。これらのマネジメント契約は2016年1月1日～2020年12月31日までの5年間の契約となっている。

- 新聞の早朝配達：ウィークデー（朝7：30以前）、土曜日（朝10：00以前）
- 雑誌の配達：ベルギー政府に設定された料金

　さらに、「bポスト」はその他の公的なサービスミッションを実施している。それはベルギー政府と締結した第6次マネジメント契約に則しており、期間は2016年1月から2020年12月31日までの5年間である。

- 郵便局とポストポイントのネットワークの維持

---

[32] (7 p.42)

・年金やその他の社会手当の自宅での支払い
・定額での選挙配布物の配達
・無宛名郵便物の配布

「bポスト」は新聞と雑誌配達に関するマネジメント契約と第6マネジメント契約を実行するにあたり、ベルギー政府より補償金されている。2016年には2億6,100万ユーロ、2017年には2億6,080万ユーロ、2018年2億5,760万ユーロ、2019年の2億5,260万ユーロ、2020年には2億4,560万ユーロが政府から措置される。しかし、実際には2016年には2億6,100万ユーロを、2017年には2億7,000万ユーロがインフレ率を加味して補償された[33]。

「bポスト」の労使関係

労使関係についてVSOA-SLFPのマルク・デュ・ミュルデール委員長は、「ベルギーの労使関係については産業別労使関係が中心であり、産業別労組により全体的な労働条件を経営団体と全般的な協約として結び、企業内部の労働条件関係は複数の単組が従業員評議会で決める」こと、『bポスト』には労働組合は3つあり、『bポスト』従業員評議会の代表は全従業員の選挙で選ばれて交渉を行うこと、従業員評議会は労使同数で代表数は各9人、4：3：2の比率で各労組が代表者を選出する。この比率は各労組の各組合員数によって6年ごとに見直されること、仕分けセンターなどではハーフタイム、パートタイム等の短時間就労形態もある。また、50歳になると申請によりパートタイムへ雇用形態を変更することも可能である。その形態を選んだ従業員は3000人程度であり、50歳になった人たち全体の約30％が自ら進んでパートタイムに変更すること、様々な業務を最適化するにあたって、仕分け作業を機械化、自動化することが検討されており、最大の仕分けセンターでは、すでに大型の郵便や小包以外については完全自動化が行われており、仕分けの仕事が今後大幅に減少することが想定され、配達員の仕事の割合として勤務時間の大部分を配達時間としないと雇用が成り立たない状態で現在、配達員は1日5時間〜6時間の配達を行っているが、仕分けの仕事がなくなることにより、その分も含めて1日7.36時間を配達しなければ雇用は守られないこと、などを指摘していた。

また、2013年に株式公開した時に、株主に利益の85％を還元することを約束していたが、この水準は現在も守られ維持され2017年に米国のEコマース物流に強みを持つ『RADIAL』社を買収してからも配当金は若干増加しているが、従業員への還元はされていない」ことについて話を伺った。

マルク委員長は「『ビジョン2020』戦略計画にともなう小包や郵便物の集中処理化と5つの処理施設への集約をはかることにかかわり、2010年の段階で400あった配達セン

---
[33] (8)

ターを最終的には60までにする計画とされており、2017年末で、229カ所が残されている。このような状況下において一方で、『bポスト』は従業員を郵便部門から小包部門へと移すことに伴う職場環境の変化が従業員に悪い影響を与えている」と語った[34]。

2018年末には、過重労働・無理な組織再編計画・人手不足・訓練不足の解消を求めて各労組が輪番でストライキに入っている。年も改まった2019年1月に「bポスト」と組合側で人員の補充や配達訓練を含む改善策がまとまっている[35]。

「bポスト」の展望

「bポスト」の最大の強みは、株式の50％＋1株をベルギー政府が所有していることであるが、25％の株式売却の話があるように、いつまでも政府が過半数を維持することは政治次第では不確実な要素であるかもしれない。今までのベルギーの郵政事業の歴史を振り返ると、プライベートファンドや外国の郵便事業体による株式の保有や隣国の郵便事業体の買収へと動きを見せたりと何が起きても不思議でないといえる。

郵便市場をみれば、ユニバーサルサービス領域での競争関係は2011年に郵便市場が完全に自由化されたが、郵便物を配達するネットワークを持つような競合他社は存在していない。電子メールや携帯電話に代表されるIT化が最大の競争相手であることは他の欧州諸国と同様である。もちろん「bポスト」も、郵便物の取扱い数は減少しているが、2016年との比較では2017年には5.8％の減少であり、他の欧州諸国の水準と比較すると減少幅は中位程度であるが、今後の一層の減少を想定して物流にシフトした戦略を採用している。

グローバルなEコマース物流を考慮した買収も米国や英国で行っており、買収先のネットワークで海外展開が可能となった。また、国内でも郵便局からポストポイントの転換も他の欧州諸国同様に行われている。

基本的には、「bポスト」の郵便労組は組織再編について反対はしていないが、労働条件の悪化に関しては、組織再編に伴う過重労働・無理な組織再編計画・人手不足・訓練不足もあって、ストライキを実施している。組織率が80％と高いことも「bポスト」への圧力になっているようである。

引用文献

1. bpost. PostNL rejects best and final proposal from bpost. *bpost*. [Online] 12 7, 2016. [Cited: 2 9, 2019.]
   https://www.postnl.nl/en/images/analyst-presentation-response-final-offer-bpost_tcm9-85377.pdf.
2. Post & Parcel. Post Danmark, CVC buy stake in Belgian postal service for EUR300 million. *Post & Parcel*. [Online] 10 12, 2005. [Cited: 10 20, 2017.]
   https://postandparcel.info/13659/news/post-danmark-cvc-buy-stake-in-belgian-postal-

[34] (3)
[35] (9)

service-for-eur300-million/.
3. VSOA-SLFP マルク委員長. ベルギー郵便調査. [interv.] JP 労組調査団. ブリュッセル, 12 6, 2017.
4. Syndex. THE ECONOMIC AND SOCIAL CONSEQUENCES OF POSTAL SERVICES LIBERALIZATION. *Syndex*. [Online] 11 2018. [Cited: 2 6, 2019.]
https://drive.google.com/file/d/1QgzLLWC5VzrZ0-xxxodQWjL5rNECV4kb/view.
5. BELGIAN INSTITUTE FOR POSTAL SERVICES AND TELECOMMUNICATIONS. REGARDING THE BELGIAN POSTAL ACTIVITIES MARKET OBSERVATORY FOR 2017. *BELGIAN INSTITUTE FOR POSTAL SERVICES AND TELECOMMUNICATIONS*. [Online] 11 23, 2018. [Cited: 2 7, 2019.]
https://www.bipt.be/public/files/en/22664/Communication_Postal_Observatory_2017.pdf.
6. bpost. bpost ACTIVITY REPORT 2017. *bpost*. [Online] 2018. [Cited: 2 7, 2019.]
https://corporate.bpost.be/~/media/Files/B/Bpost/year-in-review/en/activity-report-2017.pdf.
7. Bpost. bpost annual report 2017. *Bpost*. [Online] 5 2018. [Cited: 9 20, 2018.]
https://corporate.bpost.be/~/media/Files/B/Bpost/year-in-review/en/bpost-annual-report-2017.pdf.
8. bpost. Legal framework. *bpost*. [Online] [Cited: 2 9, 2019.]
https://corporate.bpost.be/investors/legal-framework?sc_lang=en.
9. Symonds, Dan. Bpost reaches collective labor agreement. *Post &Parcel*. [Online] 1 7, 2019. [Cited: 2 7, 2019.]
https://www.parcelandpostaltechnologyinternational.com/news/staff-personnel/bpost-reaches-collective-labor-agreement.html.
10. 一般財団法人マルチメディア振興センター.【ベルギー】ビーポスト、新規株式公開（IPO）. 一般財団法人マルチメディア振興センター. (オンライン) 2013 年 7 月 13 日. (引用日: 2014 年 2 月 10 日.)
http://www.fmmc.or.jp/news/detail/itemid495-003160.html.
11. 立原 繁・伊藤栄一.「海外郵便事情調査報告書」.：日本郵政グループ労働組合, 2014.
12. Schwab, Pierre-Nicola. Why does Bpost want to buy Post.nl? *Into The Minds*. [Online] 5 30, 2016. [Cited: 2 9, 2019.]
https://www.intotheminds.com/blog/en/why-does-bpost-want-to-buy-post-nl/.

第7章 オランダ
ポストNL：「選択」と「集中」を実施するオランダポスト

オランダ王国の概要

オランダ王国は、西ヨーロッパおよびカリブ海の島々に国土を有する主権国家・立憲君主国家である。東はドイツ、南はベルギーと国境を接し、北と西は北海に面する。ベルギー、ルクセンブルグと合わせてベネルクスと呼ばれる。憲法上の首都はアムステルダム（事実上の首都はデン・ハーグ）である。

人口は1,708万人（2018年）であり、国土面積は日本の九州とほぼ同じ広さである。2018年のオランダのGDPは約5,293億ドルで、世界17位の経済規模であり、EU加盟国では6位である。また、同年の一人当たりのGDPは56,570ドルであり、世界的にも上位に位置する。

オランダ経済は、1980年代以降に政府が取った開放経済政策により国際貿易を中心に発展している。最大の産業は金融・流通業を中心としたサービス業で、全GDPの2／3を占めている。農業分野でも世界的に有名である。情報通信分野においてもインターネット使用率等欧州一進んでいると言われている。

オランダは欧州共同体（EU）の原加盟国であり、欧州統合の推進役として重要な役割を果たしてきた。国連等の場の国際協調を重視し、国際平和協力・開発などの分野に積極的に関与し、国際社会の平和と安全に寄与してきた。また、経済外交や軍縮・核不拡散も積極的に推進している。

郵便市場の自由化

オランダの郵便事業体は世界に先駆けて民営化をしたことで知られている。オランダは郵便市場自由化をEU郵便指令の先取りで段階的に進めてきた。そのリザーブドエリアは2000年まで100g以下の信書とされていたが、2006年以降は50g以下の信書になり、そしてリザーブドエリアは撤廃されて2009年オランダ郵便事業は完全自由化となる。実際にはこの2年前の時点での完全自由化がとなえられていたが、社会的な規制がないこと、競合他社が非常に安い賃金で自営業者を雇って利益を上げていることに対して「社会ダンピング」であると労働組合側が反対し、完全自由化を2009年まで延期させたという経緯がある。

郵便サービスレベルの現状と労働条件

1. ユニバーサルサービス義務

　オランダにおける郵便提供事業体は「ポストNL」で、その規制監督機関は「ACM」である。「ポストNL」はオランダで唯一のユニバーサルサービス義務を負っている。これによりオランダ全域での週5日書状と小包の配達を行っている。これらの売上によって、かかる費用とリーズナブルなレベルの利益上げることになる。毎年、「ACM」は料金の上限と料金を査定して決定している。

　2009年の改正郵便法が2016年1月1日に発効した。これによるとユニバーサルサービスの詳細な要件は郵便法による決め事から郵便政策に託されることとなった。すなわち、環境に合わせた調整がより容易にそして時間をかけず行うことが出来るようになった。具体的例として「ポストNL」による郵便局や郵便ポストのネットワークの配置が可能となった[1]。「ACM」は2017年にユニバーサルサービス義務についての料金的な上限を設定し、2018年には7.1％の料金の引き上げを行う。これらは「ポストNL」が減少を続ける国内書状取扱と変化を続ける利用者ニーズへの対応を可能としている。

　既に述べたようにオランダの郵便法でも定められているように、「ポストNL」はUSOを提供しなければならない。

　配達は、火曜日から土曜日までの週5日配達となっており、死亡通知、医療用サンプルについては月曜日から土曜日までの週6日配達である。現在、直営の郵便局は「ポストNL」にはなく、郵便局は店舗の一部となっており、フルサービスを行う拠点は、全国で1,500カ所、簡易的に扱うところは1,500カ所、全国で約3,000カ所のポイントを利用客が訪れている。切手など購入できる箇所は全国6,000カ所程度ある。ポストの数は、約16,000カ所あるが減少中である。郵便商品を扱っているが、金融商品は昨年売却したので扱っていない。

　郵便局やポストの設置については、都市部とローカルエリアで距離がそれぞれに定められている。視覚障害者郵便は無料。国から補助金を受けていない。しかし、郵便がこのまま減少していけば、週に5日のサービスを維持できるか難しいということである。USOは義務ではあるが、ポストNLの独占ではないので、競合他社も参入することが出来るため、参入を要望している企業もあるが、その他の要件として、郵便法で郵便局数やポストの条件などあり、その条件を満たさなければしていないため、政治的課題となっているという[2]。

2. オランダでの郵便市場の状況

　ローカルな郵便事業者の60％が自らで配達を実施しているが、配達の出来ないとこ

---

[1] (10)
[2] [3]

ろについては「ポスト NL」のネットワークを通して配達されている。これは約 40％となっている。「ACM」は競合企業が「ポスト NL」のネットワークを活用して競争することを促進している。全国レベルで 24 時間のバルクメイルの提供を可能としている。これにより利用者の選択の幅を増やしている。

オランダにおいては、小包は 20～25％取扱量が増加しているが、郵便は 10％の減少。デジタル化により、競争は激化している。面積の小さなオランダは人口密度が高く、インターネット、企業だけでなく高齢者にも普及している。それによって、ペーパーレスを生み、北欧地域と同様、郵便の大幅な減少という形になってあらわれている。政府や会社が行った通信手段としての有用性の調査を行ったところ、郵便は 6 番目の評価となっており、郵便の重要性が薄れている結果が出たという[3]。

国内で郵便を扱う業者は 2 社。「ポスト NL」と「サンド」社である。「サンド」社は、火曜日と金曜日に郵便を配達しており、請負契約での配達となっている。「サンド」は 2017 年後半に「DHL」と提携して、「DHL サービスポイント」の全国ネットワークを書状差出窓口として活用し始め、郵便の配達を実施している[4]。

「ポスト NL」は、サービスの幅が広く、24 時間配達と 72 時間配達があり、多くの郵便は 72 時間配達へ移行していることから郵便の緊急性というニーズは無くなっている。翌日配達サービスの価格については、オランダは中間価格帯に設定しているが、縮小傾向に歯止めがかからない。2000 年のピークから現在は当時の 1/4 となっているため、現在競争にどのように対処するかが課題であるようだ[5]。

3. 郵便サービスレベルの現状

配達は火曜日から土曜日の週 5 日配達で全国一律である。火曜日・木曜日・土曜日は 48 時間、72 時間以内に配達する郵便を扱う。水曜日・金曜日は 24 時間以内に郵便を配達する。よって、5 日間を 2 つのパターンで配達することとなっている。配達要員は、1 日 4 時間で週 3 日雇用の労働者を 1 万人雇用し業務を行っている。小包については、週 6 日、1 日 3 回配達を実施して、正規社員で対応している。小包と郵便の配達は分離されており、労働条件も異なる[6]。

4. 労働条件・労働環境

郵便量の減少は、労働者に影響を与えており、「ポスト NL」は、郵便と小包を分離することで、フルタイム郵便労働者の大幅な縮小を図り、パート職員の 50％以上が週 15 時間以下の労働である。一方、小包の会社については、正社員によって運営されているものの労働条件が郵便と比較して低く抑えられており、職員の郵便から小包への転

---

[3] [3]
[4] (6)
[5] [3]
[6] [3]

図1 従業員数「ポストNL」

単位：（人）	2013年	2014年	2015年	2016年	2017年
郵便（国内）	46,676	43,412	40,185	36,411	33,305
小包	3,146	3,174	3,291	3,588	4,136
国際	4,885	4,703	4,666	5,467	5,782
ポストNL その他	1,768	1,075	1,032	990	1,040
トータル	56,475	52,364	49,174	46,456	44,263

出典：ポストNL ホームページ

職もスムーズにいっていない。会社は、効率化された郵便労働者の再就職活動にも力を入れている。社員比率について、2014年は正社員60％：パート40％で、2017年現在、正社員30％：パート70％となっている。男女別では、男性25％女性75％であり、オランダではパートはよくあるケースである。小包では、ビジネスモデルが異なり、100％正社員。仕分けはパート。労働組合としては、郵便労働者を小包に移すべきであると考えており、従業員と話し合いを進めている。しかし、郵便の給与は小包よりも高いため、小包へ移ることは難しいという。46,000名の従業員の内、この間転職をしたのは8,000人すぎないようである（図1）[7]。

2019年初めには、「ポストNL」の従業員を組織する労働組合との間で、「15カ月間に3％の賃上げ」、「持続可能な雇用可能性」、「配達員の増員」について合意した。この内容としては、アルバイト配達員200人とハーグ国際処理施設の仕分け作業員30人を正社員にすることが含まれている[8]。

「ポストNL」の沿革

オランダにおける郵便事業体である「ポストNL」は、現在、オランダ国内のみでなく、ベルギー、ドイツ、英国、イタリアにおいて郵便、小包、Eコマース市場に焦点を当てた事業を展開している。

「ポストNL」は、200年の歴史を持ち、1807年に郵便法が制定された。当初郵政事業では郵便、ポストバンク、テレコムの3つの事業を営んでいた。1985年にポストバンクは民間に売却し、1989年に当時の通信省が「KPN」として民営化され、その後積極的な事業展開を実施した。当初、「KPN」は、テレコムを含む国営企業であり、「KPN」の下に、「PTTポスト」と「PTTテレコム」という2つの会社を傘下におさめていた。1989年にはテレコムと郵便が民営化となり、郵便は1990年上場した。この体制のもとで、1994年に第2回目の株式上場が行われ、30％の株式を売却し上場が行われた。1996年これを原資にオーストラリアの急送便企業「TNT」を買収した。続いて1998年には「PTT Post」と「TNT」との組織統合を行い「TPG」（「TNT Post

[7] [3]
[8] (7)

図2 主要株主（2017年12月31日現在）

PostNL
Overview of substantial shareholders (>3%)
31 December 2017, in %

Date of notification	Company	(Indirect) Holding	Holding of (indirect) voting rights
29 December 2017	Norges Bank	3.16%	3.16%
27 October 2017	Allianz Global Investors GmbH	3.09%	3.09%
1 February 2017	Capfi Delen Asset Management	5.07%	5.07%
23 January 2017	HSBC Holdings PLC	3.04%	2.23%
27 June 2016	Wellington Group LLP	3.03%	3.03%
12 November 2015	J.H.H. de Mol	5.04%	5.04%
20 July 2015	Edinburgh Partners	6.82%	5.00%

出典：ポストNL2017年年次報告書

Group」）となり、「KPN」から独立（政府保有約44%）した。当時の機構図は、「TPG」の下に「ロイヤルTPGポスト」（書状と小包）、「TNTエクスプレス」（国際急送便）、「TNTロジスティクス」をおさめる形となる。現在、ユーロネクスト・アムステルダムで株式が取引されている。2017年2月20日現在の主要株主は図2の通りである。

しかし、2005年には、他の事業とシナジーがなく、利益も少ないという理由で「TNTロジスティクス」を売却することとなる。この売却を主導したのが、「ヤナ・パートナーズ」、「アルバータ・インヴェストメント」という2つの物言う株主の存在である。その後、「国内郵便分野は利益を生まない」という理由を持って、「TNTエクスプレス」との分離を主張し、「UPS」、「FedEx」、「DHL」へ売却を主張していた。

なお、2006年に政府による特別優先株式の保有が違法であるとされたことから、政府の持分の全株式を放出しオランダの郵便事業は完全民営化となった[9]。

2011年の株式総会において、「TNTエクスプレス」の分社化が決定された。当時の「ポストNL」は「TNTエクスプレス」の株式の約30%を保有。2013年12月に「ポストNL」は「TNTエクスプレス」の株式の約15%を機関投資家に売却し、その「TNTエクスプレス」は最終的には2016年に「FedEx」によって44億ユーロで買収された。

さらに、「ポストNL」をめぐる企業買収については、ベルギーの第6章でも「bポスト」による「ポストNL」の買収交渉の破談について触れた。時価総額以外で「ポストNL」より規模の小さな「bポスト」が企業統合を行って両社の規模拡大で競争を生き抜く算段であったと見込まれるが上手くいかなかったようである

また、2018年には、「ポストNL」のライバル企業である民間事業者「サンド」をめぐる買収の報道が出ている。しかしながら、両社のシェアを合計すると90%以上になることから難しいという見方もあった[10]。2019年2月に「ポストNL」と「サンド」が買収に合意したとの報道があった。この買収については、ポストNLの従業員を組織す

---

[9] (9 p. 41)
[10] (1)

る「FNV」は政治的なプロセスを必要としており、まだ時間がかかるような意見が寄せられていた[11]。なお、2018年月にはベネルクス3国の事業に重点を置くためにイタリアとドイツの「bポスト」の子会社を売却するとの報道も出ている[12]。

ポストNLの業績

「ポストNL」の収益は34億9,500万ユーロ（2016年：34億1,300万）で8,200万ユーロ増加となる。その要因としては、ドイツの「ピンメールベルリン」と「メールアライアンス」の2社の買収によるものである。収益は小包と国際部門で拡大している。これはオランダ国内の郵便の収益の減少を相殺した。Eコマース物流は38％（2016年：33％）増である。急速な変化が市場に起きている状況にある。2社の買収に伴って9,000万ユーロがプラスとなっている（図3）。

オランダ国内の郵便の収益は17億8,300万ユーロ（2016年：18億7,700万）であった。取扱量が9.9％減少して収益も5％の下落となった[13]。さらに、マイナス要因としては郵便料金の引き上げによっても利用の減少分は相殺することが出来なかった（図4）。

図3　ポストNL事業部門別収入

	2013年	2014年	2015年	2016年	2017年
郵便（国内）	20億6,000万	20億4,400万	19億6,100万	18億7,700万	17億8,300万
小包	8億300万	8億5,400万	9億1,700万	9億6,700万	11億1,000万
国際	8億8,500万	9億2,100万	9億8,300万	10億1,700万	10億5,100万
ポストNL	34億3,500万	34億6,500万	34億6,100万	34億1,300万	34億9,500万
利益（TNTを除く）	1億6,400万	2億2,00万	1億4,700万	1億3,500万	1億4,800万

出典：ポストNL　2017年年次報告書より筆者作成

図4　郵便物量の変化（％）

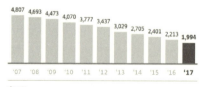

出典：ポストNL　ホームページ

---

[11]　(8)
[12]　(5)
[13]　(4 p.61)

図5 小包物量の変化（%）

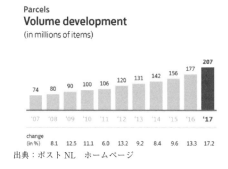

出典：ポスト NL　ホームページ

図6 小包物量の変化（%）

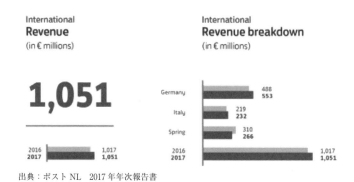

出典：ポスト NL　2017 年年次報告書

　2017 年の小包の取扱量については、17.2％（2016 年：13.3％）増となった。これは E コマース物流の取扱量は引き続き堅調である。この増加に伴って、収益は 2016 年と比較して 1 億 4,300 万ユーロ（14.8％）の増加となった。トータルの収益は 11 億 1,000 万ユーロ（2016 年：9 億 6,700 万）となった（図5）[14]。

　国際部門では、2017 年も続伸して収益と取扱量は増加となった。先にも記したドイツでの「ピンメール」と「メールアライアンス」の買収による。収益は 3,400 万ユーロ（3.3％）増で 10 億 5,100 万ユーロ（2016 年：10 億 1,700 万）である。ドイツとイタリアでの事業による増加が「スプリング」とその他で相殺された形である。

　イタリアでは小包の伸びによって営業収益が 1,300 万ユーロの増加であった。「スプリング」ではグローバル E コマースでの伸びが激しさを増す競争によって打ち消されて、営業収益が 3 億 1,000 万ユーロから 2 億 6,600 万へ減少となっている（図6）[15]。

---
[14]　（4 p. 65）

郵便事業の完全民営化と政治の影響

　株式については、1998年から公開しており、20年の歴史がある。2006年に政府による特別優先株式の保有が違法であるとされたことから、政府の持分の全株式を放出されオランダの郵便事業は完全民営化となった。現在、米国や英国の投資家が主要株主としてリストにあげられている。しかし、完全民営化した今でも、議会でもよく取り上げられ、以前、政府が株式を持っていた時と様相は同様である。郵便の民営化は、産業の活性化の意味合いもあって新規参入も認められたが、監督当局は、市場競争だけに注視し、労働市場に目が向いていないようである。本来、オランダの郵便法では80%の労働者は、労働契約の下で働くこととなっているが[16]、新規参入業者は、自営業者と直接契約を結んでいるため、自営業者の労働条件が問題になっている。「サンド」社は労働条件の改善が行われると、企業を存続できないとして反対しているという[17]。

オランダ規制体：「ACM」の視点

　「ACM」の考え方では現行のEU郵便指令のベースは90年代にできたもので、法律と現状が現代にマッチしていないとしている。デンマークでは80%の郵便が減少し、次いでオランダも大幅に減少しており、見直しが必要であるとの認識である。EUでもリサーチを進めており、2019年に研究結果が出て、その数年後に新たな指令が出ると「AMC」では想定している。

　アクセスポイントについては、2,000アクセスポイントから変更となった。5キロの範囲で、郵便局設置条件があるので、現在、1,700ポイントとなっている。また、郵便量の減少に伴って、ポストの数が減ることは認められている。条件は、5,000人以上の場合1キロメート内にポストが1本、5,000人以下では、2.5キロ以内に1本。数年前に法律が改正されて、ポストの設置数を下げることも可能となった。法律で弱者対策として老人ホームなどにも設置されている。

　新規参入に対して、オランダでは原則だれでも郵便サービスができる。競合他社が配達できない場合、又は配達できない地域には、「ポストNL」が特別な料金で配達しなければならない。また、他社の郵便がポストに投函された場合には、「ポストNL」が配達して料金をもらうか、相手に戻すことになる。制度は規制当局として、郵便量が下がっている中で、そのコストを回収する際には、料金を上げることも認められるとしている。その後のことは政治的な決定となるとして回答を明確していない[18]。

---

[15] (4 p.67)
[16] (2 p.32)
[17] [3]
[18] [3]

「ポスト NL」の展望

　オランダの「ポスト NL」のビジネス方針は、「選択」と「集中」であった。これは「物言う株主」の存在も大きいが、変化する市場に対迫られた結果ともいえる。最近でも、ベルギーの「b ポスト」による「ポスト NL」の買収計画や、それ以前のオーストリアの「NTN」の買収とその売却、そして、現在のところ、報道に上がっている「サンド」の買収の話題、そして、ドイツとイタリアの子会社の売却の話、まさに EU での市場開放によって翻弄されているようようである。デジタル化の進展に伴うユニバーサルサービス義務を持つ「ポスト NL」の最大の経営課題は郵便の縮小傾向に歯止めをかけられていないことである。

　事実、「ポスト NL グループ」の郵便の収入は、2013 年 20 億 6,000 万から 2017 年 17 億 8,300 万ユーロまで毎年減少してきている。郵便取扱物数も、2007 年 48 億 700 万通から 2017 年 19 億 9,400 万通とこの 10 年の間に半分以下の水準まで落ち込んでいる。この状況を受けて、「ポスト NL」の従業員数も、2013 年 56,475 人から 2017 年 44,263 人まで減少が続いている。

　郵便価格の設定要件について、民営化時に、ユニバーサルサービスを提供するポスト NL は、ユニバーサルサービス全体の価格として、最大前年度比 11.11％までの利益を得られるように郵便価格の上限が認められている[19]。そしてまたこれは、インフレ率や郵便物数の減少、利益が多大の場合によって毎年調整されることになっている。このところ毎年のように郵便料金の引き上げが実施されている。しかし、料金の引き上げによって利用者離れを引き起こす要因ともなっており、安易な引き上げがこの先どの程度続くのかは疑問である。

　「ポスト NL」は、すでに 2012 年の段階でオランダ国内の郵便局は存在しない。郵便局に代わって商業施設内にサービスポイントが移されている。

　「ポスト NL」としては、EU 郵便指令の定義に基づいてユニバーサルサービスを提供するには 1 億ユーロかかると見積もっており、この対策として、①納税者がそのコストを支払う、②郵便料金を上げる、③ユニバーサルサービスの提供のあり方を変える、という 3 つの選択肢があると考えている。そしてこれら 3 つをオランダ政府に提示したところ、政府は③を選択している。やはり取扱量の減少はネットワークの維持に大きな影響を与えているといえる。

引用文献

1. DutchNews. Consolidation ahead: MPs support postal services merger. *DutchNews*. [Online] 9 13, 2018. [Cited: 2 5, 2019.]
https://www.dutchnews.nl/news/2018/09/consolidation-ahead-mps-support-postal-services-merger/.

---

[19] [3]

2. postnl. *European postal markets 2017 an overview.* s.l. : postnl, 2017.
3. FNV. オランダ郵便調査. (インタビュー対象者) JP 労組調査団. 2017 年 12 月 8 日.
4. postnl. Annual Report 2017. *postnl.* [Online] 2 26, 2018. [Cited: 12 16, 2018.]
   https://www.postnl.nl/Images/annual-report-2017_tcm10-115056.pdf.
5. Dutch News. PostNL to sell Italian, German units, calls for swift action on market reforms. *Dutch News.* [Online] 8 6, 2018. [Cited: 2 11, 2019.]
   https://www.dutchnews.nl/news/2018/08/postnl-to-sell-italian-german-units-calls-for-swift-action-on-market-reforms/.
6. —. Post without haste? Sandd breaks 200-year monopoly with cut-price stamps. *Dutch News.* [Online] 10 16, 2017. [Cited: 2 6, 2019.]
   https://www.dutchnews.nl/news/2017/10/post-without-haste-sandd-breaks-200-year-monopoly-with-cut-price-stamps/.
7. postnl. PostNL and trade unions reach agreement in principle on collective labour agreements. *postnl.* [Online] 1 17, 2019. [Cited: 2 7, 2019.]
   https://www.postnl.nl/en/about-postnl/press-news/press-releases/2019/postnl-and-trade-unions-reach-agreement-in-principle-on-collective-labour-agreements.html.
8. Unk), FNV (Emile.「サンド」買収について. [interv.] 栗原 啓. 2 28, 2019.
9. 立原 繁・伊藤栄一「海外郵便事情調査報告書」日本郵政グループ労働組合 2014
10. postnl. The Universal Service Obligation. postnl [cited: 2. 11. 2019]
    https://www.postnl.nl/en/about-postnl/about-us/market-and-regulation/the-universal-service-obligation/

第8章 イタリア
ポステ・イタリアーネ：金融に重きをおく
ポスタルオペレーター

市場環境

　イタリアは文化・経済ともに先進国であり、ユーロ圏では第3位、世界では第8位の経済大国である。西に港に適したリグリア海、東には大陸棚が海の幸をもたらすアドリア海がある。また、イタリア国内は気候、土壌、高度が地域差に富んでいるため、さまざまな農作物の栽培が可能で、イタリア半島全体で小麦を産し、半島南部沿岸で野菜と果物が採れる。イタリアは世界有数のワインの生産国であり、オリーブとオリーブオイルの生産量が多く、酪農も主要産業であり、高品質の50種類を超えるチーズも有名である。

　第二次世界大戦後、イタリアは工業が急速に発展し、「奇跡の経済」を実現し、主要な工業に、繊維工業、硫酸、アンモニアの製造などの化学工業があり、その他に自動車、鉄鋼、ゴム、重機械、航空機、家電製品、パスタなどの食料品の製造も盛んである。工業の中心地はジェノバ、ミラノ、ローマ、トリノであり、これらの都市を結ぶ北イタリアの三角地帯である。そのため、イタリアの北部と南部では貧富の格差が大きく、「南北経済格差」が問題視されている。

　イタリアの産業構造は、第1次産業3.8%、第2次産業26.6%、第3次産業69.6%であり、日本とほぼ同様である。国土面積は日本の約8割（イタリア約30万平方キロメートル、日本は37.8万平方キロメートル）であり、人口は5,978万人（2018年）と約半分である。また、日本と同様にイタリアにおいても少子高齢化の傾向は著しく、移民の受け入れによって人口を維持しているものの、人口に占める65歳以上の高齢者の割合は21.7%（2015年）あり、2059年には30.9%になると予想されている[1]。

　イタリアの経済は近年、低迷している。名目GDPは、1兆9,211億ドル（2017年）で、2008年の2兆4,021億ドルをピークに減少傾向にある。また、国民1人あたりGDPは、31,619ドルで、これも2008年の40,954ドルをピークに減少傾向である。国の財政収支も近年、前年比（GDP比%）でマイナス（2014年−3.0%、2015年−2.6%、2016年−2.5%、2017年−1.3%）になっており、政府債務もGDP比で、131.4%（2017年）に達している。実質GDP成長率は、2013年−1.7%、2014年−0.3%、2015年0.8%、2016年0.8%、2017年1.1%と推移している[2]。

---

[1] [15]
[2] [14 p.2]

イタリアの郵政事業と制度改革

1. イタリア郵政事業の創設

　イタリアでは、国有の株式会社である「ポステ・イタリアーネ」とその傘下の子会社とともにグループを形成し、全国12,822局の郵便局（2017年12月末現在）を通じて郵政事業を展開している[3]。「ポステ・イタリアーネ」は、郵便事業を独占的に提供する王立の事業体として1862年に創設された。イタリアにおける郵便事業は王立郵便として始まり、1945年まで王立のもとで郵便制度は発展し、1945年に王室が消滅するとともに「ポステ・イタリアーネ」は郵便・電報の国営企業として独立した。

　「ポステ・イタリアーネ」は郵便局の窓口を通じて、「バンコ・ポスタ」のブランドで郵便貯金サービスを提供している。「バンコ・ポスタ」は広く個人に貯蓄手段を提供し、その資金を公共的な用途に対する中長期の貸出を行う機関として1875年に設立された。この年は奇しくも日本においても郵便貯金制度が開始された同じ年である。

　また、「ポステ・イタリアーネ」設立前の1850年に公共投資やインフラ整備のため資金供給機関として「CDP」（預託貸付公庫）が設立された。「CDP」はイタリア政府資金の運用機関として、公共部門でのファイナンスやインフラ開発、イタリア民間企業への投資等を主導してきている。「CDP」はイタリア全土の郵便局網を通じた資金調達を行うために、1875年に郵便貯金口座を導入した。また、1921年に「MEF」（経済・財務省）が資金運用者を「CDP」とする郵便貯金債券（利付郵便貯金証書）の発行をスタートした。郵便貯金債券は、1936年に発行体がMEFから「CDP」に変更され、貯蓄商品として今日でもイタリア各地の郵便局で販売されている[4]。

2.「ポステ・イタリアーネ」の組織改革

　1994年、「ポステ・イタリアーネ」は暫定措置法により、経営形態を国立から郵便・貯金・電気通信を担う公社（公共企業体）として独立した。これは、「ポステ・イタリアーネ」が郵便事業の莫大な赤字を抱え、国の収支に大きな影響を与えるまでになってしまったからである。「ポステ・イタリアーネ」が国立時代に負った負債はすべてイタリア政府が引き取り、1994年から1999年までに政府は90億ユーロの負債を償還した。これは、「ポステ・イタリアーネ」が低い生産性に陥り、郵便物数の割に数が多い郵便局、安い郵便料金であったことが原因とされている[5]。

　1998年に「ポステ・イタリアーネ」は経済・財務省（MEF）が65％、政府金融機関である預託貸付公庫（「CDP」）が35％を出資する株式会社となった。その後、MEFが株式100％を所有する株式会社となった[6]。

---

[3] (8 p. 16)
[4] (14 p. 22)
[5] [11]
[6] [11]

当時の「ポステ・イタリアーネ」の CEO のコラド・パッセラは、「ポステ・イタリアーネ」を立て直した改革者として現在高く評価されている。

以下、当時の彼の言動である。「私が『ポステ・イタリアーネ』に来た時、職員のサラリーとなる現金は2ヶ月分しかなく、テクノロジーもなく、誰も何をしてよいかわからない状況だった。」「しかし、人々に投資をするという点で、イタリア政府が私のタテになってくれると感じた。」パッセラ CEO は、料金を単純にし、プライオリティメールの料金を引き下げた[7]。労働組合と話し合い、全職員の約1割である1万7,500人のカットをおこなった[8]。そして、「バンコ・ポスタ」を独立させたことが決定打となった。銀行免許は持っていなかったが、商品を様々揃え売り始めた。「ポスト・ビタ」という生命保険も売り始めた。「1999年、『ポステ・イタリアーネ』傘下に『Banco Posta FondiSGR』（投資資金運用会社）を設立。投資信託も売り始めた。これらは全て第三者とのパートナーシップでの商品開発を行った。銀行免許を取らなくても十分やれる、」と[9]。

彼に対する賛辞は尽きない。欧州のマネジメント学校や大学においても良いケーススタディの例として、彼の業績が取り上げられている。権威あるジャーナル誌「ラ・レプップリカ2002年3月2日号」では、「イタリア郵政は『国民の恥辱』という状態を脱した。官僚的で非効率な機構を完全に変革した。ファイナンシャルタイムス誌の表紙を飾ったコラド・パッセラ CEO が組織的な変革と財政的黒字をもたらしたのだ。かつては5日かかっていた郵便配達は今では1日〜4日であり、フランスやドイツと並んだ。この変革は人件費が、1998年には91%を占めていたものが、2001年には69%に下がった点に顕著に現れているにもかかわらず、労働組合の支持を得て改革が行われた。純損失は、1997年の14億ユーロから2001年には1億ユーロに下がった。そして2002年最初の半年には黒字を達成したのである」[10]。

3.「ポステ・イタリアーネ」株式上場

EU には、EU 加盟各国が財政赤字対 GDP 比、債務残高対 GDP 比を一定の数字以内に収めることという目標が定められている。この点からすれば、2000年以降、債務残高対 GDP 比が100%を上回る高水準で推移してきたイタリアは、その債務解消のためイタリア政府は様々な財政再建策を実施してきた。

その中で、「イタリア最大の民営化計画」と呼ばれた郵政民営化は、2005年にイタリア政府がそれを明言することから始まった。2014年に発足したマッテオ・レンツイ内閣は就任以来、公的債務削減策の一環として政府が保有する国営企業の売却を計画してきた。「ポステ・イタリアーネ」については、2014年5月に MEF が100%保有する株

---
[7] (4)
[8] (5)
[9] (12 pp. 93-95)
[10] (3)

図1 「ポステ・イタリアーネ」株式保有者（2018年4月23日現在）

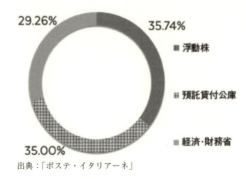

出典：「ポステ・イタリアーネ」

式の40％を上限に売却することを決定した。

当初本来は、「ポステ・イタリアーネ」のIPOを2014年中に予定していたが、1年間の延長を余儀なくされていた。これは、2014年に国営の大手造船会社のフィンカンティエリが株式上場を果たしたものの、市場環境の悪化から株価が低迷し、想定していた資金調達が出来なかったことからである[11]。事実、レンツイ首相は、「株式売却で国に利益をもたらす状態になった時に民営化を実施する。国の資産は適正価格で売却したい。」と述べていた[12]。

彼は、2014年4月「ポステ・イタリアーネ」のCEOにフランチェスコ・カイオを任命し、徹底的なリストラクチャリングに取り組ませ、「ポステ・イタリアーネ」の事業との適正規模にしてから、株式売却を実施せしめたと言われている。カイオCEOは、この意図を受け、低い利益率を理由に465局の郵便局を閉鎖している。

2015年10月27日、「ポステ・イタリアーネ」は、イタリア証券取引所に新規株式公開（IPO）した。株式公開価格は1株6.75ユーロで、イタリア経済・財務省（MEF）が保有していた株式の34.7％が放出され、イタリア政府は31億ユーロを調達した[13]。2016年12月末の「MEF」による「ポステ・イタリアーネ」株式の保有割合は64.7％となったが、2016年10月にMEFが「CDP」に株式の35.0％を譲渡した結果、現在では、「CDP」が「ポステ・イタリアーネ」の最大株主となっている[14]。2018年4月23日現在の株主構成は、「CDP」35.0％、「MEF」29.26％、浮動株35.74％である（図1）[15]。

この手続きは、「CDP」と「ポステ・イタリアーネ」の関係を緊密にし、経営上のシナジーを生み出すことと企図しており、将来的には「ポステ・イタリアーネ」に対して「CDP」から経営陣を派遣することも想定されていることだと言われていた[16]。事実、

[11] (14 p. 49)
[12] (10)
[13] (14 pp. 47-48)
[14] (14 p. 22)
[15] (7)
[16] (14 p. 48)

2017年に「ポステ・イタリアーネ」のCEOに就任したマテオ・デル・ファンテは、2010年-2014年まで「CDP」のマネージングディレクターを勤めており、このシナリオに沿った人事であると言われている。

「ポステ・イタリアーネ」・グループの組織構造

「ポステ・イタリアーネ」グループは、「ポステ・イタリアーネ」を親会社として形成された郵政事業を運営・管理する企業集団で、郵便事業以外にも、金融、保険、通信等の幅広い事業を展開している（図2）[17]。

「ポステ・イタリアーネ」はこれらの広範な事業を運営するため、企業グループを形成し、郵便局で販売する生命保険商品や携帯電話通信事業などをはじめとして、21社の子会社を保有し会計上の連結対象としている（2017年12月末現在）（図3）。

「ポステ・イタリアーネ」・グループの事業である21社の子会社は、①郵便・ビジネス向け事業、②金融事業（「バンコ・ポスタ」ブランドを通じて提供）、③保険事業、④その他の事業、の4つに分類される。グループの親会社である「ポステ・イタリアーネ」は上記の4事業体を統括し傘下に収めている。

「ポステ・イタリアーネ」・グループの金融事業を担当する「バンコ・ポスタ」については、2011年に「内部区分資本」の導入を求める株主総会決議がなされ、「バンコ・ポスタ」が設置された。これによって「バンコ・ポスタ」ブランドで提供される金融事業（郵便当座預金口座、郵便貯金口座・利付郵便貯金証書等）に係わる資産は、この「バンコ・ポスタ」RFCにおいて分割管理されることになり、「ポステ・イタリアーネ・グループ」の他の資産と明確に分離されている[18]。

イタリア全土を9つの地域総局でカバーし、その9つの地域総局の中に支局が132局あり、その傘下に1万2,822局（2017年12月末現在）の郵便局により運営されている[19]。

図2 「ポステ・イタリアーネ」組織図

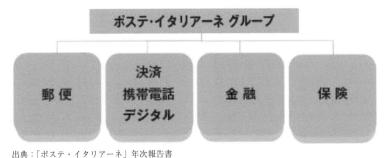

出典：「ポステ・イタリアーネ」年次報告書

---

[17] (8 p. 12)
[18] (14 p. 25)
[19] (8 p. 16)

図3　子会社

子会社	
Postel S.p.A.	企業・公的機関向け印刷・電子文書管理
Postecom S.p.A.	グループ企業向け IT サービス
SDA Express Courier S.p.A.	速達便
Mistral Air Srl	海外向け郵便・旅客／貨物輸送
Europa Gestioni Immobiliari S.p.A	不動産リース・販売
Poste Tutela S.p.A.	現金管理
Poste Tributi ScpA	税務
PatentiViPosteScpA	車両登録・車両運転免許の管理
Consorzio Logistica Pacchi S.c.p.A.	小包集配・仕訳・配送
Conosorzio PosteMotori	高速道路利用料金徴収契約の管理
「金融事業」としては，下記の2社を子会社として保有	
BancoPosta Fondi S.p.A.SGR	投資信託
Banca del Mezzogiorno S.p.A.	政府基金運用
「保険事業」	
Poste Vita S.p.A	生命保険
Poste Assicura S.p.A.	損害保険
「その他の事業」	
Poste Mobile S.p.A.	モバイル
Consorzio peri Servizi di Telefonia Mobile ScpA	グループ向け IT システム

出典：年次報告書から筆者作成

ポステ・イタリアーネ・グループの郵便事業の概要

1. 郵便事業の現状

　「ポステ・イタリアーネ」は、イタリア全体の郵便物の90％を配達する郵便市場のリーダーである。若干古いデータとなるが、2016年度のポステ・イタリアーネ・グループの収益に占める各事業別の割合を見ると、郵便事業11％、金融16％、保険72％、その他1％となる。郵便事業の経常利益の近年の推移をみると、郵便事業が2011年（8億3,400万ユーロ）ではポステ・イタリアーネ・グループの最大の収益部門であったが、2011年以降縮小傾向が続いており、2014年に赤字（5億400万ユーロの赤字）転落し[20]、2016年も4億3,600万ユーロの赤字を計上している[21]。

　「ポステ・イタリアーネ」は、ユニバーサル・サービスを提供する義務が課せられている唯一の事業体である[22]。これは郵便事業のみで、郵便金融サービスのユニバーサ

---

[20] (14 p. 32)
[21] (14 p. 32)
[22] (8 p. 32)

図4 郵便物数の推移

2011年	50億9,800万通
	(宛名付き郵便物数　44億8,200万通)
2012年	44億8,100万通
	(宛名付き郵便物数　39億4,600万通)
2013年	40億2,700万通
	(宛名付き郵便物数　35億2,700万通)
2014年	34億2,800万通
	(宛名付き郵便物数　30億2,200万通)
2015年	31億3,300万通
	(宛名付き郵便物数　27億6,900万通)
2016年	28億3,200万通
	(宛名付き郵便物数　25億3,000万通)

出典：European Postal Markets 2018 an overview

ル・サービス課されていない[23]。

　現在、イタリアでは郵便事業は自由化されており、約2,500社が競合している。郵便事業への参入規制については免許制であり、「『ポステ・イタリアーネ』がユニバーサル・サービスをきちんとイタリア国民に提供しているかどうか」を含む監視・指導する規制体として「AGCOM」が設けられ、その所轄官庁は経済発展省である[24]。

　イタリアにおける郵便事業の経営状況は厳しい。イタリアの書状の減少傾向は、デンマーク、オランダ、フィンランドと並んで激しい[25]。2014-2016年の普通郵便物数の減少は、11.1％に上り、同期間中の収入の減少は年間5％を上回っている[26]。郵便事業の収入は、小包の増加によって部分的に郵便・サービス部門の赤字を相殺しているのが現状である。郵便料金は高く、通常郵便物は2.80ユーロ（2018年）と、欧州では非常に高い価格に設定されている（図4）。

　この間の宛名付き郵便物数の減り方は年間10.5％に達し、無名宛郵便物数も年間15.5％の減少になっている[27]。郵便事業は危機的な状況である。

　一方、イタリアにおける郵便小包の成長は飛躍的に伸びている。特に、「アマゾン」からの取扱高は、2014年80万個だったのが、2017年3,400万個であり、2020年には8,500万個にまで達すると予想されている。しかし、「アマゾン」の取り扱いについては、季節性の変動がたいへん大きく、クリスマス、ブラックマンデーなど、短期間の間に荷物が集中する。したがって正規職員のみでなく、非正規職員の活用などが不可欠であり、緊急の対応が求められている。事実、2019年までに、固定配達網と変動配達網

---
[23] (14 p. 23)
[24] (13 p. 1)
[25] (9 p. 5)
[26] (9 p. 31)
[27] (9 p. 31)

の融合の政策を採り、新たな対応をすべく準備中である[28]。

2.「ポステ・イタリアーネ」の 2017 年通期決算

連結総収益は 1％増の 334 億ユーロ（2016 年：333 億 1,000 万ユーロ）、連結営業利益は、主に保険・金融事業により 7.8％増の 11 億 2,300 万ユーロ（2016 年：10 億 4,100 万ユーロ）、連結純利益は 10.8％増の 6 億 8,900 万ユーロ（2016 年：6 億 2,200 万ユーロ）となった。

「保険サービス・資産運用」事業部門の収益（保険料収入を含む）は 2.4％増の 244 億ユーロ（2016 年：238 億ユーロ）、営業利益は 8 億 4,000 万ユーロ（32％増）だった。

「金融サービス」事業部門の収益は、52 億ユーロ（0.9％減）、営業利益は 7 億 7,300 万ユーロ（5％減）であった。

「郵便・小包」事業部門の収益は 5％減の 36 億 3,000 万ユーロ（2016 年：38 億 2,000 万ユーロ）、総収益は 2.8％減の 81 億ユーロ（2016 年：84 億ユーロ）であり、この数字には 45 億ユーロの内部売上収益が含まれる。郵便事業の収益は 8.8％減の 26 億 5,000 万ユーロで、取扱数は 9.7％減少であったが、2016 年の 11％より縮小幅が狭まった。

郵便事業とは対照的に、小包事業は主にイタリア国内での E コマースの拡大を受け、2016 年よりも 4,300 万ユーロの収益があり、郵便物減少による影響を一部でも相殺している。取扱量は 1 億 1,300 万個（17％増）であった。

同社は収益を上げるために、郵便料金の値上げ、小包事業の拡大、伝統的郵便サービスの営業効率向上などの様々な施策を講じた。また、「WiFi 対応郵便局を増やす」「新しい待ち行列管理システムの導入」などの、郵便局ネットワークのイノベーションを引き続き進めた。しかし、「郵便・小包」部門の営業損失は 18％増の 5 億 1,700 万ユーロ（2016 年：4 億 3,700 万ユーロ）に達した。その主な要因としては、「2016 年のユニバーサル・サービス義務費用補償による収益 1 億 800 万ユーロという一時的効果」と「市場支配的地位の濫用を理由にイタリア独禁当局から 2,300 万ユーロの罰金を科されたが、異議を申し立てる予定」だった。これら 2 つの要因を除いた潜在的な損失は、前年より縮小している（図 5）[29]。

3. ユニバーサル・サービス・コストの現状

イタリアは EU 加盟国であり、EU 郵便指令が適用され、「ポステ・イタリアーネ」には郵便のユニバーサル・サービス提供が義務付けされている[30]。

イタリアのユニバーサル・サービス・コストの負担は「ユニバーサル・サービス基

---

[28] [11]
[29] (6 pp. 1-4)
[30] (13 p. 1)

図5 ポステイタリアーネ 主要指標

グループ事業別業績(FY2017)- €	2017年	2016年
連結収益	106億2,900万	106億4,300万
郵便小包＆配達	36億3,100万	38億2,200万
支払い，携帯＆デジタル	58億6,000万	57億
金融サービス	49億5,600万	50億900万
保険サービス	14億5,600万	12億4,200万
EBIT	11億2,300万	10億4,100万
純連結利益	6億8,900万	6億2,200万

出典：「ポステ・イタリアーネ」ホームページ

金」により「ポステ・イタリアーネ」に補填されている[31]。これはすべての郵便免許事業者が売上高の3%を基金に拠出する仕組みで運営されている[32]。

さらに、ユニバーサル・サービスを維持するためにイタリア政府は補助金を「ポステ・イタリアーネ」に交付する仕組みを設けている。イタリア政府は、2013年に3億4,000億ユーロ、2014年には2億7,000万ユーロの補助金を「ポステ・イタリアーネ」に交付している。現在、「ポステ・イタリアーネ」は、ユニバーサル・サービス提供にかかるコストのおおよそ3分の1をイタリア政府によって補填してもらっており、2016年は2億2,000万ユーロを、2017年は1億6,000万ユーロを政府に請求している。しかし、「ポステ・イタリアーネ」は、ユニバーサル・サービス・コストのおおよそ3分の1が補填されているのみで、自助努力によりカバーしている。イタリアにおいて郵便のユニバーサル・サービス提供にかかるコストは膨大で、「ポステ・イタリアーネ」はその分のみで、年間約4億ユーロの損失を出していると主張している[33]。

4. 郵便局の現状

イタリア全土に配置された郵便局は、現在約1万3,000局ある。この殆ど全ての郵便局において、郵便・金融・保険のサービスを提供している。それら郵便局は、その規模や地域性（都市部・過疎部などの違いなど）によってクラスター化されて、提供するサービスの質がマーケティング上異なっている。

その配置の現状は、国民の75%は郵便局が住居地から3km圏内、国民の92.5%は5km圏内、国民の97.5%は6km圏内となっている。郵便局の開局時間は、その地域性や郵便局のクラス（大・中小等）によって異なっている。中小クラスの郵便局で、郵便局員が単一のシフトで働いている郵便局は、月曜日〜金曜日が午前8時〜午後2時10分までの営業時間で、土曜日は午後1時10分までである。大規模郵便局で、二つのシ

---

[31] (1)
[32] [11]
[33] [11]

フトで郵便局員が働いている局（中央郵便局など）は、午前8時〜午後7時40分までの営業時間である。また、過疎地域にある小規模郵便局においては、隔日で営業している郵便局もわずかであるが存在している。

郵便局は、郵便・金融・保険のみのサービスを提供しているのではなく、税金の徴収、地域周知活動、罰金の徴収、電子的な決済・徴収、行政文書の周知などを通じた自治体との連携を積極的に行っている。したがって郵便局は、地域社会の中で極めて重要な役割を果たしている。特に、銀行や保険会社の窓口がない過疎地域において顕著である[34]。

5. 郵便事業の変革

「ポステ・イタリアーネ・グループ」の郵便事業で提供される郵便商品は、通常郵便、書留郵便、法文書、行政文書、商業郵便、Eコマース、小包、ロジスティクス等である。

2014年〜2015年にかけて、郵便配達システムの新たな導入計画が実施された。これは郵便料金を配達速度別の料金制度を設けるものであった。これは、「AGCOM」の決議によって決定されたもので、人口密度が低い過疎地域（約5,000カ所の市町村）において、2日に1回の郵便配達にするものである。

これにより、郵便配達人は、午前中に通常郵便物を配達し、午後にはビジネスライン（小包等）を集中的に運ぶことを可能とした。ただし、ミラノ、ナポリ、ローマの3都市においては、現在も毎日の週5日配達を実施している。また、現在、Eコマースに関係する契約により、例外的に土曜日、日曜日、休日の配達も検討されているところである。

午前中に行われる通常郵便物の配達人の勘定は固定数になっているが、今後減らす方向で検討されている。一方、ビジネスラインの運用は柔軟性を強めており、「アマゾン」からのボリュームによってパートタイムで働く人の人数を増やしたり減らしたりしている。現在、このための非正規職員は10,000人（2018年）に達している。

この新しいビジネスラインの導入により、配達日数は24時間以内に配達される速達小包にするか、又は4日後の配達にするかといった配達速度別による商品提供を可能とした。このビジネスラインを設けることによって、Eコマース商品に付加価値を付けることが出来るようになったと同時に、大都市（ミラノ、ナポリ、ローマ）以外の地域の通常郵便配達を2日に1回にすることにより4,400の市町村で人件費等の効率化ができたとされている。このシステム導入により、2022年に郵便事業の黒字化を目指している。この2022年までに通常郵便物は年間5%の減少を予測しているが、Eコマースの成長により小包が8%〜10%の成長を見込んでいる[35]。

ポステ・イタリアーネ・グループの金融事業の概要

「ポステ・イタリアーネ・グループ」が「バンコ・ポスタ」のブランドのもとで、全

---

[34] [11]
[35] [11]

国の郵便局窓口で金融商品を提供する金融事業を行っている。この金融事業で取り扱っている金融商品には、郵便当座預金口座、預託貸付公庫（「CDP」）の郵便貯金口座や利付郵便貯金証書の受払、各種支払請求書の料金収納、投資信託・保険商品、他の金融機関のローン商品の販売等がある。

「バンコ・ポスタ」の預金残高（2016年12月末）は、3,683億5,600万ユーロ（郵便当座預金口座454億5,600万ユーロ：内部相殺控除前、郵便貯金口座1,189億3,800万ユーロ、利付郵便貯金証書2,039億6,200万ユーロ）で、「ポステ・イタリアーネ・グループ」の収益に占める金融事業の割合は16%（2016年）程度である。また、イタリア全体における銀行の預金残高合計は1兆4,066億ユーロのため、「バンコ・ポスタ」の銀行預金全体に占めるシェアは26.2%（2016年）である[36]。

「バンコ・ポスタ」は銀行業務の免許を所有しておらず、貸付・融資業務については認められていないが、他銀行の代理業務・仲介業務は出来るようになっており、住宅ローンや消費者ローンでの提携がある[37]。

投資信託はグループの子会社である「バンコ・ポスタ・フォンディ」が扱っており、投資信託の組成・運用を行っている。また、民間金融商品の投資信託も扱っている[38]。

「ポステ・イタリアーネ」と「CDP」との間での独占契約に基づき郵便局の窓口で取り扱われる「CDP」の商品については、現行の契約では2014年11月から2019年11月の期間となっているが、5年契約を更新するものであるが、現在まで安定的に更新が続いている。

「バンコ・ポスタ」のインターネットバンキングサービスの「Banco Posta online」と、モバイルバンキングサービスの「Pronto Banco Posta」が人気サービスになっている。また、2007年に「ポステ・イタリアーネ」の100%子会社として設立された「Poste Mobile」のSIMカードと、「バンコ・ポスタ」の郵便当座預金口座をリンクさせて、携帯電話からの送金・決済が可能となり利便性が向上している[39]。例えば、「バンコ・ポスタ」の郵便当座預金口座からの送金、ローマ市内の公共交通機関の切符の購入、国内の駐車料金の支払などにより、使い勝手が向上した結果、2016年末でこのサービスを利用している顧客は3,600万人を超えている。この2年間で1,000万人を超える契約を得ているという[40]。

ポステ・イタリアーネ・グループの保険事業の概要

ポステ・イタリアーネ・グループの保険事業は、「ポステ・イタリアーネ」の100%子会社として、生命保険を「ポステ・ヴィタ」が、損害保険を「ポステ・アクシラ」が

---

[36] [14 pp. 36-37]
[37] [14 p. 23, 29]
[38] [14 p. 30]
[39] [14 pp. 26-27]
[40] [11]

サービスの提供を行っている。

　ポステ・イタリアーネ・グループ全体の収益に占める保険事業の割合は72％（2016年）を超え、ポステ・イタリアーネ・グループの最大の収益を誇っている。この保険事業の成功は、「ポステ・イタリアーネ」のブランド力の強さと、事業の信頼感から出ていると言われている。また、保険商品の利回りが良く、これまでの実績がさらに国民からの支持を得ているとされる。これは、投資額が守られ、利益が上がっていることを意味する。

　この保険事業は全国にある約1万3,000局の郵便局と全国に設置されているATM7,000台によって提供されているが、なんと言っても事業の強みは「人」である。2014年から郵便局窓口サービスの改革として「新リテールサービスモデル」提供に向けた準備が進められ、各郵便局にターゲット顧客向けの専門コンサルタント及び顧客の接遇・案内を専門とするスタッフの配置が行われた。

　約1万3,000局の郵便局のうち、郵便局を3つのカテゴリー（低クラス郵便局、中・大郵便局、大型郵便局）ごとに、マーケティング手法を駆使したサービスの提供を徹底している。

　低クラス郵便局（人口密度の低い局）では、金融セールスマンがいて移動型セールスを実施している。セールスマンは約10カ所の郵便局を担当し、顧客はこのセールスマンとアポを取り、金融に関する解答を郵便局へ行って交渉することになる。

　中・大郵便局（約5,800局）には、必ず1人以上の金融サービスコンサルタントがいて、顧客ポートフォリオをチェックしながらサービス提供を行う。大型郵便局（主に中央郵便局）では、コンサルティングルームが複数配置されており、顧客データをプロファイリングしてお客様の求めるものを追求し、徹底的な顧客分析・ライフサイクル・ポートフォリオ分析を行っている。お客様ニーズを把握したうえで、1万3,000カ所の郵便局を活用して、自社商品のみでなく多様な金融商品をマッチングさせてサービスの提供を実施している。

　この保険事業にかかわる職員には、保険商品の販売による「募集手当」が付与されることになっているが、手当の総額を郵便局ごとに全職員で分かち合うことになっている[41]。

ポステ・イタリアーネ・グループの通信事業

　ポステ・イタリアーネ・グループの通信事業は、「ポステ・モバイル」が2007年に設立され、MUNOに参入し、サービスの提供を行っている。この携帯電話事業の通信インフラは、ボーダフォンのネットワークを利用している。

　ポステ・モバイルのユーザーは2015年末で360万人を超え、近年ユーザー数を順調に伸ばしている。市場シェアも過半数を超え、52％に達している。ポステ・イタリアーネ・グループ全体の収益に占める通信事業の割合は1％にも届いていないが、金融・保

[41] [11]

図6 郵便局ファクト

	2017年	2016年
利用者数	3,400万	3,300万
郵便局利用者数（1日当たり）	150万	150万
郵便局数	12,822	12,845
「ポステ・イタリアーネ・グループ」従業員数（年間平均）	138,040	141,246

出典：「ポステ・イタリアーネ」ホームページ

険サービスとの連携によるサービスのシナジー効果は極めて大きいと言われている。ポステ・イタリアーネ・グループの収益の約7割が保険事業、2割が金融事業と突出している中で、その可能性（仮想通貨など）は大きい。

事実、金融・保険サービスとモバイル決済との融合は、顧客獲得に大きく貢献している。ポステ・イタリアーネ・グループでは、既に郵便局ネットワークとカード（デビットカード、プリペイドカード）、ポステ・モバイルとの連携を日々強化している。例えば、ポステペイ・プリペイドカード等の利用可能な商店・交通機関等を大幅に増やしており、マーケットシェアの拡大を実現している。この新たなモバイルサービスを受けるには、1度のみであるが郵便局に来局してアプリを取得し環境を整える必要であるが、このモバイルサービスの人気により、郵便局の1日あたり来局者数は150万人に達し、シナジー効果を得ている（図6）[42]。

「ポステ・イタリアーネ」の「配達2022」

2017年に「ポステ・イタリアーネ」は「配達2022」という5年計画を開始した。この計画はEコマース物流の伸びに会社の小包配達能力の向上を軸に据えたものである。Eコマース物流について非常に競争が激しい市場であり、B2C顧客によって選択されるようなサービスを提供する必要がある。そのため会社側は夜間と週末の配達の実施について組合側に提案して受け入れられている。

2017年11月30日に「ポステ・イタリアーネ」は、郵便従業員を組織する労働組合である「SLC-CGIL」、「UILPOSTE」、「FILP-CISAL」、「COFSAL COM」、「FNC-UGL」と全国協定を締結した。2017年末までに、以下の内容がその合意に基づいて実施されることになった。

・1,080人の生涯雇用の職員はこれまで通り常勤契約で会社に勤務すること、
・1,126人がパートタイムからフルタイムに移行すること、
・500人の若い大卒労働者が郵便局のコンサルティングルールに配置されること、

さらに、この協定では自己都合での全国転勤制度の開始についても規定しており、363人が該当することになる。

この協定では、約6,000人の従業員が2018年-2020年の3年間で非正規雇用から常

---
[42] [11]

勤雇用へと転換される。これにより「配達2022」ビジネスプランによって予見されている常勤雇用の安定雇用への変化、パートタイムからフルタイムへの転換が実現されることになった。

労働組合が合意した活動的な労働政策を通して、新しい配達組織、新しいニーズに応え、柔軟性を実現することで、「配達2022」ビジネスプランに描かれた戦略を実現し、Eコマースの成長に伴うチャンスの獲得につながるとしている[43]。

「ポステ・イタリアーネ」の展望

イタリア政府はイタリアでは公的な債務返済のために、「ポステ・イタリアーネ」を含む国有企業の株式を売却することが決定され、2015年10月に全株式の35％が売却され34億ユーロが国庫にもたらされている。郵便事業の収益は全体の約10％であり、郵便以外のサービスの存在によって上場がなされたといっても良い。

2017年に「ポステ・イタリアーネ」は「配達2022」という5年計画を開始した。この計画はEコマース物流の伸びに会社の小包配達能力の向上を軸に据えたものである。Eコマース物流について非常に競争が激しい市場であり、B2C顧客によって選択されるようなサービスを提供する必要がある。そのため会社側は夜間と週末の配達の実施について組合側に提案して受け入れられている。

事実、「ポステ・イタリアーネ」は品質の高い商品とサービスを確実に提供しており、3つの小包の1つが「ポステ・イタリアーネ」が配達しており、4人に1人はポストペイカードを持ち、それで支払いが行なわれている。「ポステ・イタリアーネ」は、「配達2022」で示されたターゲットに向け確実に歩んでいる。

「ポステ・イタリアーネ」は銀行や金融事業に参入しており、クレジットカードやデビットカード等については国内最大の発行数を誇っている。これを主要事業として位置付けをはかっている。非郵便事業の収入が郵便事業を上回っている。2016年の事業別の収益の割合が年次報告書で明らかにされている。保険やアセットマネジメントの72％（2015年：70％）、金融サービスの16％（2015年：16.8％）、郵便関連の11％（2015年：12.6％）、その他が1％（2015年：1％）となっている。9割が郵便事業以外からの収益構造となっているが、「アマゾン」もイタリアで自社配送が可能となり、ドイツや英国で見られるように最大級の顧客にして最大級のライバルとなりうる可能性が起こりうる可能性が高い。

新たな団体協約は、従業員の安定雇用と事業の成長にもつながる要素が含まれており、「ポステ・イタリアーネ」が包摂や社会的責任といった問題に取り組む会社であることが認識されている。

---

[43] (2)

引用文献

1. AGCOM. Servizio universale. *AGCOM*. [Online] [Cited: 7 15, 2018.] https://www.agcom.it/servizio-universale-postale.
2. Corriere Cesenate. 2018. Le Poste italiane firmano un accordo sindacale per il lavoro. *Corriere Cesenate*. [Online] 6 19, 2018. [Cited: 2 9, 2019.] https://www.corrierecesenate.it/Dall-Italia/Le-Poste-italiane-firmano-un-accordo-sindacale-per-il-lavoro.
3. La Repubblica. 2002. Grazie a Passera Poste italiane ormai risanate. *La Repubblica*. [Online] 3 2, 2002. [Cited: 8 3, 2018.] https://ricerca.repubblica.it/repubblica/archivio/repubblica/2002/03/02/grazie-passera-poste-italiane-ormai-risanate.html.
4. —. 1999. Le poste si rilanciano. *la Repubblica*. [Online] 6 18, 1999. [Cited: 8 1, 2018.] http://www.repubblica.it/online/fatti/francobollo/francobollo/francobollo.html.
5. Michales, Adrian. 2005. The importance of being honest. *Financial Times*. [Online] 1 10, 2005. [Cited: 7 30, 2018.] https://www.ft.com/content/a326e1aa-6267-11d9-8e5d-00000e2511c8.
6. Posteitaliane. 2018. 2017 POSTE ITALIANE PRELIMINARY RESULTS ABOVE EXPECTATIONS DRIVEN BY RENEWED FOCUS ON BUSINESS DEVELOPMENT AND OPERATIONS. *Posteitaliane*. [Online] 2 19, 2018. [Cited: 8 30, 2018.] https://www.posteitaliane.it/files/1476477890542/Risultati-preliminari-2017-ENG-19-2-2018.pdf.
7. —. 2018. Shareholders. *Posteitaliane*. [Online] 4 23, 2018. [Cited: 8 30, 2018.] https://www.posteitaliane.it/en/shareholders.html.
8. —. 2018. The Value of Transparency: Annual Report 2017. *Posteitaliane*. [Online] 4 11, 2018. [Cited: 2 1, 2019.] https://www.posteitaliane.it/files/1476480224631/annual-report-2017.pdf.
9. postnl. 2018. European postal markets: 2018 an overview. *postnl*. [Online] 3 31, 2018. [Cited: 1 20, 2019.] https://www.postnl.nl/Images/European-Postal-Markets-An-Overview-2018_tcm10-22110.pdf.
10. Sanderson, Rachel. 2014. Italy loses enthusiasm for privatisations. *The Financial Times*. [Online] 8 25, 2014. [Cited: 7 30, 2018.] https://www.ft.com/content/0d738252-2c6b-11e4-a0b6-00144feabdc0.
11. SLO-CISL マリオ書記長. 2018. イタリア郵便調査. ローマ, 2018 年 3 月 5-6 日.
12. Thuraisingham, Meena. 2013. *The Secret Life of Decisions: How Unconscious Bias Subverts Your Judgement*. s.l. : Gower Publishing, Ltd., 2013.
13. UNIVERSAL POSTAL UNION. 2018. Status and structures of postal entities: Italy. *UNIVERSAL POSTAL UNION*. [Online] 2018. [Cited: 8 30, 2018.] http://www.upu.int/fileadmin/documentsFiles/theUpu/statusOfPostalEntities/itaEn.pdf.
14. 一般財団法人 ゆうちょ財団. 2018. XIV. イタリア共和国. 一般財団法人 ゆうちょ財団.（オンライン）2018 年.（引用日：2018 年 8 月 30 日.）http://www.yu-cho-f.jp/wp-content/uploads/Italy-1.pdf.
15. 公益財団法人 国際労働財団. 2015. イタリアの労働事情. 公益財団法人 国際労働財団.（オンライン）2015 年 10 月 6 日.（引用日：2018 年 7 月 15 日.）https://www.jilaf.or.jp/mbn/2015/347.html.

第9章 フランス
ラ・ポスト：政府の行政の一角をになう郵政事業体

フランスの郵便と制度改革

　フランス共和国は欧州の中央部に位置し面積は54万4,000平方キロメートルで日本の約1.5倍で、欧州連合（EU）最大の国土を持つ。2018年1月時点における同国の人口は6,718万人である。

　フランスの行政区分については、フランスには13の地域圏（レジオン）があり、その下に県（デパルトマン）があり、さらに、基礎自治体である市町村（コミューン）の三層構造となっている。このためフランスでは、それぞれの地域やエリアごとに独自性・独立性が強く、国（中央政府）も各地域やエリアを支えるため様々な予算措置や公共サービスを保障するための各種メニューを用意している。フランスの郵便事業体である「ラ・ポスト」もこの体制の中で資金を集め、国から予算配分を受けながら「公共サービス」たる郵政事業を経営している。

　フランスの郵便制度はルイ11世が出した勅令「リレイ駅の創設」によって始まったとされる。自治体（コミューン）毎につくられた駅逓には馬が用意され、パリとコミューン間を繋いでいた。1879年、郵便事業と電信事業は「郵便電気通信省」（PTT省：ポスト・電報・電話）の傘下に入り、この運営体制は1991年の「郵電分離」まで続いた。1881年には郵便局を貯蓄金庫として用いる法律により、郵便電気通信省内に「郵便貯蓄金庫」が設置された。その後、1918年に現在の非課税貯蓄商品でA通帳預金と呼ばれる「リブレA」のベースとなる預入限度額のある通帳預金口座の取り扱いを開始した。

　1946年5月10日、法令によって「PTT」の下に電信電話総局（DGT）と郵便総局の2部門が設置された。フランスの郵政事業は、1991年に郵便電気通信省（PTT）が郵便事業（ポスト）と通信事業（テレコム）に分割されたことに伴い、政府から独立した法人格を持つ公共事業体（公社）として「ラ・ポスト」が誕生した。その後、2000年には競争領域である小包・ロジスティクスを扱う子会社として、「ラ・ポスト」は「ジオポスト」を設立している。

　「ラ・ポスト」は2010年3月1日に株式会社化[1]されたものの、2017年12月末現在でフランス政府が73.7％、政府系金融機関のCDC（預金供託金庫）が26.3％を所有する事実上の国有企業である[2]。そして、公社から株式会社へ移行に伴って「ラ・ポスト」

---

[1] (33 p.15)

は市場から資金調達が可能となった[3]。

特に2010年の株式会社化以降、同社はフランスの小包会社「コリゼン」やフォワーダー企業である「タイガーズ」の株式の72％を保有するなど、国内外の多数の有力企業を積極的に買収している。その結果、国内小包では「クロノポスト」、国際急送小包では「DPD」という2つのブランドで活動している。「ジオポスト」は、欧州で2番目に大きな小包会社に成長している。「ラ・ポスト」は2005年に銀行免許を獲得し、「ラ・バンク・ポスタル」を子会社として設置した[4]。

「電気通信・郵便規制機関」（ARCEP）

フランスにおける郵便事業の規制機関は「電気通信・郵便規制機関」（ARCEP）である。1997年1月5日、電気通信分野の独立規制機関として、電気通信規制機関（ART）の名称で発足、そして、EU郵便指令を国内法化した2005年の「郵便サービス規制法」の成立を受けて、2005年に郵便分野を所掌事務に加えるかたちで組織再編ならびに名称変更が行われた。国の独立機関である「ARCEP」は、郵便書状を取扱事業者の承認、「ラ・ポスト」のユニバーサルサービスのコスト算出とサービス品質の監視、等を行っている[5]。

1．ユニバーサルサービス

ユニバーサルサービスの対象となる商品には通常郵便、大量差出郵便、DM、新聞・雑誌、ノンプライオリティ、通常小包が含まれ、国の規定により付加価値税（VAT）は「ラ・ポスト」については免除されている[6]。しかし、「ラ・ポスト」の競合企業は免除の対象ではないために料金差が生じている[7]。

郵便サービスへのアクセスについて、フランスでは「国民の99％以上かつ各県の95％以上の住民がコンタクトポイント（郵便局）から10km圏内にあること」、「人口1万人を超えるすべての市町村は、住民2万人あたり1カ所以上のコンタクトポイントを有すること」などと定められている[8]。また、フランス国内の郵便物の送達日数については、郵便物の85％は翌日配達と規定されている[9]。

フランスはEU郵便指令で規定されている以上のサービスを提供している。小包について EU郵便指令では10kgまでがユニバーサルサービスの対象になっているのに対し、フランスでは20kgまでが対象である[10]。配達頻度に関しても、EU郵便指令では

---

[2]　(33 p. 264)
[3]　(14 p. 104)
[4]　(33 p. 44)
[5]　(16)
[6]　(15 p. 7)
[7]　(15 p. 26)
[8]　(33 p. 80)
[9]　(15 p. 12)
[10]　(13 p. 1)

「週5日以上」となっているが、フランスでは土曜日を含む「週6日」である。

2. 料金規制

郵便料金については2005年以降、料金の上げ幅をインフレ率以下に抑えることと、「プライスキャップ規制」を導入している。この料金規制はユニバーサルサービスの対象になっている商品・サービスの範囲についてのみ行われている。また、規制対象となる郵便サービスのプライスキャップの適用期間は、2015～2018年までは＋3.5％、2019年以降は＋5％の範囲内で、それぞれ郵便料金の改定が認められている[11]。

3. ユニバーサルサービス基金

「ARCEP」は、「ラ・ポスト」を含む全ての認可を受けた郵便事業者の郵便取扱数に応じて拠出するユニサーバルサービス基金の負担金額の算出や負担金の決定なども行っているが、「ラ・ポスト」による経営努力のみで郵便のユニバーサルサービスコストを賄われている[12]。今後、郵便物の減少が進み、郵便サービスの維持・確保が料金改定だけでは困難となった場合には、「ラ・ポスト」への基金からの交付の可能性もあり得る。

フランスにおける郵便事業

フランスでの郵便市場の自由化は「2010年郵便法」によって2011年1月1日に完成された。ユニバーサルサービス義務について、「手頃な料金、決められた品質、週6日でフランス全国のあらゆる箇所へ集荷と配達を行う」こと定義されている。その規制は、定期的に郵便物の収集・区分処理・輸送・配達に関わる業務に適用されており、これらのサービスを事業として望む者は「ARCEP」から許可を得なければならないとされている。2006年6月以降、78の事業者に対して免許が与えられている。2017年12月末現在、ラ・ポストを除外すると、42の免許を持つ事業者（34事業者は国内郵便市場、8事業者は越境郵便市場）が郵便市場に参入している。なお、エクスプレスについては、郵便のユニバーサルサービス義務の範疇にない。

「2010年郵便法」では「ラ・ポスト」を15年間にわたりユニバーサルサービス提供事業者として指定している。さらに、郵便や小包の取り扱いに加えて、法的な義務として、①17,000のコンタクトポイント（郵便局）の運営、そして地方部や山岳地帯や貧困地域でのそれらの確保、②金融サービスへのアクセス（「リブレA」と呼ばれる銀行口座の開設を行い、現金の預け入れと出し入れを無料で行うこと）、③新聞や雑誌の取り扱いと配達（手頃な価格、全国週6日配達）を公共サービスとして「ラ・ポスト」に委ねている[13]。

---

[11] (33 p. 81)
[12] (31 p. 3)
[13] (1 p. 52)

1. フランスの郵便市場規模

「ARCEP」は2017年度の郵便関連市場の規模を明らかにしており、トータルで1,210億の宛名郵便物（国内と国外向け）が取り扱われている。取り扱われる郵便物数は過去5年間を通じて同じペースで減少している。2017年度の収入については、103億ユーロとなっている。2017年には料金値上げがあったことにより、郵便の減少を相殺している。大統領選挙や議会選挙があり2016年度と比較して減少の幅が抑えられた。小包については、過去2年間で、取り扱われる小包数は約15％のペースで増加している。これはあらゆる種類の小包に当てはまるが、小型小包の取扱量の増加は大きく、アジア発の小型の小包の増加が目覚ましい[14]。

2. 競争

郵便市場は2011年に完全に自由化されたもののエンド・トゥ・エンドでの競争企業は事実上存在しない。宛名郵便市場では、「ラ・ポスト」はこの市場セグメントにおいて支配的なポジションにある。「ラ・ポスト」以外には「アドレコ」がエンド・トゥ・エンドの領域で唯一の事業者であるが、非常に小さなシェアを占めるに過ぎない。

「オップ」、「ネオプレス」、「ディレクト」、「TCS」等の認可事業者が「ラ・ポスト」と新聞の配達、広告郵便、小包、等の特定の市場でライバル関係にある。さらに、中小企業が特定の地域で特定の郵便サービスを提供している。越境郵便についての主要事業者は、「ラ・ポスト」のほか外国の郵便企業の子会社が競争企業としてのプレゼンスを発揮している。フランス企業の民間の越境郵便サービス企業には、「IMXフランス」、「Opメールソリューション」等がビジネスを展開する。

小包のセグメントが最も競争が激しい領域である。国内向け、国外向けの重量が30キロまでの小包については、「ラ・ポスト」（「クロノポスト」、「コリッシッモ」）の市場シェアは60％で、2017年度には3億1,800万個を取り扱い、17億4,800万ユーロの売上である。「ラ・ポスト」以外にも、「パーセル・プリヴェ」、「アドルグゾ」、遠隔地販売企業の「コリソジェップ」や「モンディアル・リレイ」の輸送子会社がこのセグメントにおいてプレゼンスがある。

エクスプレスマーケットでは、「ラ・ポスト」は子会社（「クロノポスト」、「コリッシッモ」、「DPD」）を通じてエクスプレス分野でもリーディングプレイヤーである。この市場ではグローバルインテグレーター（「FedEx」、「DHL」）や欧州地域に強みを持つ「GLS」（「ロイヤルメール」）のプレゼンスが大きい。その他、「ラ・ポスト」の最大級の顧客であり、同時に競争相手として潜在的な可能性を秘めた「アマゾン」の存在は無視できない[15]。

---

[14] (34)
[15] (1 pp. 52-53)

年-2019 年には毎年 1 億 7,400 万ユーロの財政支援がなされる。この財政措置には後に述べる公共サービスハウス（MSAP）に対する措置も含まれている[17]。

金融のユニバーサルサービスついて、「ラ・バンク・ポスタル」に「リブレ A」と呼ばれる商品ラインアップがあるが、収益が上がる商品ではなく、大きなが負担となっている。政府からは 2017 年には 3 億 4,000 万ユーロ、2018 年には 3 億 2,000 万ユーロ、毎年 2,000 万ユーロ減少して、2020 年には 2 億 8,000 万ユーロからの財政支援を受けている。これについて、「ラ・ポスト」の郵便従業員を組織する FO 労組は、財政支援の縮小化によって雇用の削減、労働条件の悪化、サービスの低下が起きる可能性があると批判を展開している[18]。

「ラ・ポスト・グループ」が提供するサービスは幅広い。最近では、従来の郵便ネットワークに付加価値を付けたサービスとして、77,000 人の郵便配達員と郵便局ネットワークを活かして、生活関連サービスやフランス版の高齢者「見守りサービス」を実施している。

なお、「ラ・ポスト・グループ」と日本郵政グループとの関係は深く、2000 年代初頭に「MOU」（お覚書き）を締結して以降、関係強化がはかられている。E コマース、金融サービス、ネットワークやリテイルセールスのトランスフォーメーション等について 5 つの分野で協議を行っている。なお、最新の「MOU」は 2017 年 5 月に更新されている[19]。日本郵政グループ労働組合が加盟する UNI グローバルユニオン（国際労働産別）との間で「ラ・ポスト」の子会社の「ジオポスト」は「グローバル枠組み協定」を 2016 年に締結し積極的に社会的課題を事業に取り込んだ経営に取り組んでいる[20]。

1. 郵便・小包事業部

「ラ・ポスト」は欧州最大級の郵便事業者であり、郵便・小包事業部の郵便・小包配達や生活関連サービスを提供している。この郵便・小包事業部では、「ラ・ポスト」がフランス政府から付与された 4 つの公的なミッション（ユニバーサルサービス、新聞の配達、リテールネットワークを通じた地域計画と振興、金融アクセス）[21] の 2 つ（ユニバーサルサービス、新聞の配達）を実施している[22]。

その事業の特徴から 8 つのユニット（ビジネスメール、ビジネスメディア、小包、プレス、国際/Asendia、ローカルサービス、シルバーエコノミー、E コマースロジスティクス）に分けられている[23]。E コマースロジスティクスは E コマースビジネス事業者向けのサービスで、子会社の「ヴィアポスト・ロジスティクス」がカスタマー・ニー

---

[17] (33 pp. 83-84)
[18] (18)
[19] (8 p. 30)
[20] (12)
[21] (33 p. 446)
[22] (33 p. 25)
[23] (33 p. 26)

はなく、原則として委託局にする方針であるという[37]。ただ、会社側のこうした考え方に対し、労働組合側は委託郵便局の増加は社員の雇用減につながるとして反対の意向を示している[38]。

(1) 直営郵便局

全体の郵便局の約半数を占める直営局は「ラ・ポスト・グループ」のサービスと商品を一元的に取り扱う。直営店では、郵便の取り扱い、金融サービスとして損害保険や消費者ローンや住宅ローンなどの金融商品の取り扱いの他、金融商品の説明や相談、そのほかに携帯電話の取り扱いを行う。そして、利用者満足度の向上のために、郵便局への投資を行いイノベーションを実施している。

① 「公共サービスハウス」（MSAP）

「公共サービスハウス」は複数のパートナーが共通の窓口でサービスを行う。2015年3月に開催された地域均衡に関する省庁間会議のあと、ラ・ポストは政府と2016年末までに郵便局の500カ所を「公共サービスハウス」としてオープンする取り決めを交わした。「公共サービスハウス」とは、1カ所で複数の公的なサービスを提供するというワンストップサービスの側面を持ち合わしている。郵便局で行われるこのパートナーシップには政府、自治体、全国家族手当金庫、職業安定所、ガス供給会社、農業社会共済、全国被用者疾病保険基金、全国老齢保険金庫がパートナーシップを組み、地域社会での高品位なローカルサービスの提供と確保をめざしている。2017年末までに山間部や僻地等に504の「公共サービスハウス」が開設されている。

そして、店内にはデジタルスペースがありデジタルディバイド解消のため、コンピュータ、インターネット、プリンター、等を無料で利用することが可能となっている。ラ・ポストのデジタルディバイドの解消については、「公共サービスハウス」以外のコンタクトポイントでも実施されている。今後ラ・ポストでは10,000人の自治体に新たに1,000-1,500の「公共サービスハウス」の導入を計画している。「公共サービスハウス」では、提供するサービスは地域性に基づいて決められている。また、「公共サービスハウス」の窓口の担当者は「ラ・ポスト」の従業員には限られていない。

「ラ・ポスト」によると、他の事業者のスタッフが窓口業務を担当しているケースもある。また、窓口スタッフによる対応が難しい場合には、ほかの公共サービス事業者の専門窓口の紹介や事前予約の上で専門の担当者に「公共サービスハウス」まで来てもらうこともあるようである[39]。「公共サービスハウス」は全てのサービスを実施する郵便局とみなされている。そして、自治体の議員からの評判は良いそうである。

---

[37] (26)
[38] [29]
[39] [29]

(2) 地方郵便簡易局（APC）

　地方郵便簡易局では直営郵便局で提供される殆ど全ての郵便と金融を含むサービスの利用が可能である。ここでは一般的な郵便・小包サービスのほか、「ラ・バンク・ポスタル」の郵便貯金口座や「リブレ A」の預金口座保有者は1週間当たり 350 ユーロまでの現金の払い出しなどが可能[40]であり、地方部を中心に 6,161 店舗（2017 年現在）が存在する[41]。地方郵便簡易局では「ラ・ポスト」とフランス市長連合会（AMF）との間で取り交わした枠組み協定によって郵便サービスを受託しており、「APC」で働く職員は自治体または広域自治体連合によって雇用されている。「ラ・ポスト」の従業員は働いていない。また、「ラ・ポスト」から地方公共団体には各種の助成金が支払われている[42]。

(3) 郵便取次所（RP）

　郵便取次所（リレーポスト）は、地域にある商店や店舗の事業主に郵便サービスや金融サービスの取り扱いを「ラ・ポスト」が委託するものであり、先に述べたように都市部に 708、地方部に 1,817 ある。郵便取扱所で提供される主な金融サービスは、ラ・バンク・ポスタルの郵便口座や「リブレ A」の預金口座保有者（但し、その地域に住んでいる人に限る）による1週間当たり 150 ユーロまでの現金の引出しなどである。そして委託者であるラ・ポストは、受託者である商店等の事業主に対して固定費と取扱手数料を支払うこととなる[43]。

　委託先となる店舗には、パン屋店やたばこ店などが優先的に選ばれており、商工会議所やたばこ販売連合会などと協定を締結して実施されている。なお、たばこ店が郵便局窓口の委託先となるケースが多いのは、古くから郵便切手がタバコ店で販売されてきた（たばこ事業の所管官庁は財務省である）歴史的経緯による[44]。

5. デジタルサービス

　デジタルサービス部門は 2014 年に設置された。フランス最大のサービス事業者としてデジタル分野でのユニバーサルサービスの提供者をめざしている。デジタルサービス部門には3つのミッションとして、①グループのデジタル化トランスフォーメーションについての牽引役となること、②グループ企業が提供するサービスと商品のためにオンラインネットワーク上で信頼のおける E コマースプラットフォームの提供、③2つの子会社の「ドカポスト」と「メディア・コミュニケーション」を通して外部の顧客やグループ部内に向けてデジタルソリューションの開発や支援を行いデジタル分野で新たな

---

[40] (33 p. 58)
[41] (9 p. 30)
[42] [29]
[43] (33 p. 59)
[44] [29]

サービスを促進すること、を上げている。

　利用者ニーズを出来るだけ採り入れて「ラ・ポスト・グループ」の価値向上につながる新たなツールを産み出し、従業員と利用者の日々の生活をシンプルにすることが目的にある[45]。

　デジタルサービス事業部が高セキュリティのデータ保管サービスである「Digiposte＋」を開発した。重要なドキュメント（請求書、領収書、銀行からの書類、税金の還付、学校の書類、等）の保管が可能となる。このサービスを通して、フィリップ・ヴァール「ラ・ポスト」CEOが述べる「生活をシンプルに」という言葉につながる。デジタル化によって紙の書類に囲まれることなく探し出すことも容易で、シンプルな生活に導く具体的な例であろう。「ドカポスト」はデジタルトラスフォーメーションを専門としており、特にEヘルス分野について強みを持ち数千万に及ぶ健康データの保管・管理している。「メディアポスト・コミュニケーション」はデジタルメディアの管理とデータプロセッシングに強みを持つ。2017年にはひと月あたり平均して1,360万人が「ラ・ポスト」のオンラインストアを訪問している。これはフランスのトップ100のEコマースサイトでも16位に入るという。「ラ・ポスト」のデジタルサービス分野重視の姿勢を物語るものである。

6. 従業員の概要

　「ラ・ポスト・グループ」の従業員数は全世界で約25万人である。労働者数（8時間換算）でみると、全世界に253,219人（2017年）が従事し、251,249人（2016年）から0.78％の増加である（図5）。地域的に見ると、欧州が全体の97.7％である。フランスに着目すると86.38％の労働力が集中している。

　事業部ごとでは、郵便小包部門の54.1％で半数以上を占めている。次に「ネットワーク事業部」の19.9％、「ジオポスト」の15.4％、「ラ・バンク・ポスタル」の7.0％と続いている。フランス国内での頭数での従業員数は245,774人（2017年）で250,124（2016年）から減少している（図6）。

　2017年の従業員の平均年収は30,877ユーロ（2016年：30,395ユーロ）である[46]。なお「ラ・ポスト」には民営化以前から雇用されている「公務員身分」の社員と、民営化以降に採用された「非公務員身分（「ラ・ポスト」従業員）」が混在している。2017年末には全体の31.9％（2016年：35.5％）を公務員身分の従業員が占めている[47]。非正規雇用社員として19,102人が在籍する[48]。

---

[45] (7)
[46] (33 p. 254)
[47] (33 p. 254)
[48] (33 p. 261)

図5 「ラ・ポスト・グループ」の全世界の従業員数

単位：（人）	2017年
郵便小包	137,076
ネットワーク	50,285
デジタルサービス	5,601
Corporate structures	3,558
ラ・バンク・ポスタル	17,699
ジオポスト	39,000
トータル	253,219

出典：Registration Document 2017（Le Groupe La Poste）

図6 「ラ・ポスト・グループ」のフランス国内での従業員数（頭数）

単位：（人）	2017年	2016年
ラ・ポスト本体	214,697	220,572
メディアポスト	11,736	11,572
ジオポスト	6,111	5,942
ラ・バンク・ポスタル	4,650	4,218
ドカポスト	4,425	4,568
ヴィアポスト	2,481	2,581
ポストシルバー	1,041	---
ポストイモ	602	624
その他	31	47
トータル	245,774	250,124

出典：Registration Document 2017（Le Groupe La Poste）

ラ・ポスト・グループの経営状況と事業別セグメント

　ラ・ポスト・グループの2017年の営業収益は2.5％増の241億1,000万ユーロ（前年度：232億9,400万ユーロ）、営業利益は3.8％増（為替など調整後は6.4％）の10億1,200万ユーロ（前年度：9億7,500万ユーロ）、2016-17年の特別項目・連結範囲・為替変動による影響を考慮した場合の営業利益の増加率は12.6％。純利益は0.3％（調整後0.4％）増の8億5,100万ユーロ（前年度：8億4,900万ユーロ）を確保した。全ての事業が成長に寄与している[49]。特に、「ジオポスト」と「デジタルサービス」の成長が著しい。また、「ラ・バンク・ポスタル」と郵便小包サービス部門も良い影響を示している（図7）。各事業分野別の営業収益は、「郵便・小包サービス」、「ジオポスト」そして「ラ・バンク・ポスタル」の順となっている（図8）。
　全体の収入で各事業部が占める割合は以下の通りである。「郵便・小包サービス」の

---
[49]（2 p.1）

図7　経営業績

グループ営業成績	2017年12月31日	2016年12月31日	調整前（％）	調整後（％）
営業収益	241億1,000万	232億9,400万	3.5	2.5
営業損益	10億1,200万	9億7,500万	3.8	6.4
営業利益率	4.2％	4.2％	0.0 pt	0.2 pt
金融損益	-1億6,800万	-1億6,900万	-0.7	-
所得税	-2億5,100万	-1億400万	n.s.	-
純利益	8億5,100万	8億4,900万	0.3	0.4
純利益率	3.5％	3.6％	-0.1 pt	-0.1 pt

出典：LE GROUPE LA POSTE 2017 RESULTS

図8　事業別収益

| | 2017年12月31日 | 2016年12月31日 | 変化率 | |
			調整前（％）	調整後（％）
郵便小包サービス	114億2,400万	113億5,400万	0.6	0.0
ジオポスト	68億1,600万	61億6,600万	10.5	8.2
ラ・バンク・ポスタル	56億8,700万	56億200万	1.5	2.0
デジタルサービス	6億7,200万	6億900万	10.4	5.7
その他セグメント＆その他及び会社間	-4億8,900万	-4億3,600万	12.2	12.0
収益	241億1,000万	232億9,400万	3.5	2.5

出典：LE GROUPE LA POSTE 2017 RESULTS

図9　事業別収益の割合

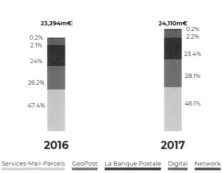

出典：https://www.groupelaposte.com/en/financial-key-figures

46.1％（前年度：47.4％）、「ジオポスト」の28.1％（前年度：26.2％）、「ラ・バンク・ポスタル」の23.4％（前年度：23.4％）、「デジタルサービス」の2.2％（前年度：2.1％）、「ネットワーク」の0.2％（前年度：0.2％）である（図9）。2017年の収入の

図 10　営業収益の地理的な内訳

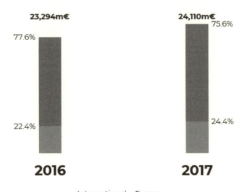

出典：http://www.upu.int/fileadmin/documentsFiles/theUpu/statusOfPostalEntities/fraEn.pdf

75.&%（前年度：77.6%）をフランス国内で上げており、24.4%（前年度：22.4%）は外国での外国からの収入という構成である（図10）。

1. 郵便・小包事業

　フランスでも宛名郵便物数は減少の途をたどっている。2014年に128億8,900万通[50,51] あった書状は、2015年に120億4,500万通[52]、2016年に115億2,900万通[53]、2017年には106億300万通[54] までその取扱量を減らした。一方で小包は増加傾向にある。2014年に2億6,900万個[55]、2015年には2億7,400万個[56]、2016年の2億9,700万個[57]、そして2017年には3億1,800万個[58] へと大幅に取扱量を増やしている。

　郵便・小包部門については、営業収益が0.6%増の114億2,400万ユーロ（前年度：113億5,400万ユーロ）で、2009年以降初めて若干の増加となっている。営業利益は2.5%増の6億ユーロ（前年度：5億8,400万ユーロ）となった。減少する郵便物数を小包とDMの増加と2017年1月1日に実施した料金値上げなどによって補っている状況である[59]。最近では、フランス政府からの要請によって、300の運転免許試験セン

---

[50]　(32 p. 22)
[51]　(27 p. 20)
[52]　(27 p. 20)
[53]　(27 p. 20)
[54]　(33 p. 25)
[55]　(32 p. 25)
[56]　(27 p. 20)
[57]　(27 p. 20)
[58]　(33 p. 25)

図 11 取扱数

取扱量	2017 年	2016 年	2015 年	2014 年
宛名郵便（通）	106 億 300 万	115 億 2,900 万	120 億 4,500 万	128 億 8,900 万
無宛名郵便（通）	104 億 4,600 万	103 億 5,300 万	99 億 6,800 万	93 億 5,300 万
小包（個）	3 億 1,800 万	2 億 9,300 万	2 億 7,400 万	2 億 6,900 万

出典：Registration Document 2015 と 2017（Le Groupe La Poste）を基に筆者が作成

ターを開設している。良心的な価格設定によってこれまでに約 18 万人が受験している。これらの新たなサービスの貢献もあり、1 億 5,500 万ユーロ（郵便小包サービス：8,400 万ユーロ；シルバーエコノミー分野から 7,100 万ユーロ）となっている（図 11）[60]。

2.「ジオポスト」

フランスでも E コマースの発展・普及に伴い、小包の取扱量は 8.1%増の 3 億 1,800 万個、収益も 5.4%増（8,900 万ユーロ増）の 17 億 4,800 万ユーロに伸ばした。特に、急送小包については、ジオポスト部門の収益は 6 億 5,000 万ユーロ増（10.5%増、調整後 8.2%）の 68 億 1,600 万ユーロ（対前年比 8.2%増）を計上し、取扱物数も 12 億個（対前年比 9.8%増）を超えた。一方で、2016 年と比較して取扱数が 9.8%増の 12 億 2,800 万個である。収入はブラジルとロシアの企業買収を通して連結で 2 億 2,100 万のアップである。収入は 8.2%のアップである。あらゆる国での業績が伸びている。特に、英国（11%増）、フランス（6.3%増）、ポーランド（18.3%増）、ロシア（13.7%増）が顕著な伸びを示している[61]。

3.「ラ・バンク・ポスタル」

郵便銀行の「ラ・バンク・ポスタル」は 56 億 8,700 万ユーロの営業収益（対前年比 1.5%）、8 億 7,000 万ユーロ（対前年比 4.4%）の営業利益を確保した。リーテイルバンキング部門では営業収益が 53 億 2,000 万ユーロ（対前年比 1.5%）を計上した。アセットマネジメント部門については 1 億 4,500 万ユーロ（対前年比 6.3%）であった。保険部門では 2 億 2,200 万ユーロ（対前年比 12.1%）となった[62]。

図 12 は「ラ・バンク・ポスタル」の資産構成である。生命保険の 1,262 億ユーロが一番多く、次に当座預金の 627 億ユーロ、「リブレ A」の 599 億ユーロ、普通預金の 532 億ユーロとなっている。スタンダード＆プアーズは格付けを「A」（2017 年 10 月 5 日付）としている[63]。

---

[59] (2 p. 4, 7)
[60] (1 p. 54)
[61] (2 p. 5)
[62] (2 p. 5)
[63] (11 p. 8)

図 12　商品別預金の割合

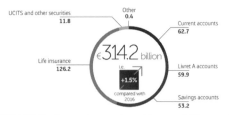

出典：2017 business and corporate social responsibility report

4. デジタル

デジタル部門についても6億7,200万ユーロ（対前年比10.4％増）の営業収益を確保したものの、営業利益は2,000万ユーロ減（対前年比13％減）という結果となった。これは2,000万ユーロを超える資産の毀損が原因である。子会社の「ドカポスト」については、4,400万ユーロ（9.7％）増であった。特にデジタルプラットフォームとビジネスプロセスのデジタル化の分野の影響によるものである。2016年と2017年の企業買収による2,500万ユーロが加えられている。「ラ・ポスト」のオンラインショッピングサイトからの収益は12％も増加した。子会社の「メディアポスト・コミュニケーション」については200万ユーロの減収となった[64]。

5. ネットワーク

ネットワーク事業では各事業の事業支援を行っている。特に、「ラ・バンク・ポスタル」の代理店サービスを行う。デジタルフォーメーションをポスタルポイントにて実施し、利用者体験の向上のため郵便局のリノベーションを行っている[65]。しかし、利用者の郵便局への訪問数も減っており、2014年には4億7,800万人[66]から、2015年には4億5,800万人[67]、2016年には4億3,800万人[68]、2017年には4億900万人[69]にまで減少している（図13）。

図13　郵便局（ポスタルポイント）利用者数

	2017年	2016年	2015年	2014年
利用者数（人）	4億900万	4億3,800万	4億5,800万	4億7,800万

出典：Registration Document 2015 と 2017（Le Groupe La Poste）を基に筆者が作成

---

[64] (2 p. 6)
[65] (2 p. 6)
[66] (32 p. 59)
[67] (27 p. 52)
[68] (33 p. 57)
[69] (33 p. 57)

「公共サービスミッション」

　郵便電気通信省（PTT）からの分離・独立及び「ラ・ポスト」の設立を規定した1990年7月2日の法律によって、定められたものに「ラ・ポスト」と政府で取り交わす「公共サービスミッション」がある。「ラ・ポスト」が果たすべきミッションの具体的内容やその範囲については、2001年にフランス政府と「ラ・ポスト」との間で締結された「計画契約」において、郵便小包事業、金融サービス、インターネットのアクセスや郵便局ネットワークの国土への貢献が定められている[70]。公共サービスミッションの遂行にあたっては、政府と「ラ・ポスト」との間で契約内容の定期的な見直し（3-5年）が行われる。現在の計画契約は2018年1月に「ラ・ポスト」は2018-2022年の「公共サービス協定」を締結した。

　郵便サービス義務については、サービスの高度化として、個々の郵便物に追跡サービスをオプションで提供、小規模なEコマース事業者の国外進出を支援するため、小包追跡オプションを2018年3月1日からユニバーサルサービス化すること、新聞配達の任務については、新聞社向けの特別郵便料金で新聞の輸送・配達促進につなげることなどである。この協定によって、政府による金銭的補償の年間支給額は2020年まで延長となった[71]。

　さらに、このルールはラ・ポストと国、およびフランス市長連合会の三者間で取り交わされた協定においてあらわされている。また、この三者間協定の内容は3年ごとに更新されると同時に、契約に基づいて同社には国から郵便局ネットワーク維持のための財政支援がなされる。

ラ・ポスト・グループの事業戦略と今後の方向性

　郵便・小包サービス部門は約14万人の従業員がおり、そのうちの7万5,000人が郵便配達員とされている。書状の取扱数の減少とそれに伴う収入の減少、そして、成長するEマースによる小包の増加は世界的な傾向である。フランスもその例外ではない。しかし、「ラ・ポスト」ではその人的資産や郵便で培ったノウハウや地域からの信頼性をベースとした新たなサービスを開発することで、そうした時代の変化に対応しようとしている。

　郵便・小包サービス部の人事部長は、「郵便配達員は毎日配達しており信頼性が高い。信書は減っているが、郵便局をマルチチャネルやデジタル技術を活用した高度なメディア媒体へと変革させることは可能であり、さらに、本格的な高齢社会を迎えて『シルバーエコノミー』が注目されている中、郵便配達員を活用して『見守りサービス』を発展させていくことは重要である」としている。ITによって信書が減少している状況に

---
[70] [25]
[71] (24)

あっても、これらの施策をITやヒトを積極的に活用して展開することにより、2020年には「ラ・ポスト」総売上高は120億ユーロで安定させることが可能としている[72]。

1. 生活関連サービス

「ラ・ポスト」への信頼感は、これまでに培った実績を通して利用者、地域社会、郵便労働者からデジタル時代の現在でも高い。高齢者の人口も2060年には2018年現在の倍の230万に達すると予測されている[73]。シルバーエコノミーについては、高齢化する社会に対応するために、「自宅で老後を過ごす」という特定の分野にターゲットを絞ったサービスを展開している。フランスでは病院から退院した後、出来るだけ早く自宅に戻り、自宅で生活をしたいと望んでいる高齢者も多い[74]。「ラ・ポスト」ではここに可能性を見出している。「見守りサービス」にはIoTを人と人のインターフェースとして活用するハイブリッドな方法を活用した高齢者とその家族にも優しい生活関連サービスを展開中である。2016年に在宅支援や家事・庭仕事・ホームメインテナンス・日曜大工代行などに強みがあり180の店舗を展開するアクセオ・サービシズの過半数株式を取得した[75]。2017年には在宅医療介護サービスに強みを持つ大手アステン・サンテ・グループを傘下に収めている[76]。「ラ・ポスト」では生活関連を含めてEヘルスやスマートホームの分野へも拡大を図っている。

(1) フランス版「見守りサービス」の展開

「ラ・ポスト」の郵便配達員による家庭向けの訪問サービス「"日々のサービス」には、高齢者と同年齢者との電話アシスタンス、住宅での電気や配水管の修理などの斡旋、食料品や薬の配達、不在宅の見守りが含まれておりメニューは幅広い。見守りサービスを「礎」とし身近なさまざまなサービスを幅広く行っている。訪問サービスは、同社の事業多角化戦略の一環であり進行中の中期戦略「ラ・ポスト2020：明日を勝ち取る」に含まれている。

このサービスには郵便局員による訪問サービス、料金はサービス内容によって異なる。2016年には高齢者「見守りサービス」については3,400件の契約[77]があった（図14）。

「ラ・ポスト」の郵便配達員は「ファクテオ」という業務用携帯端末を所持しており、利用者は郵便配達員に対面で必要なことを依頼することも出来るが、この携帯端末を利用することで利用者とのコミュニケーションもはかることが可能である。例えば、郵便配達員は出勤した朝に利用者からどのような依頼があるかを「ファクテオ」を通して確認することも出来る。「ラ・ポスト」は週6日配達を行っており、そのため利用者から

---

[72] [28]
[73] (21 p. 72)
[74] (21 p. 43)
[75] (4)
[76] (3)
[77] (1 p. 54)

図14 「ラ・ポスト」の新たなるローカルサービス

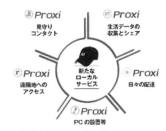

出典：Portrait of A Transforming Company

依頼が毎日リアルタイムで把握出来、すぐに対応できるため利用者満足度の向上につながっている[78]。

(2) スマートホームやEヘルス

スマートホームの分野では、不動産事業を行なうラ・ポストの関連企業はサーモスタット、プレゼンスセンサー、カメラ、人感電球、電動シャッター等をラ・ポストの子会社が開発したスマートフォンアプリ「デジタルハブ」にリンクさせることで、不在の家の電力の消費量の低減化すること、子どもが学校から帰宅したら両親に連絡を自動的に送ること、親が不在な場合には子供が危険性の高い器具を使わせないようにすること、等のシナリオを描いている[79]。

Eヘルスについては、個人の医療データは医療データとして高セキュリティのヘルスプラットフォームに集中的に保管・管理され、都会や田舎の患者、都市の薬局、病院を相互にデジタルでリンクすることで、患者への医療が抜本的に改善につなげている。パリの「ビシャ」病院ではコネクティドディバイスとモバイル・ヘルスアプリケーションを通じて採取されたデータ「ドカポスト」のデジタルスペースに保管され患者のケアの向上や経過観察に用いられている[80]。「ドカポスト」と「エルサン」（フランス最大規模の民間クリニックグループ）のパートナーシップにおいては、医療データにより医師やヘルスケア専門家が慢性疾患患者への治療方針や入院についてケア向上を今後図る方針としている[81]。

(3) その他

ローカルサービスには、ホームデリバリーサービス、個人向けサービス、地域の中小企業向けのローカルロジスティクスサービス、再生エネルギー支援、運転免許試験の実

---

[78] (17)
[79] (21 p. 65)
[80] (21 p. 69)
[81] (20)

施等が含まれており好調である[82]。2016年6月にスタートしたタブレットを使って運転免許試験は30ユーロの受験料で2017年末には受験者が100万人を超えたという人気のあるサービスに成長している[83]。

2. 郵便配達員の「多機能化」

デジタル化に伴い労働や雇用にも影響は確実に出てくる。新サービスや付加価値サービスのスタートの際には労働者は新しいデジタル技術への対応が必要となる。それらに対応可能とするためにトレーニングや再訓練やスキルアップが求められる。郵便配達員のみならず郵便局員の仕事の多機能化は避けて通れない。

例えば、「見守りサービス」では、高齢者に「ラ・ポスト」がシニア向け開発した「アルドワ」と呼ばれるタブレットの使い方を郵便局員が教えるサービス、家にパソコンを取り付け、さらには、ITによる確定申告の手続きによりITが苦手な高齢者のための税務手続きの手伝い、等を郵便配達員が行っており仕事の多機能化が進められている。「アルドワ」タブレットであるが、すでに2016年10月以降で2017年末までにすでに約2万台を販売している。

「ラ・ポスト」は「見守りサービス」関するトレーニングや研修を行っており、2017年だけで延べ231万時間、87.09％の郵便局員、1万730名の中間管理職が研修所で訓練を受け、この人事政策への追加費用として4億5,000万ユーロを支出している。

前出の「ファクテオ」の職員利用については電話とメール等でのプライベート使用が認められている。日常的に使いこなすことで業務にも速やかにあたることを可能としている。プライベートなファクテオ利用は多機能化トレーニングに相当するとも考えられる。

新しいビジネスやサービスのスタートに際しては従来の職員研修だけでなく、「ラ・ポスト」のような新たな視点からのトレーニングも重要であろう。「ラ・ポスト」ではこれまでにもサービス拡大に際して事業拡大に戦略拡大と社会対話の観点から6つ（トレーニング、弾力性、公正性、生活に関連した、結びつき、信頼さ）の項目に焦点を当てた団体交渉を労働組合とおこなっている。

労働組合からの視点

「ラ・ポスト」には複数の労働組合が存在しており歴史も考え方も文化も独自性を持つ。しかしこれらの組合が異口同音に述べていることは、事業環境の変化に基づくラ・ポストの郵便関連施設の合理化である。例えば、区分処理センターの閉鎖や自動化、郵便局をスーパーや小売店にポスタルポイントとして配置転換（2002年以降にトータルで6,700局）、郵便ポストの削減（10％減）が実施され、従業員数も退職や早期退職制度で2002年の325,000人から2017年の253,000人へと15年間に72,000人（22％）もの

---

[82] (33 pp. 27-28)
[83] (33 p. 468)

従業員の減少があった[84]。集団解雇とは異なり自然減によるところが大きいものの、組合側としては従業員の削減による影響がマイナスの意味で労働条件に現われた点である。

「ラ・ポスト」では郵便オペレーションに変更を行なっている。例えば、配達率の向上のために1日2度の配達の導入、仕事量に応じた労働時間から全日労働への労働時間の変更、弾力性の導入による仕事量と労働力に応じた郵便配達員の配置等である。ピーク期間中にはアウトソーシングや派遣労働者での対応を実施しており、アウトソーシングについては2015-17年の間に50％も増加が見られた[85]。

このような状況の中で、2017年2月に郵便配達員などの仕事に関する協約が4つの労働組合（「FO」、「CFDT」、「CFTC」、「CGC」）との間で結ばれた[86]。このような協約は10年ぶりに締結されたものである。この主な内容には、2017年中に3,000人の新規採用の実施、休息（メリディアン）時間見直しの見返りとして200ユーロのボーナスを出すこと、3万1,000人の郵便配達員に対して2006年以降実施されていない賃金の等級を上げること（60ユーロから120ユーロ/月）、2,000人の管理者の昇進、1万6,000人の郵便配達員と1,000人の管理者への研修の実施、通常の配達業務に加えて別の業務をする場合には年間30日までの制限、等が含まれている[87]。

しかし、郵便小包部門の半数以上を組織する「CGT」と「SUD」はこの協約を批准していない。2005年以降で郵便配達員が年間に3,000人～5,000人の幅で減少している。その結果、労働条件の悪化と厭世的な雰囲気が支配的にあると見ている。「SUD」としては「3,000人の新規採用は2015年の7,656人もの退職者を補充するには十分ではない。ラ・ポスト内で郵便労働者が経験した健康面や社会的な状況に対応していない。」[88]と声を荒げる。

今回の協約について、「ラ・ポスト」側では具体的な労働条件の向上策が盛り込まれた「歴史的な協約」と見なしている。しかし、もう一方の側である労働側から見ると、「CGT」と「SUD」の2労組がこの協約に署名をしていないことからフランスの労働組合員の間では評判が芳しくなかったと受けとれる。これまで郵便配達員の労働時間は朝5時半に始まり、昼過ぎの13時には終わった。しかし、既に記しているように、1日2度の配達と全日労働の導入に伴って、それが午前と午後にかけて仕事をするかたちに変更され、休息時間が削られた。この背景には、生活実態として多くの郵便配達員が午後をアルバイトに時間当てていたことが上げられる。この協約によって現状の固定化が決定されたことに対する危機感があるように受けとれる[89]。さらに、この協約が労働条件の向上につながると評価する「CFDT」もあれば、「CGT」や「FO」は従業員のメンタルの面での難しさだけでなく、「ラ・ポスト」の対応に問題が多いと考えている。以上

---

[84] （1 p. 54）
[85] （1 p. 54）
[86] （8 p. 145）
[87] （23）
[88] （22）
[89] （22）

のように、労働組合間でも意見は分かれているようである。

「この協約に基づく『ラ・ポスト』の事業戦略について、組合としてはどう考えているか」という質問に対し、「本当に実現できるかどうか、各地方本部に委員会を設けて監視している」とのことだった[90]。実はこの協約を批准する前、2016年10月に1人の郵便配達員が自殺する事件があった。その女性は「勤務時間内にランチを家で取った」ことを理由に懲戒になるとの警告を受けて自殺した。さらに2016年2月にも、職員の自殺があった。それ以前の2012年には2件の自殺を含む19件の「ラ・ポスト」の従業員の自殺未遂や自殺があった[91]。フランス国内では、「ラ・ポスト」従業員の相次ぐ自殺がメディアで盛んに採り上げられている。こうした事態を受けて、組合による監視体制の構築といった取り組みも強まっているものと考えられる。

「ラ・ポスト」の展望

フランスの「ラ・ポスト」は万国郵便連合（UPU）が実施した世界の郵便事業者の発展度合いを示す「郵便業務発展総合指数」において、2018年に出された報告書では前回の第2位から5位へとランキングを落としているが、優秀な郵便事業体であることには変わりがない。日本人の視線では、しばしば耳にすることは、「取り扱い方が乱暴だ」、「ちゃんと来ない」、「家にいても戸口に置きっ放しにされる」等々の散々の評判を耳にすることが多くある。また、日本人からの話やインターネット上での「ラ・ポスト」の評判はあまり芳しくはないようである。

これをもって、日本人の表面的な感覚では、「ラ・ポスト」イコール「悪いサービス」と連想してしまうが、実際には大きな青写真の中で、高齢者社会を見据えた時代に合わせたサービスとして、「ラ・ポスト」の持つ資産であるネットワークにIoTをリンクさせた高齢者見守りサービスや生活関連サービスに機会を見出している。これは日々の配達をプラスの方向に捉えているサービスといえる。今までの地域に密着した信頼性はパン屋さんに次いで第2位となっていることから非常に高いといえる。「ラ・ポスト」としては、すでに長期にわたって郵便配達員の仕事の多機能化を考えており、「シルバーエコノミー」の課題に応えることを将来への挑戦と捉えていたが、今ようやくこれら課題を実行に移す時が来たと捉えている。

政府部門が経済活動へ積極的に関与する混合経済では、ユニバーサルサービスを実施している「ラ・ポスト」を「公共サービス」の維持のために、重層的に国や自治体からの財政支援や助成金を行なっている。地方の発展のために利用できる資源は、可能な限り利用しようという「合理的な考え方」も政策の中に色濃くうかがえる。つまり、地方を再生させるのに郵便局という最適な組織があるならば、逆にそれを積極的に利用しない手はないとの政策判断が働いているものと考えられる。

---

[90] [30]
[91] (1 p. 55)

さらに、「UPU」の指標では「ラ・ポスト」の国際戦略も評価されている。「ラ・ポスト」の「ジオポスト」の戦略では、資本参加から始めることにより、相手の事業内容や業績、将来の事業戦略などについて十分に現状を把握し、ラ・ポスト・グループの持続的な成長・発展に寄与すると判断される場合に、相手先企業を完全買収するというモデルが確立している。

このように、「ラ・ポスト」は時代に合わせた事業活動や戦略を打ち出しており、これを政府が支援するすると姿が見とれることが出来る。

引用文献

1. Syndex. *THE ECONOMIC AND SOCIAL CONSEQUENCES OF POSTAL SERVICES LIBERALIZATION*. Brussels : Sydex, 2018.
2. LE GROUPE LA POSTE. LE GROUPE LA POSTE 2017 RESULTS. *LE GROUPE LA POSTE*. [Online] 2 22, 2018. [Cited: 1 6, 2019.]
 https://le-groupe-laposte.cdn.prismic.io/le-groupe-laposte%2F971770ae-318c-4ed3-9ed4-d2fe830648c7_le%2Bgroupe%2Bla%2Bposte%2B-%2Bfy%2B2017.pdf.
3. —. LA POSTE GIVEN GO-AHEAD FROM FRENCH COMPETITION AUTHORITY TO ACQUIRE A MAJORITY STAKE IN ASTEN SANTÉ. *LE GROUPE LA POSTE*. [Online] 6 7, 2017. [Cited: 8 3, 2018.]
 http://pst-prp-legroupe.multimediabs.com/content/download/27337/211145/version/4/file/La + Poste_Acquisition + of + a + stake + in + Asten + Sant%C3%A9 + EN + 0617.pdf.
4. LA POSTE. La Poste renforce son offre avec une prise de participation majoritaire dans le groupe AXEO, acteur des services à la personne. *LA POSTE*. [Online] 10 3, 2016. [Cited: 8 3, 2018.]
 https://www.banquedesterritoires.fr/sites/default/files/ra/Le%20communiqu%C3%A9%20de%20La%20Poste%20sur%20sa%20prise%20de%20participation%20majoritaire%20dans%20Ax%C3%A9o..pdf.
5. French-Property.com. French Bank Savings Accounts. *French-Property.com*. [Online] [Cited: 1 10, 2019.]
 https://www.french-property.com/guides/france/finance-taxation/banking/savings/regulated-savings-accounts.
6. LE GROUPE LA POSTE. The La Poste Network : serving the country. *LE GROUPE LA POSTE*. [Online] [Cited: 1 11, 2019.]
 https://www.groupelaposte.com/en/the-la-poste-network-serving-the-country.
7. —. Digital services. *LE GROUPE LA POSTE*. [Online] [Cited: 1 11, 2019.]
 https://www.groupelaposte.com/en/digital-services.
8. —. LE GROUPE LA POSTE 2017 CSR REPORT. *LE GROUPE LA POSTE*. [Online] [Cited: 1 12, 2019.] https://le-groupe-laposte.cdn.prismic.io/le-groupe-laposte%2F5324a13f-0097-4fc1-9e61-a08f9f572296_exe_rse_lp_gb_180615.pdf.
9. —. Business Report 2017. *LE GROUPE LA POSTE*. [Online] [Cited: 1 12, 2019.]
 http://pst-prod-legroupe.multimediabs.com/content/download/29748/225224/version/1/file/COMPLET_LA_P.
10. Post & Parcel. La Poste announces rate increases. *Post & Parcel*. [Online] 1 23, 2018. [Cited: 1 12, 2019.]
 https://postandparcel.info/97707/news/post/la-poste-announces-rate-increases/.
11. La Banque Postale. 2017 business and corporate social responsibility report. *La Banque Postale*. [Online] 2018. [Cited: 1 12, 2019.]
 https://www.labanquepostale.com/content/dam/groupe/English/corporate-publications/

2017/2017_business-report_LBP.pdf.
12. GeoPost. UNI Global Union signs a global framework agreement with GeoPost. *GeoPost.* [Online] 3 17, 2017. [Cited: 1 6, 2019.]
https://www.geopostgroup.com/en/news/uni-global-union-signs-global-framework-agreement-geopost.
13. UNIVERSAL POSTAL UNION. France Status and structures of postal entities. *UNIVERSAL POSTAL UNION.* [Online] 2018. [Cited: 12 30, 2018.]
http://www.upu.int/fileadmin/documentsFiles/theUpu/statusOfPostalEntities/fraEn.pdf.
14. Dieke, Alex Kalevi, et al. Review of Postal Operator Efficiency . *wiki consult.* [Online] 11 2013. [Cited: 1 14, 2019.]
https://www.ofcom.org.uk/__data/assets/pdf_file/0017/19313/wik.pdf.
15. postnl. European postal markets. *postnl.* [Online] 2018. [Cited: 1 13, 2019.]
https://www.postnl.nl/Images/European-Postal-Markets-An-Overview-2018_tcm10-22110.pdf.
16. ARCEP. Our duties Who we are, what we do and how we do it. *ARCEP.* [Online] 1 4, 2019. [Cited: 1 13, 2019.]
https://www.arcep.fr/en2/arcep/our-duties.html.
17. LA POSTE. MES SERVICES DU QUOTIDIEN. *LAPOSTE.* [Online] 1 10, 2018. [Cited: 8 30, 2018.]
https://www.youtube.com/watch?v=H-d973YIvy0.
18. FO. Bureaux de poste : vers quel service public se dirige-t-on ? . *FO.* [Online] 7 3, 2018. [Cited: 1 14, 2019.]
http://www.fo-communication.fr/bureaux-de-poste-vers-service-public-se-dirige-t-on/#.
19. ゆうちょ財団. XXII フランス共和国. ゆうちょ財団. (オンライン) (引用日: 2019 年 1 月 12 日.)
http://www.yu-cho-f.jp/wp-content/uploads/France-1.pdf.
20. European Union of Private Hospitals. ELSAN, a growing private hospitals group. *European Union of Private Hospitals.* [Online] 9 30, 2018. [Cited: 9 25, 2018.]
http://www.uehp.eu/publications/members-corner/elsan.
21. FELIX, LAURENT and METZ, XAVIER. LIBERTY, EQUALITY, ... RESPONSIBILITY? IOT FOR PEOPLE, A DRIVER OF VALUE CREATION. *Wavestone.* [Online] 5 25, 2018. [Cited: 7 30, 2018.]
https://www.wavestone.com/app/uploads/2018/05/IoT-for-people.pdf.
22. REVOLUTION PERMANENTE . La Poste : FO signe l'accord sur les conditions de travail des facteurs. *REVOLUTION PERMANENTE .* [Online] 2 1, 2017. [Cited: 1 16, 2019.]
http://www.revolutionpermanente.fr/La-Poste-FO-signe-l-accord-sur-les-conditions-de-travail-des-facteurs.
23. FO-COM. Un accord, grâce à la signature de FO. *FO-COM.* [Online] 2 1, 2017. [Cited: 1 17, 2019.]
http://www.focom-laposte.fr/accord-grace-a-signature-de-fo-2/.
24. LE GROUPE LAPOSTE. Bruno Le Maire, French Minister of the Economy and Finance, and Philippe Wahl, CEO of Le Groupe La Poste, today signed a Public Service Agreement between the State and La Poste for 2018-2022 at the greetings' ceremony for postal employees. *LE GROUPE LAPOSTE.* [Online] 1 16, 2018. [Cited: 1 30, 2019.]
https://le-groupe-laposte.cdn.prismic.io/le-groupe-laposte%2Fa3bd90ee-e027-4bb6-a881-cb628e67f1ba_cpcontrat%2Bd%27entreprise_en%2Bvdef%2B22012018.pdf.
25. 総務省. 諸外国における郵政事業の現状 III フランスにおける状況. 首相官邸ホームページ. (オンライン) 2002 年 10 月 23 日. (引用日: 2019 年 1 月 30 日.)
https://www.kantei.go.jp/jp/singi/yusei/dai10/10siryou_s-1-3.pdf.
26. Le Monde. L'Etat invite La Poste à faire mieux avec moins. Le Monde. [Online] 11 16, 2017. [Cited: 2 1, 2019.]
https://www.lemonde.fr/economie/article/2017/11/16/l-etat-fixe-a-la-poste-une-feuille-

de-route-a-minima-pour-ses-missions-de-service-public_5215557_3234.html.
27. LE GROUPE LA POSTE. REGISTRATION DOCUMENT 2016. *LE GROUPE LA POSTE.* [Online] 2017. [Cited: 1 9, 2019.] https://docplayer.net/51127193-Registration-document-2016.html.
28. ラ・ポスト　郵便・小包部人事部長. フランス郵便調査. (インタビュー対象者) JP 総研. パリ, 2018 年 3 月 8 日.
29. 首長、FO 労組. フランス郵便調査. (インタビュー対象者) JP 総研. 2018 年 3 月 8 日.
30. FO 労組. フランス郵便調査. (インタビュー対象者) JP 総研. パリ, 2018 年 3 月 8 日.
31. Lions, François. Price regulation in the context of volume decline. *15th Königswinter Seminar on Postal Economics Postal regulation and delivery markets in transition.* [Online] 2 9-11, 2015. [Cited: 2 1, 2019.] https://www.wik.org/fileadmin/Konferenzbeitraege/2015/15th_Koenigswinter_Seminar/S2_3_Lions.pdf#search='ARCEP%2C + universal + service + fund%2C + la + poste'.
32. LE GROUPE LA POSTE. REGISTRATION DOCUMENT 2015. *LE GROUPE LA POSTE.* [Online] 2016. [Cited: 1 8, 2019.] https://www.ipc.be/about-ipc/reports-library/member-reports/le_groupe_la_poste_2015_ar.
33. —. REGISTRATION DOCUMENT 2017. *Le Groupe La Poste.* [Online] 2 22, 2018. [Cited: 9 30, 2018.] https://le-groupe-laposte.cdn.prismic.io/le-groupe-laposte%2Fd3941181-609b-4e8d-b399-09b8f2ab03c8_le%2Bgroupe%2Bla%2Bposte%2B2017%2Bregistration%2Bdocument.pdf.

第 10 章　ノルウェー

ポステンノルゲ：EU に翻弄される郵便事業

ノルウェーの郵便事業と制度改革

　ノルウェーはスカンジナビア半島の西側に位置する王国である。その面積は日本と同じサイズの 38.6 万キロ平方メートルである。人口は約 530 万人で人口密度は 1 平方キロメートル当たり 17 人で、人口の大半は南部の首都オスローやベルゲンに集中している。EU への加盟の動きはあったが実現はしていない。ノルウェーは EU 非加盟国であるものの、EFTA（欧州自由貿易連合）と EEA（欧州経済領域）には加盟・参加している。

　ノルウェーの郵便事業は 1647 年に、当時のデンマーク及びノルウェー国王クリスチャン 4 世に任命されたハンニバル・ノルウェー総督の提唱により開始された。郵便事業は民間が行なうこととされていたが、1719 年には国による運営となった。1888 年には「郵便法」に伴い国による完全な独占事業となる。

　1990 年代には世界的な規制緩和・自由化の流れを受けて、1997 年に企業化された。さらに 2002 年には、政府全額出資の株式会社「ポステンノルゲ」と組織改変された。

　郵便貯金事業については、「ノルウェー郵便貯蓄法」が成立した 1948 年にスタートしている。その後、1995 年に郵便貯金事業は、政府全額出資の「郵便貯金公社」となり、さらに 1999 年には当時ノルウェーで最大級の規模であった「デン・ノルスケ銀行」と企業統合を行い、2003 年には銀行・保険会社の「Gjensidige NOR」と一緒になり「DnB NOR ASA」となった。2011 年以降は企業名を「DNB ASA」と改め現在にいたる。

　EU 非加盟国のノルウェーにおいても EU 郵便指令を国内法に適用している。「第 3 次 EU 郵便指令」の受け入れに際しては、ノルウェーの郵便市場の一層の規制緩和を求めており、それによって、「ポステンノルゲ」が 50 グラムまでの独占を放棄しなければならなくなり、競争に晒されて企業経営が悪化し、地方部の市民生活にも影響があるとして「草の根運動」が展開された。その結果、2011 年にノルウェーの中道左派政権は「第 3 次 EU 郵便指令」を受け入れない決定を下したのである[1]。

　だが、2013 年の国政選挙でノルウェーでは 8 年ぶりに中道右派などの野党連合が過半数を獲得し、中道左派政権から 8 年ぶりの政権交代となった。EU 側からも EU 郵便指令の受け入れについての圧力がかかり[2]、これを受けて 2015 年 9 月、ノルウェーの郵

[1] (14)

便市場の完全自由化をベースとする「郵便法」が成立し、翌 2016 年 1 月 1 日に施行された[3]。なお、この郵便法の成立に先立っては、ノルウェーの郵便労組の「ポストコム」が「郵便サービス市場を自由化しても、EU 諸国では郵便サービスの改善等が実現していない」と反対を行なっている。

2 つの規制体（「ノルウェー通信庁」と「運輸・通信省」）と「商業・産業・漁業省」

「運輸・通信省」は「ポステンノルゲ」の規制体として、ユニバーサルサービスが機能し、市場で歪められない競争が実現されるように法整備を行う。「ノルウェー通信庁」（N コム）は「運輸・通信省」の中にあって、同省が定めた規則にユニバーサルサービス事業者の「ポステンノルゲ」が従っているかをチェックする[4]。「運輸・通信省」は特定の地域で土曜日に新聞配達を行なう事業者に免許を与えている。例えば、「Easy2You」（Logistikk og Transport AS）に対しては 2018 年 11 月 10 日に免許が与えられた[5]。なお、2017 年 1 月 1 日から商業・産業・漁業省が「ポステンノルゲ」の唯一の株主である[6]。

「ポステンノルゲ」の概要

「ポステンノルゲ」は、スカンジナビア半島をベースとして活動する企業で、グローバルにも展開する。同社は前出の通り「郵便事業」、「E コマース＆ロジスティクス事業」、「国際物流事業」、「エクスプレス事業」という 4 つの事業部に加えて、コーポレートスタッフ部門と共通部門から構成されている。直接・間接支配の企業を含めて約 100 社からなるグループを形成する[7]。「ポステンノルゲ」はノルウェー本国のほかに、スウェーデン・デンマーク・フィンランド・スロバキア・ベルギー・オランダ・英国・フランス・ドイツ・ギリシャ・イタリアの 13 カ国で、欧州外ではホンコンに拠点がある。計 14 の国と地域でビジネスを行なっている（図 1）。

「ポステンノルゲ」のユニバーサルサービス義務は重量が 2 kg までの宛名郵便の配達、2 kg までの新聞や雑誌、及び 20 kg までの軽貨物である。配達についてはパートナー企業が行なっている場合にもある。

同社ではブランドを「個人向けサービス」と「法人向けサービス」で使い分けており、ノルウェー国内の個人向けサービスについては「ポステンノルゲ」、北欧地域向けサービスは「ブリング」というブランド名を用いて事業を展開している（図 2）。なお、「ポステンノルゲ」のスウェーデン子会社である「ブリング シティメール」は 2018 年

---
[2] (15)
[3] (16)
[4] (1)
[5] (2)
[6] (8 p. 72)
[7] (11 p. 130)

図1 グループの主な活動地域　　　図2 「ポステンノルゲ」ブランド

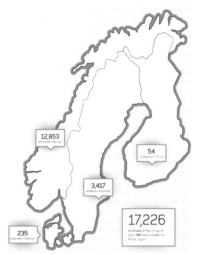

	ブランド名	地域
posten	「ポステンノルゲ」	ノルウェー国内サービス
bring	「ブリング」	北欧地域向けサービス

出典：ノルウェー　2017年次報告書

出典：WE MAKE EVERYDAY LIFE SIMPLER AND THE WORLD SMALLER　SUSTAINABILITY REPORT2017

3月にドイツの投資ファンドの「アレグラ」に売却された[8]。

「ポステンノルゲ」は240万の配達箇所に配達している。そのネットワークは2017年度末で1,320の店舗内郵便局（PiB）、30の郵便局、21のビジネスセンターを含む約3,000の配達アウトレットと約1,460の移動郵便局で構成されている[9]。

1. 郵便事業部：

郵便（宛名郵便と無宛名郵便）、金融サービスやダイアログサービスが中心である。郵便事業部はノルウェーの伝統的な郵便サービスを実施している。「ポステンノルゲ」ではセールス・カスタマーサービス、店舗内郵便局（PiB）、郵便局、地方移動郵便局、郵便ビジネスセンターにおいてサービスを提供している。さらに、「デジポスト」やネットライフグループを通してデジタルサービスやダイアログサービスの分野でグループを牽引している[10]。

2. Eコマース＆ロジスティクス事業部

ロジスティクスは、北欧地域でのEコマース利用者向けの小包の取扱いと混載輸送などを実施している。北欧市場でのセールスやカスタマーサービスも行なう[11]。

---

[8]　(9 p. 12)
[9]　(11 p. 17)
[10]　(11 p. 7)
[11]　(11 p. 7)

3. 国際ロジスティクス事業部

国内や国際間の物品で自動車、船舶、鉄道、航空機による輸送が実施されている。特定の産業と利用者セグメントに対して特別のソリューションを提供している[12]。

4. エクスプレス事業部

この事業部においては大口のB2C利用者のからの要望に対応する[13]。

「ポステンノルゲ」コーポレートガバナンス

エグゼクティブチームは1名のCEOと8名の副執行役の9名からの構成である。このチームはグループ戦略・目標・経営成績のフォローアップ・主な投資・料金政策等に関する事項を取り扱い決定する。副執行役の8名は事業部やコーポレートスタッフ部門等の責任者である（図3）[14]。

デジタル化に伴って2000年以降郵便物の取扱量が60％も減少している。2017年度には各世帯は平均的として3.9通/週の郵便物を受けとっているに過ぎない。2019年には各世帯は3通/週となり、5年以内には2通/週までに落ち込むと想定されている。一方、小包についてはEコマースの発展に伴い1世帯当たり年間で約7個の小包が配達されており、今後さらなる拡大が見込まれる。

図3　「ポステンノルゲ」コーポレートガバナンス

出典：ノルウェー　2017年次報告書

---

[12] (11 p. 7)
[13] (11 p. 7)
[14] (11 p. 6)

宛名郵便については2017年には10.1%の減少があった。主な理由として金融機関からの27%の減少と公的部門からの25%の減少が大きかった。無宛名郵便物については大口利用者による利用によって6.2%の増加が見られた[15]。

政府への株式配当についてはグループの税引後の利益の50%を割り当てることになるが、グループ企業活動に伴うリスクなどを考慮して配当額が決定されることになる[16]。

従業員の概要

「ポステンノルゲ」のオペレーションは労働集約型である。グループ全体では約16,000人の従業員である。安全衛生環境がグループでの最優先事項となっており、業務によっていかなる従業員もケガや病気にならないように努めている[17]。

2017年末において、「ポステンノルゲ」では世界で15,631人正規雇用と1,595人非正規雇用の従業員がおりトータルで17,226人が在籍している。そのうち667人は北欧地域以外での職員となっている。最大の従業員数はノルウェーの79.3%、次にスウェーデンの15.6%、スロバキアの2.1%と続く。正規雇用の2016-2017年の1年間で8%の減少となっており、最大の減少は本国のノルウェーである。この理由は土曜日配達の削減及び「Aプライオリティー」翌日配達の速達と、「Bエコノミー」原則3日以内に送達される通常郵便の一本化によるものであるとしている[18]。

2017年末には「ポステンノルゲ」グループには16,286人（8時間換算）がおり、2016年との比較で1,058人（8時間換算）の削減となっている。トータルで582人（8時間換算）が郵便において減少している。これは主に郵便の土曜日配達の廃止と2018年1月1日からの郵便種別の統合によるものであるとしている。物流事業では440人（8時間換算）が削減されている。これはノルウェー国外の事業の売却によるものである[19]。

「ポステンノルゲ」の従業員の労働条件は団体協約をベースとしており、給与水準は類似する産業と同程度である[20]。なお、北欧諸国では全国一律の最低賃金制度は存在しない。そして、賃金水準と初任給は労使間の交渉によって決定されている。「ポステンノルゲ」グループの従業員の96.1%は正規雇用と非正規雇用として北欧諸国で雇用されている。そして、正規雇用者の96.1%は1つないしそれ以上の団体協約でカバーされている。管理職でない従業員は同じ賃金であるといえる（図4)[21]。

経営側と労働組合と安全衛生による三者会議が定期的に会社のあらゆるレベルにおいて実施されている。「ポステンノルゲ」の正規雇用者と非正規雇用者の96.1%は安全衛

---

[15] (11 pp. 10, 16-17)
[16] (11 p. 30)
[17] (11 p. 29)
[18] (3 p. 21)
[19] (11 p. 22)
[20] (5 p. 2)
[21] (3 p. 23)

図4 グループの従業員数（国と地域別）

国と地域	正規雇用		非正規雇用		トータル
	男性	女性	男性	女性	
ノルウェー	8,089	4,301	329	134	12,853
スウェーデン	1,709	731	657	320	3,417
ギリシャ	8	7	0	0	15
オランダ	34	10	7	3	54
ベルギー	3	1	0	0	4
英国	47	20	0	0	67
デンマーク	164	66	4	1	235
ホンコン	1	2	0	0	3
イタリア	2	1	0	0	3
ロシア	0	4	0	1	5
フランス	32	11	5	1	49
フィンランド	32	20	1	1	54
ドイツ	3	1	0	0	4
スロバキア	304	28	126	5	463
トータル	10,428	5,203	1,129	466	17,226

出典：WE MAKE EVERYDAY LIFE SIMPLER AND THE WORLD SMALLER SUSTAINABILITY REPORT2017

生委員会の対象分野での業務に従事する。この委員会は安全衛生を向上させるために助言等を行なっている[22]。

「ポステンノルゲ」の経営指標

　「ポステンノルゲ」の2017年度の営業収益は246億7,800万ノルウェークローネ（NOK）であり、2016年度との比較では0.4％の減少となっている。2017年度の本業の成長率は0.7％であり、これは小包・宅配・国際輸送の成長によるものである。調整営業利益（EBITE）は7億300万NOKであり、2016年度からは5,800万NOKの成長であった。郵便とロジスティクス分野の収益は改善している。営業利益（EBIT）は6億9,200万NOKである。5億1,400NOKのアップであった。2017年度の減損と他の営業費用は200万NOKであり、2016年度からは4億8,000万NOKの改善があった。2017年度の税引前利益は6億2,100万NOKとなった。2016年度からは3億9,100万の向上であった。2017年度の投下資本利益率は9.8％であって、前年度から0.8％のアップとなった。「ポステンノルゲ」の2017年度の業績は上向いている（図5）[23]。

　事業別の収入については、郵便が約40％でロジスティクスが約60％の比率となって

---

[22] (3 p.14)
[23] (11 p.15)

図5 「ポステンノルゲ」経営成績の推移

単位：NK	2017年	2016年	2015年	2014年	2013年	2012年
営業収益	246億7,800万	247億7,200万	250億7,400万	244億400万	235億5,700万	229億2,500万
調整営業利益（EBITE）	7億300万	6億4,500万	6億8,600万	9億3,300万	112億2,500万	111億1,600万
調整営業利益率（EBITE）	2.8%	2.8%	2.8%	2.8%	2.8%	2.8%
営業利益（EBIT）	6億9,200万	1億7,800万	2億3,900万	8億4,400万	6億4,100万	6億3,200万
税引前利益	6億2,100万	2億3,000万	1億5,100万	7億2,000万	9億5,600万	16億3,800万
投下資本利益率(ROIC)	9.8%	9.0%	9.9%	13.9%	17.5%	18.3%
営業活動によるキャッシュフロー	5億9,200万	9億4,500万	12億1,300万	11億7,500万	13億2,400万	9億600万
株式	63億7,500万	59億1,200万	59億2,600万	62億500万	60億8,100万	57億300万
総資産	169億6,200万	152億9,900万	160億9,700万	163億7,700万	156億7,400万	152億2,700万
外国子会社からの収入	94億9,500万	96億6,200万	96億2,300万	60億8,100万	77億1,700万	69億1,100万
自己資本利益率	6.3%	0.7%	-1.0%	7.3%	8.7%	7.1%
自己資本比率	37.6%	38.6%	36.8%	37.9%	38.8%	37.5%
自己資本比率	0.0%	0.1	0.0	0.2	0.2	0.2
負債比率	0	0.1	0.0	0.2	0.2	0.2

出典：「ポステンノルゲ」2017年次報告書

いる（図6）。地域別の収入については、本国のノルウェーと国外での収入の比率では2016年度と2017年度とも約60％と40％となっており、本国での収益の割合が大きなことが分かる（図7)[24]。

---

[24] (11 p.68)

図6　事業別経営成績

2017年	郵便	ロジスティクス	その他	消去	グループ
外部収益	89億5,200万	157億2,600万			246億7,800万
内部収益	7億4,200万	8億700万	12億9,500万	-28億4,400万	
収益合計	96億9,400万	165億3,300万	12億9,500万	-28億4,400万	246億7,800万
減価償却を含む外部費用	75億4,200万	149億1,600万	15億1,700万		239億7,500万
内部費用	13億900万	14億8,900万	4,700万	28億4,400万	
無形固定資産と有形固定資産の減損	100万	5,500万	200万		5,900万
営業費用	88億5,200万	164億6,000万	15億6,600万	-28億4,400万	240億3,400万
その他収益（費用）	-500万	8,000万	-1,800万		5,700万
関連会社及び合弁企業からの株式配当	-1,800万	800万			900万
営業利益（損失）	8億1,900万	1億6,200万	-2億9,000万		6億9,200万
純金融収支					-7,100万
税金					-2億3,300万
当該年度の利益					3億8,800万

出典：「ポステンノルゲ」　2017年次報告書

図7　地域別情報

2017年	2017年	2016年
外部収益		
ノルウェー	151億8,300万	148億1,000万
その他の国	94億9,500万	99億6,200万
収益総額	246億7,800万	247億7,200万
資産		
ノルウェー	152億3,100万	127億9,300万
その他の国	17億3,100万	25億600万
資産総額	169億6,200万	152億9,900万
報告期間中の投資		
ノルウェー	8億4,500万	11億3,800万
その他の国	1億1,200万	1億500万
投資総額	9億5,900万	12億4,300万

出典：「ポステンノルゲ」　2017年次報告書

郵便サービスレベル

　2016年1月に国内の郵便市場が完全に自由化されたことに伴い、「ポステンノルゲ」では徹底したコストの削減・合理化だけでなく、新たな顧客の開拓、さらに、カスタマーニーズに対応したサービスへと採り入れた会社とするべく、様々な取り組みを積極的に行っている。

1. 郵便局ネットワークのフランチャイズ化

　北欧諸国全体の特徴として、ノルウェーでも郵便局長の職は2000年代初めに無くなった。直営局はマネージャーによって管理運営され、店舗内郵便局（PiB）と呼ばれる郵便局がチェーンストア等内にある。2017年末現在で直営局は30局、PiBは1,320局である。このほか直営の「郵便局」や委託のPiBがない地域については、約1,460の移動郵便局がサービスを提供している[25]。そこでは郵便サービスのほか、政府からの補助を受けた金融サービスも提供している。直営局のコストはPiBの1.7倍高いといわれている。基本的なユニバーサルサービス義務に含まれるサービス提供はすべての局で可能であり、そして直営局では本や文具の販売も行っている。窓口業務は基本的に受託者であるその店の従業員が行う。DNB銀行の金融サービスも委託されている。PiBは公募で決まり、ローカルのPiBの運営権が付与される。報酬は年間に行われた売買数と交渉によって決まるようである[26]。

2. 郵便市場の完全自由化とサービスレベルの見直し

　「ポステンノルゲ」における郵便取扱物数のピークは1999年で、これ以降は社会経済的な変化やデジタル化や自由化などの影響により減少傾向にある。2017年度には前年度比で13％の減少があった。郵便種別の統合に伴い、郵便処理区分ターミナル数は集中処理の導入により3箇所へと削減される[27]。

　郵便の配達頻度については、2016年1月の法改正によってそれまで「週6日配達」だったものが、「週5日配達」と定められた。同年より土曜日の配達を中止している[28]。無宛名郵便の配達頻度については、月曜日から木曜日までとしており、繁忙期でない7月の配達日数は削減されるようである[29]。

　USO（ユニバーサルサービス業務）のあり方について、ノルウェーの「運輸・通信省」から委託を受けたコペンハーゲンエコノミクスが、2007年12月に次のような結論を導き出した。これを受けて同省はUSOの要件として隔日の配達を提案した[30]。

---

[25] (11 p. 17)
[26] [10]
[27] (11 p. 18)
[28] (22)
[29] [17 p. 5]
[30] (18)

(1) 「ポステンノルゲ」は法令に定められている週5日配達ではなく隔日配達が商業的に最も相応しいこと、
(2) 週5日配達から隔日への配達頻度の削減は2018年〜2025年の間で年間に4億4,000万NOKから6億5,000万NOKのUSOネットコストの削減の可能性があること、
(3) 同時に、隔日配達への配達頻度の削減には極端なインパクトの可能性をないこと、
(4) 一層の配達頻度の削減はコスト削減となるが利用者を代替のソリューションへ走らせるマイナスの影響の示唆している。

3. 郵便種別の統合

　2017年12月末まではノルウェーの郵便には「Aプライオリティー」と呼ばれる翌日配達の優先取扱郵便と、「Bエコノミー」と呼ばれる原則3日以内に送達される非優先取扱郵便のサービスが提供されていた。ちなみに、そのサービス品質は、各四半期に「Aプライオリティー」の85％が翌日に配達されなければならないと定められており、2017年の第3四半期まではその85.4％が翌日に配達されていたが、同年の第4四半期には定められた免許の要件（期間内に85％が配達されなければならない[31]）を満たすことが出来なかった。

　この郵便の取り扱いについて、2018年1月にこれら2種類の郵便種別は「メール」の1種類に統合され、すべての郵便物の送達日数は翌々日とすることが決定された[32]。これは既に2018年1月1日から実施されている。

　「ポステンノルゲ」では翌日配達郵便サービスの撤廃によって、それまでは航空輸送に依存していたが地上輸送に切り替わったことで費用と二酸化炭素の排出量の削減につながり、これによって、全国の住民にクォリティが高く競争力のある郵便サービスの提供が可能としている。

　また、欧州諸国では郵便物減少に見舞われ、デンマークでは既に配達日数の大幅な削減を行なっている。「ポステンノルゲ」のトーネ・ヴィレCEOは「一週間に一世帯当たりに配達される郵便物は3通までに減少している。毎日配達する合理性がない」とし、「そのために、議会での議論を望む」と語っている[33]。「ポステンノルゲ」も配達日数の削減を検討しているが、それについては法的な規制の変更が求められており、郵便事業の将来の採算性を確保する上で、法的な柔軟性が必要であるとしている[34]。

---

[31] (11 p.199)
[32] (11 p.17)
[33] (13)
[34] (3 p.70)

4. 政府補填

「ポステンノルゲ」は政府からUSOのネットコストについて定期的に補填を受けている欧州でも数少ない事業体である。ノルウェーのこのメカニズムは「郵便と銀行サービスの補填」と呼ばれている[35]。「ポステンノルゲ」に対しては、同社に義務として課している不採算の郵便ユニバーサルサービスを提供するのに必要な費用については、政府がこれの一部を負担している。

2018年1月に「運輸・通信省」は現行の週5日配達を隔日配達へと促す諮問書を提出している。2020年1月からの実施することで、政府予算の5億NOKを節約につながるとしている。もしこれが実行されない場合には2025年に政府の援助が10億NOKに上るのではないかと指摘している[36]。

デジタルサービス

「ポステンノルゲ」は2011年から「デジポスト」と呼ばれるデジタルサービスをスタートしている。これはセキュリティの高いインフラを用いて、オンライン上にメールボックスを設置するビジネスであり、請求書の支払い、資格証明書、契約書、税務書類などの重要書類をオンライン上で作成したデジタルメールボックスで受け取りやそのアップロードを可能とするサービスである。ノルウェーの350以上の自治体はこのデジポストにリンクされている。国内にある複数の銀行や保険会社や医療機関はノデジタルメールソリューションをすでに活用している。例えば、DNB, Sbanken, KLP, Gjensidige Bank等がデジタルバンキングでデジポストにリンク、約4,000の企業が利用している。さらに、全ての公的機関はデジタルメールを利用することが義務付けられている[37]。15歳以上の住民はデジポストに登録が可能[38]。2017年度には85％の増加があり、これは新たな利用者増によるものとしている。登録利用者数は2017年には19％増の161万4,000人となった[39]。1GBまでの利用については無料であり、その以上の利用についてはGBのサイズに応じて月当たりの利用額が5GBの29NK～25GBの99NKまで幅がある[40]。

ポストバンケン（ポストバンク）

ノルウェーでは現在も郵便局において金融サービスが取り扱われており、「『ポステンノルゲ』のネットワークを通じた銀行サービスに関する法律」に基づき、郵便局ネットワークを活用した銀行サービスの提供を法律で義務づけている。「ポストバンケン」のブランドで金融サービスが直営の郵便局ならびに委託の店舗で「DNB銀行」との契約

---

[35] (6 p. 15)
[36] (11 p. 200)
[37] (20)
[38] (19)
[39] (11 p. 17)
[40] (19)

図8 DNB 銀行からの「ポステンノルゲ」の取扱手数料

	2011年	2012年	2013年	2014年	2015年	2016年	2017年
手数料収入	1億6,700万	1億3,800万	1億4,300万	2億3,100万	1億7,400万	1億9,800万	2億400万

出典：DNB 銀行の年次報告書から筆者作成

を通して提供されている。

「ポステンノルゲ」に義務として課された金融ユニバーサルサービスは、2012年に「地方部の郵便局および店舗内郵便局がない地域」のみに限定されていた。しかし同社は対象地域外の地域の郵便局や PiB を通して銀行サービスを取り扱っている。なお、「ポステンノルゲ」が実施する上記のサービスは政府が補填スキームによって負担している。

「ポステンノルゲ」が取り扱うサービスについては、各種請求書の支払い受付、口座開設、現金の預入・引出、郵便為替業務などである。また、2013年に更新された「ポステンノルゲ」と DNB 銀行との現行の契約は 2019年12月末まで継続されることとなっており[41]、2011年に同銀行から「ポステンノルゲ」に対して支払われた取扱手数料は 1億6,700万 NOK、2017年は 2億400万 NOK であった（図8）。

ただし、2011年の「運輸・通信省」のリポートによると、ノルウェーにおいても、電子的な代替手段の発達に伴って「郵便局ネットワークを通じた金融サービスの提供義務」について、その破棄を含めて部分的ないしは全面的に見直しを提言している[42]。

物流企業への変革と今後の課題

ノルウェーにおいても郵便物の取扱量の減少がとまらない。2000年以降で半分以上の減少となっている。そして、2025年までの今後数年間で、さらに現在の半分にまで減ることが想定されている。2008年以降を見てみると、2008年に 25億9,800万通あった郵便物は、2017年には 18億200万通にまで減少した。取扱物数は減少しているが固定費は変わらない現状がある。E コマース関連の小包などは大きく成長しており、2008年に 350億2,300万であった荷物の取扱個数は 2017年には 443億6,800万個まで上昇した[43]。この間に郵便物では若干の取扱量の持ち直しが、小包では減少が見られるが一貫して郵便物の減少傾向と小包の増加傾向は一定している（図9、図10）。この結果、図6を参考にすると、2017年度では「ポステンノルゲ」の収入のうち、郵便事業が占める割合は 40%前後にとどまる一方、残りの 60%前後はロジスティクス関連からの事業収入で占められている。なお、金融サービスに係る収入は郵便事業セグメントの中に含まれる[44]。

---

[41] (11 p. 200)
[42] (12 p. 6)
[43] (21)
[44] (11 p. 62)

図9　郵便と小包の取扱量の推移（1）

	小包	郵便
2008 年	350 億 2,300 万	25 億 9,800 万
2009 年	348 億 5,300 万	22 億 8,400 万
2010 年	366 億 3,600 万	22 億 8,900 万
2011 年	387 億	23 億 3,600 万
2012 年	373 億	22 億 1,800 万
2013 年	378 億	20 億 6,800 万
2014 年	396 億	20 億 1,800 万
2015 年	425 億 1,200 万	19 億 100 万
2016 年	449 億 6,600 万	18 億 800 万
2017 年	443 億 6,800 万	18 億 200 万

出典：https://www.postennorge.no/en/financial-and-sustainability-report-2017

図10　郵便と小包の取扱量の推移（2）

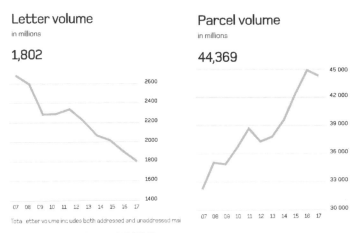

出典：ポステンノルゲ　2017 年次報告書

　実際、同社では 2002 年の株式会社化以降、国内外の物流・ロジスティクス企業の買収を次々と進めた。2002 年スウェーデンの郵便会社シティメールを買収、2006 年には同社を完全買収した。時代と外部環境の変化を踏まえた「戦略的経営」を積極的に展開している。
　過去数年にわたって、「ポステンノルゲ」は物流センターに多額の投資を実施、それにそって物流センターの総数も稼働率の向上のためと、効率化のために削減されている。新たな物流センターが首都オスロー、ノルウェー第 3 の都市トロンハイム、北極圏

に位置するナルヴィクに 2017 年にオープンしている。2018 年にはイエテボリとストッケに開設となる。ベルゲン、スタヴァンゲル、コペンハーゲンでの物流センターの開設が計画段階にある。郵便物の減少と郵便種別の統合による翌々日配達によって、郵便処理センターの統廃合と拠点の削減につながるようである[45]。

小包と商品を対象とした区分施設数は 40 超から 18 までに削減されている。2017 年末にはそのうちの 13 ターミナルは E コマース向けである[46]。小包と商品を同じターミナルで処理することは配達する上で効率的に優れていることは明らかである。

以上のことから、「ポステンノルゲ」はオペレーション分野で効率性をはかり、郵便事業から、成長・発展分野である物流分野への切り替えを推進している。

労働組合の視点

労働組合のポストコムのオッド委員長は、デジタル化の影響によって郵便物の減少に歯止めがかからない状況がある、それによって、従業員も大きなインパクトを受けた。組合員数も過去 3 万人を誇ったが今は 1 万人に減少した。今までと同じ考え方では変化する時代に対応できないと考えており、「組合員とよく話し合い、不満が出ないように、納得する形で『ポステンノルゲ』を郵便物流からロジスティクスを中心する事業への組織変革に協力したい」としていた。一方で、「ポストコム」は組合と会社が一体となって、変革に無理のスピード感で、働きやすい職場でフルタイム雇用を維持すると語っている[47]。

これまでにも、郵便物数の減り方を予測し中長期的な展望に立って適切な方針を出してきた。これからも同様な見地で、「ユニバーサルサービス義務をどのような形で維持するのか。サービスレベルを引き下げるのか、政府への配当金を引き下げるのか、等について」考えていく必要性があることを述べたことは印象的であった。

「ポステンノルゲ」の展望

デジタル化の波は例外なくノルウェーにも及んでいる。その影響として郵便の取扱物数の減少とデジタル化のプラスの側面である E コマース物流の増加が上げられる。ノルウェーの郵便事業体である「ポストノルド」は積極的にこれに対応している。コスト削減のために直営郵便局の委託店化を進め、直営局は 30 程度までに減少している。2018 年 1 月 1 日からは優先扱い郵便と非優先扱い郵便との統合を実施した。これによって利用者には送達日数が翌々日配達へとサービスレベルが引き下げられたが、会社側にはコスト効果をもたらしている。国外については 2002 年にスウェーデンの「シティメール」を買収した。しかし、このスウェーデンの事業については 2018 年に撤退

---

[45] (3 p. 53)
[46] (11 p. 15)
[47] [10]

をした。

このように、「ポストノルゲ」では、小さな市場である国内から北欧全域を国内市場と見なし、また、郵便事業から物流分野へと転換をはかっている。取扱物数の減少は必然的に郵便事業からの縮小・撤退へと進むのであろう。郵便物流とロジスティクスは運ぶ種類が異なる。ロジスティクスでは郵便と異なり施設も大規模となる。物流・ロジスティクス事業には将来性があるが、物流分野には競合する企業が多く参入している。どのようにユニバーサルサービスを維持するのか。北欧の経験は日本での前触れであると考えると学ぶことは多い。

集中処理施設

ノルウェー郵便ポスト

引用文献

1. Norwegian Communications Authority. About the Norwegian Communications Authority (Nkom). *Norwegian Communications Authority*. [Online] 10 5, 2018. [Cited: 11 15, 2018.] https://eng.nkom.no/about.
2. —. Information about Postal regulations. *Norwegian Communications Authority*. [Online] 10 5, 2018. [Cited: 11 15, 2018.] https://eng.nkom.no/market/postal-services/postal-regulation/information-about-the-postal-regulations.
3. Posten Norge. SUSTAINABILITY REPORT2017:WE MAKE EVERYDAY LIFE SIMPLER AND THE WORLD SMALLER. *Posten Norge*. [Online] 3 16, 2018. [Cited: 11 16, 2018.] https://www.postennorge.no/en/report-archive/_/attachment/inline/895e9627-01ef-4858-9541-3a0aaaa5f5ce:41a568ae3f817dead99738abb3f0c47381e5b898/SustainabilityReport2017.pdf.
4. —. Posten Norge annual report and sustainability report 2015. *Posten Norge*. [Online] [Cited: 11 21, 2018.] http://www.postennorge.com/annual-report-2015/.

5. UNIVERSAL POSTAL UNION. Status and structures of postal entities Norway. *UNIVERSAL POSTAL UNION.* [Online] [Cited: 11 17, 2018.] http://www.upu.int/fileadmin/documentsFiles/theUpu/statusOfPostalEntities/norEn.pdf.
6. Boivie, Anna Möller, et al. Effects of Changing the USO in Norway. *Copenhagen Economics.* [Online] 12 19, 2017. [Cited: 11 21, 2018.] https://www.copenhageneconomics.com/dyn/resources/Publication/publicationPDF/0/420/1515667878/effects-of-changing-the-uso-in-norway_final-report_sladdet-versjon.pdf.
7. Posten Norge. Annual and sustainability report 2014. *Posten Norge.* [Online] [Cited: 11 21, 2018.] http://www.postennorge.com/annual-report-2014/.
8. Regjeringen.no. Statens eierberetning 2017. *Regjeringen.no.* [Online] 6 12, 2018. [Cited: 11 19, 2018.] https://www.regjeringen.no/contentassets/fdcde06c8da8492a8170a61519ff5edc/eierberetning_2017_uu_ny_korrigert.pdf.
9. Posten Noge. Quarterly Report: 1st Quarter 2018 . *Posten Noge.* [Online] 2018. [Cited: 2 4, 2019.] https://www.postennorge.no/en/search?q=1st+Quarter+2018.
10. ポステンノルゲの労使関係者. 北欧郵便調査. 2017 年 12 月 7-8 日.
11. Posten Norge. FINANCIAL REPORT2017:WE MAKE EVERYDAY LIFE SIMPLER AND THE WORLD SMALLER. *Posten Norge.* [Online] 3 16, 2018. [Cited: 11 15, 2018.] https://www.postennorge.no/en/report-archive/_/attachment/inline/7f500fde-8d2b-4bc9-88dc-7bdfe3505634:1cb394c963065a3c3c5985c48473ddbad9e44275/FinancialReport2017.pdf.
12. Nielsen, PhD Claus Kastberg. BANK SERVICES IN THE POSTAL NETWORK. *FINAL REPORT FOR THE NORWEGIAN MINISTRY OF TRANSPORT AND COMMUNICATIONS.* [Online] 1 25, 2011. [Cited: 2 6, 2019.] https://www.regjeringen.no/globalassets/upload/sd/vedlegg/post/rapport_bankplikt_copenhagen_economics.pdf.
13. postbranche.de. Posten Norge: Strong decline in mail volumes drives need for restructuring. *postbranche.de.* [Online] 10 26, 2018. [Cited: 2 6, 2019.] https://www.postbranche.de/2018/10/26/posten-norge-strong-decline-in-mail-volumes-drives-need-for-restructuring/.
14. News in English . no. Historic 'no' to an EU directive. *News in English.no.* [Online] 5 23, 2011. [Cited: 2 4, 2019.] https://www.newsinenglish.no/2011/05/23/historic-no-to-an-eu-directive/.
15. Full Fact . EU facts behind the claims: Norway. *FULL FACT.* [Online] 4 26, 2016. [Cited: 2 6, 2019.] https://fullfact.org/europe/eu-facts-behind-claims-norway/.
16. Norwaegian Communications Authority. International postal regulation. *Norwaegian Communications Authority.* [Online] 10 5, 2018. [Cited: 2 6, 2019.] https://eng.nkom.no/market/postal-services/postal-regulation/international-postal-regulation.
17. bring. Terms and conditions Unaddressed mail. *bring.* [Online] [Cited: 11 18, 2018.] https://webcache.googleusercontent.com/search?q=cache:NOO66pxdAy8J: https://www.bring.no/en/terms-and-conditions/mail/unaddressed-direct-mail/terms-and-conditions-unaddressed-mail-2018/_/attachment/download/ef9c32cb-2179-4192-844d-7166e3d44294:075d86e0ca24.
18. Copenhagen Economics. Effects of changing the USO in Norway. *Copenhagen Economics.* [Online] [Cited: 11 21, 2018.] https://www.copenhageneconomics.com/publications/publication/effects-of-changing-the-uso-in-norway.
19. Posten Norge. We give you 1 GB of free storage. *Digpost.* [Online] [Cited: 11 19, 2018.]

https://www.digipost.no/priser.
20. —. Receieve digital mail from over 3000 senders in Norway! *Posten Norge*. [Online] [Cited: 11 20, 2018.] https://www.digipost.no/privat/avsendere-offentlig.
21. Posten Norge Group. 2017 in brief. *Posten Norge Group*. [Online] [Cited: 11 16, 2018.] https://www.postennorge.no/en/financial-and-sustainability-report-2017.
22. Jørgen Berge. Historical milestone for the Post. *NTB scanpix*. [Online] [Cited: 11 17, 2018.] https://www.nettavisen.no/nyheter/innenriks/lrdag-er-siste-helg-du-far-besk-av-postmannen/3423195907.html.

第11章　フィンランド
ポスティ：郵便ネットワークを活かしたサービス

フィンランドの郵便事業と制度改革

　北欧のフィンランドは、ロシア、ノルウェー、スウェーデンと国境を接し、国土の4分の1は北極圏に位置する。面積は33.8万 km^2 と日本よりやや小さく、人口は552万人に過ぎない。フィンランドの郵便サービスは1638年にスタートしている。現在にいたるまでの間に、フィンランドの独立までスウェーデンやロシアの統治下で郵便事業が実施されていた。1970年に「運輸公共事業省」が「運輸通信省」と「労働省」に分割された。1987年には「電気通信法」の施行に伴い、「運輸通信省郵便電気通信総局」が「郵便電気通信庁」（P&T）に改組されて「フィンランドポスト」が郵便事業を、「テレコムフィンランド」が電気通信事業を運営する事となった。1990年に「郵便電気通信庁」（P&T）は国家予算から独立した国営企業「PTフィンランド」に組織再編された。1994年には「PTフィンランド」は国営の持ち株会社となり、その傘下に「フィンランドポスト」と「テレコムフィンランド」を設置した。そして1998年に郵便部門とテレコム部門に分割され国が全株式を保有する国営株式会社となる。

　2007年郵便会社は「イテラ」と改称し、2008年「イテラ」はロシアのロジスティクス会社「NLC」を買収、エストニアとポーランドでもビジネスポイントを買収する等、地理的にも事業的にも拡大の道を進める。2011年には「イテラ・ポスティグループ」に名称変更する。その後の2015年「イテラ」社とその子会社である「イテラ・ポスティ」が統合し、「ポスティ・グループ」となる。

郵便法改正と規制体

1. 郵便法の改正

　デジタル化の郵便業界への影響はフィンランドでも例外ではない。現在では消費者と企業間（B2C）のコミュニケーションの90％以上は電子的なフォームで行なわれ、郵便や新聞や雑誌の取扱量は減少の一途をたどっている。「ポスティ」が取り扱った郵便物の中でユニバーサルサービス義務の対象となるものは5.5％（前年度：5.6％）に過ぎず、ユニバーサルサービス領域からの純売上高は1億3,670万ユーロ（前年度：1億3,590万ユーロ）でグループ全体に占める割合は8.3％（前年度：8.5％）に過ぎない[1]。

　取扱量の減少に伴って、郵便や新聞・雑誌の配達コストが明らかにアップしており、

---

[1] (2 p.3)

これが改正郵便法を導入する理由ともなった。改正郵便法は2017年9月15日に施行されている。同法ではユニバーサルサービスの商品やサービスの配達と収集の義務、そして送達速度の要件についての柔軟性が高い。ユニバーサルサービス対象の商品（郵便と小包）と配達と収集については、大都市部では少なくとも週3日配達とされる[2]。

一方で、新聞の配達ネットワークが存在しない地域では引き続き週5日配達が実施される。人口密度の低い地域ではユニバーサルサービス提供事業者が、配達の入札を実施し、落札した事業者によって実施されることになる。これは地方部では新聞と郵便が一緒に配達されためである[3]。

新聞や雑誌の配達は郵便法の対象ではない。この改正は直接的に市民へ影響をもたらしていない。ユニバーサルサービスでの郵便の週5日配達はフィンランドの大半の地域で実施されている。送達速度に関する条項では少なくとも50％のユニバーサルサービスの対象となる郵便物やはがきは投函後の第4日目に[4]そして、少なくとも97％は投函日後の第5日目の平日に配達されなければならない。その他の郵便サービスは商業ベースでの契約となり規制されていない[5]。郵便法の変更について、ポスタルサービスポイントへのアクセスでは数値的な要件が撤廃された。但し、各自治体には少なくとも一つのサービスポイントの設置が必要である[6]。

2.「フィンランド通信規制庁」（FICORA）

「フィンランド通信規制庁」は2001年に発足した。その責務は郵便サービスの最低レベルが郵便法に遵守しているかを監督し、通信庁は郵便市場の状況と郵便サービスセクターに関するデータの公表を行なう。「FICORA」は「ポスティ」をユニバーサルサービス提供事業者としている。郵便法では、「ポスティ」はユニバーサルサービスに関わる郵便サービスの料金について公平で手頃な価格に設定するように「FICORA」によって義務付けられている。

ユニバーサルサービスに該当する郵便物とは、個人間のコレスポンデンス（通信）という意味で、DMはここでは無名宛郵便の形態をとっている。小包は10kgまでのフィンランド国内、フィンランドから差し出される形態がユニバーサルサービスに該当している[7]。

「FICORA」と「フィンランド運輸安全庁」（Trafi）と「フィンランド輸送庁」の一部の機能が2019年1月1日から「フィンランド輸送通信庁」に組織再編された。同庁の職務は輸送と通信市場の促進とそのモニター。この同庁は新たなサービスやビジネスの創造につながるロボティクスや自動化の実験を通して、デジタル化の促進と持続可能

---

[2]（2 p. 3）
[3]（3）
[4]（2 p. 19）
[5]（2 p. 19）
[6]（22）
[7]（22）

な発展をはかっている。この組織改正の意味は利用者ニーズの対応するためとしている。「運輸通信庁」の職員は約900人となる。ホームページでは運輸通信大臣が2018年11月末に長官を任命する見込みであると伝えている[8]。

「FICORA」では、新しい郵便法に関しては、「国会で討論の末決定した法であり、我々としては粛々と新しい条項に沿って管理・監督するだけである」と、法の番人論を強調し、「EU郵便指令に配達日数の点において収違反するのでは？」という質問に対しては回答を得ることができなかった。又「EU郵便指令が緩和の方向で進んでいることを見越して、配達日数の緩和を構想したのか？」という質問に対しても、「そのような事は無い」としていた。なお、郵便労働者を組織する「PAU」も「『EU郵便指令』に今回の郵便法案が違反するのではないかと質問をしているが、会社側から回答を得ることは出来なかった」としている[9]。このようにみると、配達日数の引き下げはEU郵便指令で定められている内容をグレーゾーンギリギリでの実施であると受け取ることが出来た。

「ポスティ」（フィンランドポスト）

「ポスティ」は400年の歴史がある同国のリーディング郵便事業者であり、そのネットワークを介して毎日300万の配達カ所に配達する。フィンランドにおけるプレゼンスは大きく、約1,400以上のサービスポイントとしてローカルな事業者が行っている店舗に併設された郵便局、パーセルポイントや受け取りが可能なアウトレットから構成されている。2017年度末で、「ポスティ」の従業員数は約22,000人で国内最大級の従業員数を誇っている[10]。

フィンランドの郵便ネットワークについては、「FICORA」が出している2017年度末のポスティの郵便局に関する統計では、直営郵便局が28（前年度：41）、委託局が788（前年度：804）、スマートポストロッカーが498（前年度：479）、小包引受箱ポイント57（前年度：57）、クリスマスなどのピーク時対応の受取ポイントが20（前年度：20）、切手販売所が2,792（前年度：約3,200）となっている。郵便ポストについては2017年度末には5,111本であり、前年度末から約1,000本の減少となっている。ポスティは郵便ポストの削減を郵便物量の減少と利用者ニーズの変更によるものとしている（図1）。

「ポスティ」は、郵便、出版物、小包、Eコマース、サプライチェーン（食料品や貨物サービスを含む倉庫サービスやインハウス・ロジスティクスサービス）サービスを企業等に提供している。加えて、「ポスティ」はデジタルサービスやグローバル・ソフトウェアやホームケアサービスも実施している。同社はポーランド、ドイツ、スイス、米国など11カ国でも事業展開を行っているが、事業の中心はフィンランドやロシアとバルト3国である。

---

[8] (21)
[9] (20)
[10] (6)

図1 郵便局ネットワーク

	直営郵便局	委託局	小包収集箇所	スマートポスト（ロッカー）	ピーク時対応受取ポイント
2006年	214	1008			
2007年	199	1003			
2008年	177	970			
2009年	146	960			
2010年	142	917			
2011年	132	835	11	50	
2012年	103	819	40	131	
2013年	101	788	102	307	
2014年	98	784	96	459	
2015年	84	777	43	480	
2016年	41	804	57	479	
2017年	28	788	57	498	20

出典：The Finnish Communications Regulatory Authority から

「ポスティ」は事業を「郵便サービス」、「小包」「Eコマース物流」、「イテラ・ロシア」、「オーパスキャピタ」の4つに分けている。イテラ・ロシアは倉庫サービスやフォワーディングサービスを展開している。「オーパスキャピタグループ」は企業に対してオートメーション化やアウトソーシングについての財務管理サービスを提供する[11]。「スマートポストロッカー」という差し出しも引受も可能なロッカーを現在拡大中である。

「ポスティ」は、市場のニーズとEコマース市場の拡大に十分に対応するため、経営陣の刷新を含めた組織再編と経営モデル再構築を行うと発表した。再編後の組織は、「オーパスキャピタ」と「イテラ・ロシア」に加え、新設の「郵便サービス（Postal Services）」「小包・Eコマース」「物流ソリューション」の5事業部門で構成される。同社は、今後、本格的にEコマース市場へ参加し、将来は強力な物流事業者を目指すとしている[12]。

2017年「オーパスキャピタ」は、電子請求書について、「B2B」や「B2政府」の市場に強みを持つスイスの「Billexco」を買収した。これを通じてバイヤーとサプライヤーのネットワークの強化と地理的な拡大をめざしている[13]。2017年の年次報告書によると、「ポスティ」の100％子会社や関連会社はフィンランド内外に約50社が存在する（図2）[14]。

「ポスティ」は再生可能エネルギーの活用にも力を入れており、同社の施設内で生産

---
[11] (6)
[12] [7]
[13] (2 p.66)
[14] (2 p.135-136)

図2 子会社と関連企業

	子会社　2017年12月31日現在	株式保有率	国	
1	Billexco AG	100	スイス	
2	Flexo Kymppi Oy	80	フィンランド	
3	Flexo Palvelut Oy	80	フィンランド	
4	Flexo Ykkönen Oy	80	フィンランド	
5	Global Mail FP Oy	100	フィンランド	
6	Itella Estonia OÜ	100	エストニア	
7	Itella Logistics SIA	100	ラトヴィア	
8	Itella Logistics UAB	100	リトアニア	
9	Itella Services OÜ	100	エストニア	
10	NLC International Corporation Ltd	100	キプロス	
11	OOO Itella	100	ロシア	
12	OOO Itella Connexions	100	ロシア	
13	OOO Itella Express	100	ロシア	
14	OOO Kapstroymontazh	100	ロシア	
15	OOO MaxiPost	100	ロシア	
16	OOO NLC-Bataisk	100	ロシア	
17	OOO NLC-Ekaterinburg	100	ロシア	
18	OOO NLC-Samara	100	ロシア	
19	OOO RED-Krekshino	100	ロシア	
20	OOO Rent-Center	100	ロシア	
21	OOO Terminal Lesnoy	100	ロシア	
22	OOO Terminal Sibir	100	ロシア	
23	OpusCapita AB	100	スウェーデン	
24	OpusCapita AS	100	ノルウェー	
25	OpusCapita Competence Center OÜ	100	エストニア	
26	OpusCapita Competence Center SIA	100	ラトヴィア	
27	OpusCapita GmbH	100	ドイツ	
28	OpusCapita Group Oy	100	フィンランド	
29	OpusCapita Kredithanterarna AB	100	スウェーデン	
30	OpusCapita s.r.o.	100	スロバキア	
31	OpusCapita Software GmbH	100	ドイツ	
32	OpusCapita Software Inc.	100	USA	
33	OpusCapita Solutions AB	100	スウェーデン	
34	OpusCapita Solutions AS	100	ノルウェー	
35	OpusCapita Solutions Oy	100	フィンランド	
36	OpusCapita Solutions Sp. z o.o.	100	ポーランド	
37	OpusCapita Sp. z o.o.	100	ポーランド	
38	Posti Global Oy	100	フィンランド	

39	Posti Kiinteistöt Oy	100	フィンランド	
40	Posti Kotipalvelut Oy	100	フィンランド	
41	Posti Kuljetus Oy	100	フィンランド	
42	Posti Oy	100	フィンランド	
43	Posti Palvelut Oy	100	フィンランド	
44	Posti Scandinavia AB	100	スウェーデン	
45	Svenska Fakturaköp AB	100	スウェーデン	
46	BPO4U AB	50	スウェーデン	関連企業

出典:「ポスティ」2017 年次報告書

された再生可能エネルギーを利用している。2016 年には合計 1,920 のソーラーパネルがヴァンターロジスティクスセンターの屋根に設置された。環境に配慮した電気自動車の導入も積極的に行なわれている[15]。

2017 年初めに、それまでのファーストクラスとセカンドクラス郵便を統合し、投函後、1〜2 日での配達となった。その理由としては電子的媒体の利用拡大によってクラス別に郵便物を分けても利益が増加しないことを上げている[16]。

1. コーポレートガバナンス

フィンランド政府が 100％の株式を保有する郵便事業体である。「ポスティ」や他の国営企業は総理府所有権運用局によって管理される[17]。「ポスティ」はフィンランドコーポレートガバナンス・コードを順守している。また、EU が採用している国際会計基準にそって連結決算が作成されている。「ポスティ」では監査役会と執行役会の二層制を採用[18] している。「ポスティ」の最高決議機関は年次株主総会であり、そこで監査役会、執行役会、並びに監査人が選出される。2017 年次株式総会では 12 名のメンバーを監査役会に選出した。監査役会の責務は会社の経営が適法性を監査や、特定の課題についてアドバイスを行うこととされている。

執行役会は経営戦略に責務がある。社長と CEO は日々の業務執行に責任を持つ。執行役会は 5 名から 9 名から構成されることになるが、2017 年には 8 名が執行役に就任している。任期は 1 年となる。社長と CEO は執行役会によって任命される（図 3）。

2. 「ポスティ」の 2017 年度経営成績

「ポスティ」の総売上高は 2.5％増の 16 億 4,700 万ユーロであり、国内では 2.4％増で、同様に国外の事業でも 3％増であった。国外での売上は全体の 14.5％であり、2016 年度からは若干の上昇があった。グループの調整後 EBITDA は 1 億 1,860 万ユーロで

---

[15] (4 p. 2)
[16] (23)
[17] (8)
[18] (9 p. 3)

図3　組織図

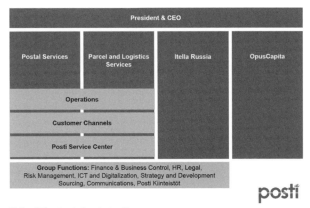

出典:「ポスティ」ホームページ

図4　「ポスティ」グループ　主要数値

単位:ユーロ	2017年	2016年	2015年（再掲）
総売上	16億4,700万	16億760万	16億4,910万
調整後EBITDA	1億1,860万	1億2,670万	1億2,820万
EBITDA	8,370万	1億1,600万	1億4,720万
調整後営業成績	4,240万	4,710万	4,760万
営業成績	-2,750万	3,070万	5,480万
税引き前成績	-3,690万	2,950万	4,230万
当期報告期間中の結果	-4,430万	2,320万	3,510万
営業活動からのキャッシュフロー	9,600万	6,310万	8,190万
自己資本利益率（12カ月）　%	-8.0	3.9	6.2
投下資本利益率（12カ月）%	-4.5	5.1	6.4
自己資本比率　%	48.8	54.9	46.9
負債比率　%	-8.8	-13.6	-10.9
総資本支出（gross capital expenditure）	7,330万	1億400万	6,680万

出典:「ポスティ」2017年次報告書

昨年度の1億2,670万ユーロから7.2%の減少である。調整後営業成績は4,240万ユーロであり前年度比で2.6%のアップとなった。営業活動からのキャッシュフローは9,600万ユーロである（図4)[19]。

(1)「郵便サービス」および「小包・ロジスティクスサービス」
　「郵便サービス」では郵便・新聞や雑誌・マーケティングサービス・ドキュメントの

---
[19] (2 p.3)

図5 2017年度郵便、小包&ロジスティクスサービスの売り上げ　単位：ユーロ

事業部	項目	2017年	2016年（再掲）	増減率
郵便サービス	郵便&マーケティングサービス	6億3,020万	6億5,190万	-3.3
	新聞・雑誌サービス	1億6,690万	1億7,140万	-2.6
小包サービス	小包サービス	2億8,750万	2億7,670万	3.9
ロジスティクスサービス	ロジスティクスサービス	3億7,340万	3億2,260万	15.8
その他		-9.3%	-6.7%	
合計		14億4,870万	14億1,600万	2.3

出典：「ポスティ」の2017年次報告書を参考に作成

送付やデジタルサービスを提供している。「小包・ロジスティクスサービス」ではサプライチェーンソリューション、小包やEコマースサービス、運輸サービス、倉庫保管管理サービスを展開する。小包についての「B2C」や「B2B」の分野でのマーケットリーダーである。

「郵便サービス」および「小包・ロジスティクスサービス」の総売上高は14億4,870万ユーロで、郵便&マーケティングサービスは減となった。小包の売上高は右上がり傾向である。郵便部門のマイナス部分を小包とロジスティクスのプラスによって総体でプラスとなっている。2017年度は前年度比で宛名郵便物は10%の減少。小包については国内とバルト3国では前年度比9%増で、「B2C」小包については12%の増加である。これによって、フィンランドとバルト3国で配達された小包の取扱物数が4,000万個（前年度：3,700万個）となった。バルト3国の小包の取扱物数は25%の増加であった。グローバルな規模でのEコマースの拡大に伴い、2017年には「ポスティ」は中国のEコマース事業者から発送された毎月100万件以上もの品物を利用者へ配達した。バルト3国においても小包の取扱量は25%増となった。貨物の取扱量は2016年の210万個から2017年には8%増の230万個となった。

デジタルメールボックスの利用者数は2017年12月末の時点で16%増の79万5,000人に拡大している。2016年12月末の利用者数は68万6,000であった。郵便&マーケティングサービスの収入は3.3%減であり小包は3.9%の増加であった。小包は国内及び国外からの取扱増のためである。これはフィンランド経済の好調さにも理由があるようである（図5、6、7、11）[20]。

(2)「イテラ・ロシア」

2017年度の売上高は前年度比13.8%増の1億1,910万ユーロであった。売上はルーブルの為替レートの変更と物流サービスの拡大によってプラスとなっている。なお、調整後EBITDAは370万ユーロで3.1%の上昇であった。この向上は倉庫保管能力の改善にあるとしている。EBITDAは1,440万ユーロへと減少した。調整後営業成績は前

[20]（5 p.17）

図6 フィンランドとバルト3国の小包取扱量の推移（2016年～17年）

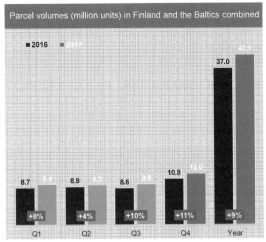

出典：「ポスティ」の2017年次報告書

図7 2016年-17年の国内貨物取扱量の推移（単位：100万）

出典：「ポスティ」の2017年次報告書

図8 部門別売上比率

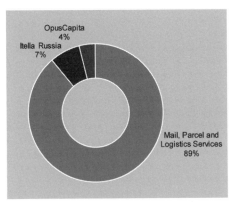

出典：「ポスティ」のFinancial Statementsから

年度の400万ユーロから350万ユーロに改善した。倉庫の平均充足率はモスクワでは上昇、一方その他の地域では減少であった。モスクワの倉庫充足率は84.2%（昨年度：77.4%）で、その他の地域は74.4%（前年度：85.9%）であった。ルーブルが前年度と比べて7.9%の為替レートの下落により、営業成績は2,150万ユーロへとなった（図8、図9、図11）[21]。

---

[21] (2 p.7)

図9　イテラ・ロシア経営成績

ユーロ	2017年度	売上高増減率　%	2016年度	売上高増減率　%
売上高	1億1,910万		1億460万	
対前年増減率　%	13.8		-12.0%	
調整後EBITDA	370万	3.1%	260万	2.5%
EBITDA	-1,440万	-12.0%	390万	3.7%
調整後営業成績	-350万	-2.9%	-400万	-3.8%
営業成績	-2,150万	-18.1%	-2.7%	-2.6%

出典：「ポスティ」の2017年次報告書

図10　「オーパスキャピタ」経営成績

ユーロ	2017年度	売上高増減率　%	2016年度	売上高増減率　%
売上高	6,470万		6,200万	
対前年増減率　%	4.4%		10.4%	
調整後EBITDA	-260万	-4.0%	310万	5.1%
EBITDA	-360万	-5.6%	210万	3.4%
調整後営業成績	-790万	-12.3%	-120万	-1.9%
営業成績	-3,590万	-55.4%	-2.5%	-4.0%

出典：「ポスティ」の2017年次報告書

(3)「オーパスキャピタ」

　IT事業子会社の「オーパスキャピタ」の電子処理件数は前年度比で31%のアップであった。オーパスキャピタの総売上高は4.4%増の6,470万ユーロ（前年度：6,200万ユーロ）である。全体の売上の約51.5%はフィンランド国内から、残りの48.5%はその他の国からである。EBITDAは360万ユーロ（前年度：210万ユーロ）、一方調整後のEBITDAは260万ユーロ（前年度：310万ユーロ）となった。調整後のEBITDAが減少した理由は製品開発、プロダクトオルガニゼーションの変更、販売とマーケッティングへの巨大な投資によるものであるとしている。調整後の営業成績は790万ユーロ（前年度比：120万ユーロ）である。営業成績は3,590万ユーロである（図8、10、11）[22]。

　既に述べたように「オーパスキャピタ社による「Billexco」の買収後、4つのライン（ビジネスネットワーク、キャッシュマネジメント、調達業務と請求書支払処理の自動化、商品情報管理）に組織改変している。

3.　民営化とグローバルな展開

　フィンランド議会の決定により政府は「ポスティ・グループ」の株式の50.1%を最低所有をしなければならないとされている。一方、残りの49.9%は「VakeOy」という国営の開発企業に移された[23]。「PAU」は民営化に反対の立場であるが、もしそうなっ

[22]　(2 p.8)

図11 事業部門別経営成績

売上高	2017年	2016年（再掲）	2015年（再掲）
郵便サービス、小包サービス＆ロジスティクスサービス	14億4,870万	14億1,600万	14億4,800万
イテラ・ロシア	1億1,910万	1億460万	1億1,890万
OpusCapita	6,470万	6,200万	5,620万
事業部合計	16億3,250万	15億8,270万	16億2,300万
その他および unallocated	2,350万	3,680万	4,580万
グループ間取引消去	-900万	-119万	-197万
グループ合計	16億4,700万	16億760万	16億4,910万

出典：「ポスティ」の2017年次報告書の財務ステートメントを参考に作成

図12 「ポスティ」グループの従業員数（2017年12月末）

	2017年	2016年	2015年
フィンランド	16,595	16,052	16,874
ロシア	2,493	2,553	2,809
ポーランド	128	620	568
スウェーデン	147	229	260
エストニア	337	378	419
ノルウェー	38	144	157
デンマーク	0	0	0
ラトヴィア	81	94	164
リトアニア	92	278	259
ドイツ	100	146	88
その他（米国）	3	3	0
合計	20,014	20,497	21,598

出典：「ポスティ」：持続的発展リポートから

た際には、「民間大株主（ファンド）の力が強まらないこと、従業員持ち株制度の拡充、国の持分を出来るだけ高くすることなど」を要求するという[24]。

「ポスティ」の特徴は、既に述べたように本国フィンランドが稼ぎ頭であるものの欧米にも事業展開をしていることである。しかし「PAU」によると、「海外事業はそれほど成功しているとは言えない」ということである[25]。2017年の売上高から算出すると、約79.6％がフィンランドからの収益。海外事業は、北欧諸国で約6.2％、ロシアで約7.25％、その他の諸国が6.8％となっている[26]。従業員数も全世界で2万人、本国のフィンランドでは16,5952人となっている（図12）。

---

[23] (10 p.3)
[24] [1]
[25] [1]
[26] (4 p.13)

図 13　ファーストとセカンドクラス郵便の推移（2000 年〜18 年）

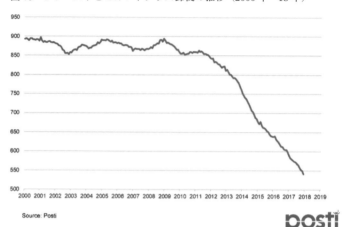

出典：「ポスティグループ」2017 年次報告書

図 14　2016 年-17 年郵便物取扱量の推移（単位：100 万）

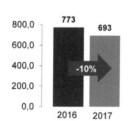

出典：「ポスティグループ」2017 年次財務報告

(1) 書状の減少と運輸ロジスティクス部門

2010 年〜2009 年ごろまでは 8 億 5,000 万から 9 億の間を上下していたが、2011 年以降は右肩下がりの傾向が現在まで続く状態である（図 13）。2016 年には 7 億 7,300 万であったが、2017 年には 6 億 9,300 万通に減少である。その減少率は 10％となっている（図 14）。

① 「ポスティネン」

全家庭に配布される広告である。宛名付き郵便物との取り扱い比率は 50％：50％である。この商品については積極的な営業活動が行われており、350 万のフィンランド人の各家庭に毎週月曜日と水曜日に広告が配布される。各企業やビジネスにとってのメリットはその新製品やサービスを消費者に視覚的に訴え、オンラインストアや実店舗に消費者を導くメディアとしての位置付けである[27]。「アマゾン」がカタログでの消費者

への誘導を図っているという点からも効果はありそうである。

　しかし「PAU」によれば、収益を見れば郵便部門はこれだけ通数が減っていても、無名宛郵便や小包の健闘で黒字を出している。むしろ運輸ロジスティクス部門が赤字を出し、ポスティの経営を圧迫しているとのことだった。運輸ロジスティクス部門は非常に競争が激しく、大企業としては「ポストノルド」、「DHL」などが競争相手として存在するが、中小の運輸ロジスティクス企業も多く、この市場でポスティは苦戦しているとのこと。「『ポスティ』は運輸ロジスティクス部門で思ったように収益が上がらないので、現在ではケアなどの社会サービスに力を入れようとしているが、これも関わっている人はごく少数である」とのことだった。「PAU」によれば、「運輸ロジスティクス部門の収益が郵便の収益を上回ったと宣伝されているが、実は会計区分を変えただけである。2015年までは運輸ロジスティクスに小包は含まれていなかったため、この部分の赤字が目立ったが、2016年からは小包を運輸ロジスティクスに含めることで、この赤字が消された」という[28]。

4. 新サービス

(1) スマートポストロッカー

　ポスティはスマートポストロッカーを業務拡大の軸としている。2018年のクリスマスに対応できるように1,000までに拡大し、2019年には1,500まで増やす予定である（図15）[29]。スマートポストロッカーは郵便や小包の差し出し・引受が可能なロッカーのことで、集合住宅やショッピングセンター等に設置されており全国で展開・拡大中である。小包が到着したという情報がスマホで受取人に知らされ、引取り箇所を指定する。ほとんどの人がロッカーでの受け取りに関心が高いようである。その理由として利用者は小包を自分の都合の良い時間と場所で受け取れることを上げている[30]。例えば、コンピュータや携帯電話、あるいは家電製品のリサイクルにも、小包の受取りやオンラインストアからの商品の返品にも活用が可能である。さらには洗濯物をロッカーに入れておけば洗濯物が仕上がるサービスも出来る[31]。このサービスの前提としては、フィンランドでは「ほとんど全ての家庭が共働きであり、このようなサービスには高いニーズがある」とのこと、フィンランドではポスティの戦略の一部となっており、あくまでも自社主導のロッカー推進である（図15）[32]。

(2) 生活関連サービス

　高齢者の介護などの分野に進出している。フィンランドの人口も日本同様に急速な

---

[27] (11)
[28] [1, p.30]
[29] (12)
[30] (13)
[31] (14)
[32] [1 p.30]

図 15　スマートロッカーの設置数の推移と予測（2010 年-2019 年）

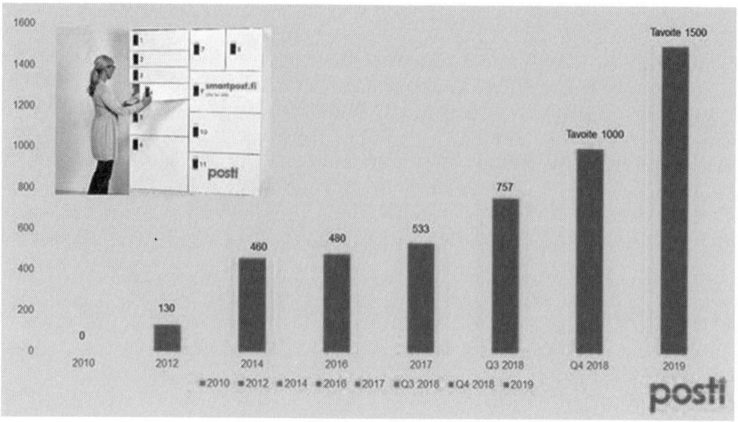

出典：ポスティのホームページ

ペースで高齢化しており今まで以上に高齢者を支援するサービスが必要となっている。ここにポスティはハウスキーピング、ミールサービス、一人住まいの高齢者へのサービス提供を含むホームサービスに将来性を見出している。2017 年には「ポスティ」はクオピオ市において高齢者の家事やパーソナルケアの試行を行なった。この試行に際して地方自治体や「ポスティ」が特別な研修を関与する職員に実施した[33]。2016 年に試行が始まった「草刈サービス」であるが 2017 年には中止となった[34]。しかしこの方向性は堅持されているようである。2016 年には 12 カ月の試行として「南カレリア広域社会健康ケア事務所」に対して高齢者への料理や食事や掃除等のサービスを実施している。住民への食事配達サービス、商店や図書館への送迎サービスを行なっている。「ポスティ」は警備会社のセキュリタス社との間でムホス町とユリビエスカ町でホームセキュリティについての試行のパートナーシップを結んだ[35]。2017 年 1 月には「ポスティ」は地方自治体や広域行政当局や個人の利用者に対してホームケアとパーソナルアシスタンス・サービスを提供する「HR Hoiva Oy」社（現社名：「Posti Kotipalvelut Oy」）を買収した[36]。

(3) モニタリングサービス

「ポスティ」は 2017 年 11 月から首都ヘルシンキの近郊のエスポー市において、行政、地方環境センター、保険会社や道路の点検を実施する事業者と共にスマートシティ構想に参加している。冬場の道路で多発する自動車スリップ事故について、保険会社は年間に 2 億ユーロもの補償を行なっており道路からの危険性の排除が行政を含めた課題であっ

---

[33] (15)
[34] (16)
[35] (17)
[36] (2 p. 66)

た。この構想では「ポスティ」は道路の状態を測定する装置やカメラを搭載した郵便車両で道路の路面のモニターを実施している。冬が長いフィンランドでは雪や氷によって道路の補修が必要であり、ドライバーや道路への負荷を減らす重要な意味あいがある。

2018年5月には「ポスティ」は「ヴァイサラ」社と共にロシア国境の町イマトラにおいて道路の路面状態のマッピング作業を開始しており年内には他の都市でも同様のプロジェクトを拡大予定としている。また「ポスティ」は「ヴァイサラ」社と共同で郵便車両に搭載したセンサーが道路状態のモニターを計画。これによって交通事故や道路の混雑状況の把握が可能となる。「ポスティ」は道路標識・電柱・道路・通りに面した電力測定メーターボックスや通信ボックスの状態把握にも意欲を見せている[37]。

「ポスティ」の将来戦略

ハイキ・マリネンCEO兼社長の「ポスティ」将来戦略によると、「フィンランドは人口が約550万人で大きな都市は3つであり、そして、農村部から都市への人口移動が進んでいることをあげた。郵便市場は非常に規模が小さいことを上げた。この状況が『ポスティ』に危機と機会をもたらしている」という。

「ポスティ」はデジタルと郵便のネットワークを加味した新たなサービスを郵便戦略として据えている。3つの重点策は、①デジタルの要素を書状に加え、書状の価値を高める。書状は値段も高くなるが、いつでもどこでも自分の郵便をチェックが可能となる、②シルバーサービスと呼ばれる高齢者のケアのメニューを揃えることで、「ポスティ」従業員の人材が活かせる、③スマートフォンを使って引受・差出しが可能な「スマートポスト」と呼ばれるロッカーの設置、を推進している。さらに、ハイキ・マリネンCEO兼社長は「『ポスティ』は住所と結びついた住民のリストという情報には強いが、ここに電話番号を加えていきたい」という[38]。このようにCEOは郵便の将来のビジョンを持ち、自信を持って一歩一歩を進めていると見て取れた。

ポスティの労働条件

2017年度末で、「ポスティ」の従業員数は約20,000人中の84％が労働協約の対象であり、フィンランド国内では99％が対象である。バルト3国・ポーランド・ロシアは団体協約では法的な拘束力がないが、同社はそれらの国々においても現地の労働法に従っている[39]。郵便とロジスティクスでの団体協約は2017年9月28日に妥結された。2017年11月1日から効力を発し2年間の協約である[40]。この2年間は「ポスティ」にとっては転換期にあたり非常に重要であるようである。

「ポスティ・フィンランド」の全従業員数は減り続けており、2016年には1万6,052人

---
[37] (18)
[38] [19]
[39] (4 p. 35)
[40] (2 p. 2)

で、収入の 45.4% が人件費であった。賃金水準は月 2 万 3,000 ユーロ、手取り 2 万ユーロであり、フィンランド全体の水準（2 万 5,000 ユーロ）からは低い水準である[41]。ヘルシンキ区分センターを訪れた印象では、スポーツジムやプールも完備されるなど、従業員の福利厚生は非常に良く整っている。また、実際の職場の環境についてはトレーなど郵便器具も新しく快適に仕事をしているという印象を得た。

フィンランドにおいても非正規雇用の拡大が課題となっているが、日本ほど大規模に使われていないようである。PAU の委員長は 10% と言い、交渉担当者は 30% と述べており、「ポスティ」での非正規雇用は少ないようである。

雇用保障に関しては、公務員時代とは異なり、現在は「ポスティ」の従業員ということで雇用は保障されていないのが現状となっている。そのため、レイオフにより雇用を失うこともありうる。従業員から早期退職を募る際には勧奨金の支払うことになるが、応募者がない場合には、協約上先任権の低い順位からの解雇が行われるため、「ポスティ」の従業員には若年者層が少ないようである。

ポスティの将来展望

フィンランドでもデジタル化の影響が郵便物の減少という形で現れている。多くの郵便企業であるように、郵便物が減少すれば、やはり配達という点においてノウハウを持つ物流に軸足を徐々に移していくパターンがどこの国でも同じ傾向であることが伺える。しかし、E コマース物流の急激な増加によって、各国の有力な郵便事業者がパイを求めて参入する。一方で、ユニバーサルサービスを提供する義務があるために、それを維持するためにサービスレベルの引き下げも配達日数の削減などによってやりくりをしている。「ポスティ」ではハイキ・マリネン CEO 兼社長が述べているように、デジタルと郵便ネットワークに関連したサービスに注力している。フランスの「ラ・ポスト」が実施している郵便配達員を活用したサービスの展開についても、さらに、「ヴァイサラ」とパートナーシップを組んで行っている郵便車両を活用した道路の路面モニタリングなど、今後につながるサービスを展開している。郵便サービスはモノを運ぶだけでなく、その周辺にも、デジタル技術を組み合わせることで可能性が広がることを再認識できた。今後は、生活関連や日々の配達にリンクしたサービスを開発することが必要ではなかろうか。

引用文献

1. 日本郵政グループ労働組合．2017 年海外郵便事業事情調査報告．台東区：日本郵政グループ労働組合，2017．
2. posti. FINANCIAL STATEMENTS 2017. *posti*. [Online] 3 1, 2018. [Cited: 11 21, 2018.] https://vuosi2017.posti.com/filebank/686-Posti_Financial_Statements_2017_EN.pdf.
3. Global Legal Monitor. Finland: Parliament Passes New Postal Act to Reduce Service. *Global*

---
[41] [1 p. 31]

Legal Monitor. [Online] 8 4, 2017. [Cited: 11 28, 2018.] http://www.loc.gov/law/foreign-news/article/finland-parliament-passes-new-postal-act-to-reduce-service/.
4. posti. SUSTAINABILITY REPORT2017. *posti.* [Online] 3 22, 2018. [Cited: 11 23, 2018.] https://vuosi2017.posti.com/filebank/688-Posti_Sustainability_Report_2017_EN.pdf.
5. Posti Group Corporation. Financial Statements Presentation 2017. *Posti Group Corporation.* [Online] 3 1, 2018. [Cited: 11 25, 2018.] https://www.posti.com/globalassets/corporate-governance/reports/2017/posti-group-corporation-financial-statements-presentation-2017.pdf.
6. posti. Posti in Brief. *posti.* [Online] [Cited: 11 18, 2018.] https://www.posti.com/en/group-information/posti-in-brief/.
7. 一般財団法人マルチメディア振興センター．【フィンランド】ポスティ，組織再編を発表．物流ワールドニュース．(オンライン) 2018 年 10 月 10 日．(引用日：2018 年 11 月 26 日．) https://www.fmmc.or.jp/activities/worldnews/itemid495-004414.html.
8. Posti. Owner. *Posti.* [Online] [Cited: 11 23, 2018.] https://www.posti.com/en/governance/corporate-governance/owner/.
9. —. Corporate Governance Statement 2017. *posti.* [Online] 3 1, 2018. [Cited: 11 23, 2018.] https://www.posti.com/globalassets/corporate-governance/reports/gc-statements/posti-corporate-governance-statement-2017.pdf.
10. —. Posti Group Corporation's Financial Statements Release 2017. *Posti.* [Online] 3 1, 2018. [Cited: 11 3, 2018.] https://www.posti.com/globalassets/corporate-governance/reports/2017/posti-group-corporation-financial-statements-2017.pdf.
11. —. Postinen is the largest print medium in Finland. *Posti.* [Online] [Cited: 11 29, 2018.] https://www.posti.fi/business/marketing-and-data-services/direct-marketing/unaddressed-direct-marketing/postinen.html.
12. Posit. Posti doubles the number of Parcel Lockers – the 1000th parcel locker will be opened for the Christmas season. *Posti.* [Online] 11 27, 2018. [Cited: 11 5, 2018.] https://www.posti.fi/private-news/english/current/2018/20181105_1000th_parce_locker.html.
13. Posti. Parcel lockers the most popular in Finland. *Posti.* [Online] [Cited: 11 28, 2018.] https://minun.posti.fi/ecommercenews/parcel-lockers-the-most-popular-in-finland#.
14. —. Smartpost.fi for online merchants and service providers. *Posti.* [Online] [Cited: 11 28, 2018.] https://www.posti.fi/business/parcels-and-logistics/smartpost/smartpost-for-retailers.html.
15. International Postal Corporation. Posti trials combined post and social care model in Kuopio. *International Postal Corporation.* [Online] [Cited: 11 29, 2018.] https://www.ipc.be/sector-data/sustainability/case-studies/posti.
16. AAMULEHTI. The intense experiment was short: The post abandoned the cutting of the grass – now released a completely new strategy. *AAMULEHTI.* [Online] 11 7, 2017. [Cited: 11 29, 2018.] https://www.aamulehti.fi/a/200515697.
17. Chris Weller. Nobody sends mail in Finland anymore, so postal workers are mowing lawns instead. *Business Insider.* [Online] 5 19, 2016. [Cited: 11 28, 2018.] https://www.businessinsider.com/finland-postal-workers-mow-peoples-lawn-2016-5.
18. Vaisala. Vaisala and Posti Process Data to Improve Road Conditions and Traffic Safety Using Artificial Intelligence. [Online] 6 28, 2018. [Cited: 8 20, 2018.] https://www.vaisala.com/en/press-releases/2018-06/vaisala-and-posti-process-data-improve-road-conditions-and-traffic-safety-using-artificial-intelligence.
19. ハイキ・マリネン CEO 兼社長．フィンランド郵便調査．2017 年 11 月 23 日．

20. フィンランド通信庁(FICORA). フィンランド郵便調査. 11 24, 2017.
21. The Finnish Communications Regulatory Authority (FICORA). Finnish Transport and Communications Agency starts operations on 1 January 2019. *The Finnish Communications Regulatory Authority (FICORA)*. [Online] 11 23, 2018. [Cited: 1 24, 2019.]
https://www.traficom.fi/news/finnish-transport-and-communications-agency-starts-operations-1-january-2019
22. Finnish Transport Communications Agency. Everyone is entitled to basic postal services throughout Finland. [Online] 1 21, 2019. [Cited: 2 5, 2019.]
https://www.traficom.fi/en/communications/post/everyone-entitled-basic-postal-services-throughout-finland.
23. Posti. New products and services. *Posti*. [Online] [Cited: 12 30, 2018.]
http://annualreport2016.posti.com/en/business/new-products-and-services.

第12章　ドイツ
ドイツポスト DHL：世界を行くグローバル企業

ドイツ郵便市場の概要

　ドイツはヨーロッパ大陸の中央部に位置する国土面積は日本の面積よりも若干小さな35,7021平方キロメートルで、人口は約8,300万人でEU最大の人口を誇る。他のEU諸国とは異なり人口が大都市部に集中しておらず、人口密度は230人ほどである。EU最大の経済力を持つ。首都はベルリンとなる。

　「ドイツポスト」は、当初、連邦特別資産である「ブンデスポスト（ドイツ連邦郵便局）」の一部であった。1989年に「ブンデスポスト」は、「ブンデスポスト」、「ポストバンク」、「テレコム」の3社に分割され、ベルリンの壁崩壊後の1990年には東西ドイツが統一に伴って、郵便事業も統一となった。1994年9月14日の「ブンデスポスト」の株式会社への転換に関する法律に基づき「ブンデスポスト」は、株式会社へ再編成された。1995年1月1日に「ドイツポスト・アーゲー」となった。民営化当初は政府が100％の株式を保有していたが段階的に株式の売却が進められ2000年に株式が公開された。2017年12月31日現在、ドイツ政府系の「ドイツ復興金融公庫」が20.7％の株式を保有している[1]。民営化と平行して郵便市場の自由化も段階的に進められ、2008年1月1日ドイツ郵便市場は完全に自由化された。

1. 規制官庁

　規制官庁は「ドイツ連邦ネットワーク庁」であり、経済技術産業省傘下の組織である。その所轄は電気・ガス・通信・郵便・鉄道を網羅する。1998年1月に、電気通信分野の自由化の推進、政策立案と規制監督の分離を目的に発足した独立規制機関である「連邦電気通信郵便規制庁」を引き継いだ。

　その責務は、地方を含めて公平な競争の確保、料金コントロール、郵便事業免許の発行、紛争の際の調停役、市場の不正に対応する監督を行なうことである[2]。
「ドイツ連邦ネットワーク庁」は、2015年に1キロまでの郵便料金の上限設定の条件を規定しており2018年12月31日に有効期限を迎える。そのため規制当局は2018年内に新たな料金を設定する予定であった[3]。

---

[1] (10 p. 70)
[2] (2 p. 1)
[3] (10 p. 84)

しかし、「ドイツ連邦ネットワーク庁」はドイツ国内の書状料金の値上げに関する一切の決定を少なくとも年明けまで先送りすると発表し、「ドイツポスト DHL」の料金値上げ申請は当面不可能になった。これを受けて、「ドイツポスト」の株価は 5.3% 値下がりし、27.04 ユーロという 2 年ぶりの安値となった[4]。

この件について「ドイツポスト DHL」の従業員代表委員会のコツェルニク議長は、「新料金について、通常の郵便料金である 70 セントの維持は可能としつつ、2019 年初頭には値上げの公算があるとみており、効率化しているところはしているとし、現在の価格はかなり低いこと、ネットワークは同じレベルであることから経営陣も 80 セントを望んでいる。従業員代表委員会や組合も支持している」と見解を示している[5]。

(1) ユニバーサル・サービス法令

ユニバーサル・サービス法令では国内での 2 キロまでの郵便物（書留、保険付、代金引換）と 20 キロまでの小包の送達が対象とされている。郵便ネットワーク密度の規定、配達頻度、サービス品質と適正な料金がユニバーサル・サービス法令で示されている。「ドイツポスト」は公式の法的な義務としてではなく自主的な型でユニバーサル・サービスを全国に提供している。ユニバーサル・サービスを除くと、「ドイツポスト」は自由にサービスの範囲を決定することが出来る[6]。

コツェルニク議長は、「USO（ユニバーサルサービス義務）について民営化に際して法律に記載された文言では、あくまで市場主義となっており、『ドイツポスト』は自らの意思で USO を行っている。『ドイツポスト』が USO をやりたくないといえば、他の企業を探すことになる。『ドイツポスト』はネットワークを保有しビジネスを実施しているため USO を提供しているのが実情である。ドイツでは EU で郵便の民営化が議論された時期から調和がとれた民営化を明確にしており、『ドイツポスト』では国が守ってくれるという甘えはなかった」と述べている[7]。

① 週 6 日配達

郵便と小包は少なくとも土曜日を含めて毎日配達と郵便受け箱や受取人に届けなければならないとされている。これが可能でない場合には近所の人に配達しても構わないとされている[8]。

② 郵便取扱所とポスト

現行の郵便法では、利用者が郵便や小包を預ける場所として、少なくとも 12,000 カ

---

[4] (11)
[5] [7]
[6] (2 p. 1)
[7] [7]
[8] (4 p. 102)

所の郵便取扱所の運営が求められている。居住者が 2,000 人以上の地域には、少なくとも 1 カ所の設置がされなければならず、居住者が 4,000 人超、あるいは中核的機能を有する地域では、居住者の住居から 2 キロメートル以内に 1 カ所の郵便取扱所の設置が必要である[9]。

2017 年 11 月 30 日現在、「ドイツポスト DHL」は郵便や小包の取扱いを 13,011 のリテールアウトレットで行なっている。その他の郵便事業者はトータルしてドイツ国内に 14,416 店舗（2016 年）があるものの、これらのサービスポイントの全てに個人利用者のアクセス可能なわけでなく、ユニバーサル・サービス法令の要件を満たしているとはいえないようである。

小包を取り扱う主要 5 社（「ドイツポスト」、「DPD」、「GLS」、「ヘルメス」、「UPS」）から提供されたデータによると、セールスポイントは 2016 年の 39,000 カ所から 2017 年には 55,000 カ所に増加している。

ポストは都市部の利用者の住居からは 1,000 メートル以内に 1 つのポストの設置されなければならない。これについて「ドイツポスト」だけがこの要件を満たしており、2017 年 9 月末現在トータルで 110,581 本のポスト（写真 1）がある。その他の郵便事業者も一部の町や地域で独自のポストを設置しているもののユニバーサル・サービス法令

写真 1

ポスト，ボンにて

---

[9] (4 p.102)

の要件を満たしていない状態にある[10]。

③送達速度

ユニバーサル・サービス法令では、少なくとも 80％の国内郵便は翌日に、95％の国内郵便は翌々日に配達されなければならない[11]。小包については投函の翌々日には 80％が届いていなければならない[12]。

(2) 料金

ユニバーサル・サービスに関わる料金は手頃な価格で提供されなければならないとされている。「ドイツポスト DHL」の従業員代表委員会のコツェルニク議長によると、「ドイツポスト DHL」は郵便市場の支配的な事業者として免許が要件とされる郵便のユニバーサル・サービス義務（USO）の対象となる郵便物で 1 キロまでは事前に承認を受けなければならない[13]。

(3) 競争

原則としてサービスに制限はない。1 キロまでの宛名郵便とダイレクトメールの送達については免許が必要となる。しかし、免許が付与されるに当たっては専門性、信頼性、市民社会の秩序や安全性についての要件が満たされなければならない[14]。

(4) 免許

①市場アクセス

郵便サービスは「ドイツポスト」とその他の民間郵便事業者によって提供されている。郵便法では、免許は発行要件が満されていれば法的に発行を求めることが可能である。なお、免許の発行数には制限は設けられていない。重量が 1 キロまでの宛名郵便物を取り扱い、例えば郵便物の収集や転送あるいは料金を徴収して配達する者は、原則として免許が必要であり、それを保持することなく 1 キロまでの郵便物を送達した者は行政違反となり、50 万ユーロまでの罰金が課せられることになる[15]。

②ドイツ連邦ネットワーク庁による市場モニタリング

i. 免許を要する郵便事業者

「ドイツ連邦ネットワーク庁」は重量が 1 キロまでの宛名郵便物を取扱う郵便事業者を対象にした郵便市場調査を実施している。最新の調査において「ドイツポスト」が引

---

[10] (4 pp. 102-3)
[11] (4 p. 103)
[12] [8]
[13] [7]
[14] (2 p. 1)
[15] (5)

き続き免許を必要とする市場において支配的な地位を維持している。この領域では他の事業者も地域重点型の配達を展開しているものの「ドイツポスト」のネットワークも利用している[16]。

ii. 免許を要しない郵便サービス事業者（エクスプレスと小包）

「ドイツ連邦ネットワーク庁」ではエクスプレスや小包事業者（CEP）のモニタリングも行っている。この領域では上記の5大企業が独自の配達ネットワークを持つ。小規模な企業は限定された地域でエクスプレスや小包の取り扱いだけでなく、他の事業者との連携を通して広範囲な地域でのビジネスを可能としている。「ドイツ連邦ネットワーク庁」はこれらの動向にも注視している[17]。

1998年から2017年までに、「ドイツ連邦ネットワーク庁」は1キロまでの郵便物の送達に関して個人及び企業に3,100件を超える免許を付与してきた。2017年には、新たに54件の免許を発行した。一方で、撤退する事業者ももちろんあり、2016年には120事業者が、2017年には43事業者が市場から撤退している。有効な免許を保有する事業者は2017年現在で1,000以上となっている[18]。

2. 郵便法

1998年1月1日に発効したドイツ郵便法は、規制を通して郵便業界における競争を促進し、ドイツ全土での適切かつ十分な郵便サービスの提供を確保することを目的においている。

3. リーテイルネットワーク

「ドイツポスト」は、2008年8月、2014年までに郵便局の委託化を決定した。「ドイツ連邦ネットワーク庁」は転換以前の郵便局とは異なり委託局の営業時間は長く、利用者ニーズにマッチしたサービスを提供されていると評価している。

「ドイツポスト」は、2001年から荷物の発送、受取りの双方に利用が可能な「パックステーション」（ロッカー）の導入を進め、2017年現在では全国で約3,200カ所に設置されている。利用時間は設置場所によってバリエーションがある。

これは、「ドイツポスト」にとっては、業務の効率化とコストの削減つながるメリットがある。2011年の「ドイツポストDHL」の年次報告書によると、約2,500カ所に設置されており、ドイツに居住する人の90％は、最寄りの「パックステーション」から約10分以内の距離に住んでおり、250万人以上の人が登録しているという[19]。現在、3,200カ所に設置されていることを考えると利便性はさらに向上していると思われる。

---

[16] (6)
[17] (6)
[18] (4 p.98)
[19] (21 p.16)

写真 2

「パックステーション」ベルリンにて

図1 ドイツ国内ネットワーク

	2016 年	2017 年
パケットショップ（箇所）	約 11,000	約 11,000
アウトレット（箇所）	約 13,000	約 13,000
ポスト（箇所）	約 110,000	約 110,000
郵便物数/日	約 5,900 万	約 5,900 万
「パックステーション」（箇所）	約 3,000	約 3,200
郵便物及び小包の配達員数（人）	約 103,000	約 108,000
小包センター（箇所）	34	34
セールスポイント（箇所）	約 3,100	約 2,800
メールセンター（箇所）	82	82
パケットボックス（箇所）	約 900	約 800
小包数/日	430 万	460 万

出典：2016 と 2017 Annual Report Deutsche Post DHL Group から筆者作成

　「Ver. di」の郵便ロジスティクス担当のラウホ博士は、この「パックステーション」について、「ドイツポストDHL」が膨大な資本を投下して開発費や場所の利用代金を支払っており、小包取り扱い各事業者も独自のロッカーを保有していることから、「パックステーション」（写真2）の他社へのオープン化戦略は採っていないとのことであった[20]。

　「ドイツポスト」は郵便や小包の取扱いをスーパー等の店内や食料品売り場や文房具売り場の一角にあるコーナーで行っている（写真3、4）。そこでは切手や発送用パッ

---

20 [8]

ドイツポスト DHL：世界を行くグローバル企業　　177

写真 3

写真 4

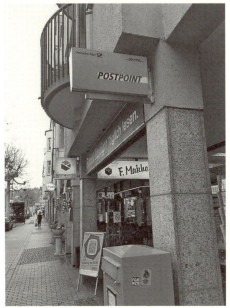

「ドイツポスト DHL」リテールアウトレット．ボンにて

ケージの購入，現金の出し入れ，クレジットカードの申請等も可能である（図 1）。
「Ver. di」によると「ドイツポスト」の多くの郵便物の取扱所では競合他社も利用しているということである[21]。

---
[21] [8]

「ドイツポスト」の概要

1.「ドイツポスト」の沿革

　「ドイツポストDHL」は、ユニバーサル・サービス提供事業者でありUPU条約に関わる権利と義務を実施する責務を持つ。2017年現在、子会社・共同経営・持分法が適用される企業を含め744社から構成される。グローバル企業としての側面と「ドイツポスト」の側面と二つの顔を持つ。グローバル企業としての「ドイツポストDHL」は、全世界で50万8,000人の職員を擁し、190機の航空機を所有する一面がある。「ドイツポスト」としては、21万1,000人の職員を擁し、ドイツ国内で事業を行う別の面もある。「ドイツポスト」は小包配達を専業とするDHLデリバリー会社という地域会社を設置し、日本の非正規雇用のような仕組みを作るなどしている。本社はドイツ西部のボンに位置する。株主の構成や主要株主については（図2、図3）の通りである。

　「ドイツポスト」グループは企業買収を通して国際化を積極的に進め売上高の増大が見られる。例えば、「ダンザス」（1999年3月）や米国の大手フォワーダーの「AEI」（2000年）を次々に買収した。2000年9月には「DHL」の買収方針が発表され2002年には「DHL」を買収した。「DHL」が米国で買収したエアボーン事業で多額の赤字を被り、ポストバンクを売却して穴埋めに充てたが、グローバル路線は一貫していた。そのため、現在ポストバンクのブランで事業を行なっているポストバンクは「ドイツポスト」グループではない。

　ドイツ郵便市場の自由化に伴い、ドイツの小包部門を「DHL」に名前を変えるなど、小包重視の路線を取り始めた。「ドイツポストDHL」は郵便、小包、エクスプレス、ロジスティクス領域で強みがある。「ドイツポストDHL」のブランド力は高く、コンサルタント企業の「ブランドファイナンス」は世界でのロジスティクスブランドにおいて

図2　株主構成と株主の地理的分布

出典：2017　Annual Report Deutsche Post DHL Group

図3　大株主の状況

	国	発行済み総数に対する所有株式の割合%
ドイツ復興金融公庫	ドイツ	20.66
ブラック・ロック	全世界	7.78
ノルゲ銀行インベストメント マネージメント	ノルウェー	2.83
ドイツ アセット＆ウェルス マネジメント インベストメント	ドイツ	2.68
デカ インベストメント	ドイツ	2.57
ザ ヴァンガード グループ	米国	2.03
フィデリティ マネジメント アンド リサーチ カンパニー	米国	1.40
インベスコ アセット マネジメント	英国	1.39
ユニオン インベストメント プリヴァートフォンズ	ドイツ	1.27
アーティザンパートナーズ	米国	1.27
ステート ストリート グローバル アドバイザーズ	英国	1.16
ヘンダーソン グローバル インベスターズ	英国	1.07
キャピタル ワールド インベスターズ	米国	1.06
計		47.17

出典：「ドイツポスト・アーゲー」有価証券報告書 第22期

トップ50で28位に格付けしている。

　以上のようにグローバル戦略の結果、「ドイツポスト」は世界各地にプレゼンスがある。「ドイツポスト」では競争する企業も市場セグメントごとに異なる。例えば、小包については「DPD」や「ヘルメス」であり、郵便については全国規模のライバルは存在しない。地域レベルでは新聞会社やベルリンでは「ピンメイル」が、物流では「シャンカー」が代表的である。

　最近の動きとしては、2018年9月17日に「ドイツポスト」が「ポスト・eコマース・パーセル（PeP）」事業部門をドイツ国内部門と国際部門とに分割すると発表している。ドイツ事業は「ポスト＆パケット・ドイツ」となり、国際事業については、「DHL パーセル・ヨーロッパ」と「DHL イーコマース・ソリューションズ」と再編され、2019年1月1日からのスタートになると報道があった[22]。

　この件について、コツェルニク議長は「PeP」の組織改編について、「『ドイツポストDHL』は国内では『ドイツポスト』、国外では『DHL』ブランドとしてビジネスを行っている。国内では『ドイツポスト』というブランドが人々に浸透している。例えば、『DHL』に郵便や小包を差し出すという人はほとんどいない。小包専用の車両は『DHL』のブランドである。全体の車両の40％が『DHL』であり、60％は『DHL』と郵便の混載となっている。今回の目的は国内事業と国際事業を分離することである。ドイツと直接かかわりのある部分はドイツに計上される」と語っている。2019年1月1

---
[22] [1]

日には経営陣は新体制となるがフロントラインでの体制は間に合わずに来年の2月1日までには体制づくりをするとの見通しであった[23]。

2. コーポレートガバナンス

「ドイツポスト」のコーポレートガバナンスは、監査役会（業務監督機関）と取締役会（業務執行機関）から構成されている。「ドイツポスト」グループは、取締役会によって運営されている。取締役会のメンバーは監査役会によって任命される。監査役会の責務は、取締役会に対して勧告・監督を行なうことである。

(1) 監査役会

ドイツの株式会社法によると、監査役会は資本金額によって3人以上21人以下の監査役から構成され、株主代表は株主総会で、従業員代表は選挙によって選出される。会社の財産のほか会社の帳簿及び記録を閲覧・監査を行なう。また、会社利益のために必要な際には、株主総会の招集を行う。

監査役会は取締役を任命し監督及び助言を行い、少なくとも年に4回開催される[24]。

コツェルニク議長は「監査役会の株主代表と従業員代表の人数について、1対1の構成で、株主代表監査役は10名で、従業員代表も10名（内3名は労働組合代表）としており、残りの7人のうちの1人は部下がいる人、企業のために何らかの能力を発揮が出来る人（管理者）の中から選ばれ監査役会のメンバーを務める。今までに従業員側を裏切るような行為はしていない」という[25]。

監査役会の6つの委員会
①執行委員会
　　●取締役指名の準備、監査役会の準備。
②人事委員会
　　●人的資源の指針について議論。
③財務・監査委員会
　　●各年度の決算報告書・中間決算・営業報告書の監査・承認。
④戦略委員会
　　●監査役会における戦略及び監査役会の本会議における承認を必要とする企業買収や処分に関する事前協議を行う。
　　●企業全体及び各部門での競合に関する定期的な協議。
⑤指名委員会

---

[23] [7]
[24] (10 p. 97)
[25] [7]

- 監査役会の株主側代表者に対し定時株主総会時のための株主側選出の候補を推薦する。
⑥調停委員会
- 監査役のメンバーの3分の2以上の多数による賛成が得られない場合には、取締役の任命について監査役会に提言を行う。

(2) 取締役会

取締役会が「ドイツポスト」の経営を行なう。そのメンバーには、最高経営責任者、財務担当の取締役及び人事担当の取締役に加え、4つの事業部（「PeP」事業部、「エクスプレス」事業部、「グローバル・フォワーディング／フレート」事業部及び「サプライ・チェーン」事業部）の取締役で構成される。2017年度の年次報告書によると、各事業本部の責任者4名を含む7名の取締役から構成されている[26]。

(3) 従業員

①従業員の種類

旧国営企業としての企業形態に基づき、「ドイツポスト」には公務員、職員、労働者の3種類の従業員が存在する。「ドイツポスト」の従業員への給与メカニズムは業績ベースのスキームが採用されている[27]。

「Ver. di」のラウホ博士は、「『ドイツポスト』の規模に対して派遣社員数こそ少ないものの、有期雇用の従業員は多い。そのため「Ver. di」は交渉を通して有期契約を無期限雇用に雇用転換をはかっている。労働者には雇用保障が、『ドイツポスト』にとっては労働者の確保の観点から有効である」と述べている[28]。そして、「ドイツポスト」の事業はシーズンビジネスであることから派遣社員が働いていることについても理解を示していると思われる。

②賃金水準

2017年1月1日からの最低賃金は8.84ユーロ/時間で2019年には最低賃金の水準がアップされる見込みである[29]。

③従業員数

2017年12月末現在、従業員数は472,208人（8時間換算）が働いており2.8％以上の増加である。2017年末の頭数にすると519,544人であった。「PeP」部門ではドイツ、欧州、アジアおよび米国でのEコマースと小包領域での成長により新規採用に

---

[26] (10 p. 95)
[27] (2 p. 2)
[28] [8]
[29] (3 p. 28)

図4 常勤従業員数

単位：人	2016年	2017年	増減率%
12月31日時点における総数	459,262	472,208	2.8
「ポスト-eコマース-パーセル（PeP）」事業部	177,307	183,679	3.6
「エクスプレス」事業部	82,792	90,784	9.7
「グローバル・フォワーディング／フレート」事業部	41,886	41,034	-2.0
「サプライ・チェーン」事業部	146,739	145,575	-0.8
コーポレート・センター及びその他	10,539	11,136	5.7
	-1	0	-100
ドイツ	174,537	180,479	3.4
ヨーロッパ（ドイツを除く）	113,104	114,360	1.1
米州	79,347	82,887	4.5
アジア・太平洋	73,979	76,081	2.8
その他の地域	18,295	18,401	0.6
年平均	453,990	468,724	3.2
総従業員数			
12月31日時点における総数	508,036	519,544	2.3
年平均	498,459	513,338	3.0
時間給従業員及び給料制従業員	459,990	477,251	3.8
公務員	32,976	30,468	-7.6
研修生	5,493	5,619	2.3

出典：2017Annual Report Deutsche Post DHL Group

よって強化を図っている。「エクスプレス」事業部においては増加する発送物に対応するために従業員を増強。「グローバル・フォワーディング／フレート」事業部の「フレート」部門では従業員数に減少が見られた。「サプライ・チェーン」事業部でも人員の減少が見られた。全体的には、世界各地域での従業員数は増加している（図4)[30]。

④「従業員代表委員会」

　「ドイツポスト」にもドイツの企業にあるように当然のことながら2つの階層で労働者の利益が代表されている。その内のひとつはすでに述べている「監査役会」である。そして、事業所レベルでは「従業員代表委員会」が存在する。「従業員代表委員会」には労働組合員の如何に関わらず、労働者によって選出される。そのため、労働組合と「従業員代表委員会」は全く別の組織であると考えられるが、委員は労働組合員となる傾向がある。そのため、この委員会が労働組合と職場の橋渡しの役割を担っているともいえる[31]。

---

[30] (10 p. 71)
[31] [14ページ：13-14]

ドイツ企業の従業員は選挙で選ばれた「従業員代表委員会」の代表を通して意思表明する権利がある。社会的・人事的・経済的な事項について会社側と協議を行う。

社会的な事項としては、労働時間規定、有給休暇、労働災害・職業疾病の保護、社会的施設の管理、経営的賃金形成、経営的提案制度などの課題について、人事的事項については、人事計画、雇用保障、人事評価、職業教育、採用、配置転換等[32]、経済的事項については、操業の制限、休止あるいは移転のような従業員にとって決定的な不利な影響をもたらしうる経営の変更についてとされる[33]。

労働組合は経営者団体と交渉して協約を結ぶ。「従業員代表委員会」は一企業の事業所から選ばれた代表で、その事業所の経営側と交渉する権利を有する。経営者団体との協約で定められた条件をドイツの法律により下回ることはできないが、それ以上については交渉が可能となる。しかし、その合意内容は、労働組合と経営者団体が結んだ協約の合意内容を下回ることは出来ないとされている。また、ストの実施については、労働組合が決定し実施するが、「従業員代表委員会」はストの実施はできない。ドイツの法律では従業員委員会は経営側が設ける人事部と対応する組織として、人事や総務が行う仕事に対して従業員の立場から発言する事が望まれている[34]。

さらに、「従業員代表委員会」の委員が従業員代表の「監査役会」の監査役員に就任しており、「従業員代表委員会」が監査役会への代表を送り込む母体となっている。ドイツでは株主と従業員を同列におき、従業員も株主同様に経営の「チェック＆バランス」につながる行為が法的に認められている[35]。

以上のシステムにおいて、「Ver. di」と「ドイツポスト従業員代表委員会」もこのメカニズムにそって役割を分担しながら「ドイツポスト」と交渉を行なっている。

(4) 労使関係：「Ver. di」と「ドイツポスト DHL」との新協約（4 月 10 日）

「ドイツポスト」の 13 万人の郵便従業員は、2018 年 10 月 1 日以降新協約に沿った賃上げ額か賃上げ相当額の時間短縮の選択が可能である。「Ver. di」は組合員の期待が賃金にあるのか時間短縮にあるのかという「困難な提案」について組合員からのアンケートによって組合員の意思を確かめた。「Ver. di」は 2018 年 4 月に 5 万人以上の組合員が参加した投票で 67.97％が賛成によって、「ドイツポスト DHL」の提案を受け入れた。この協約では高めの賃金か短い労働時間を選ぶことが出来る。

「ドイツポスト」は、2 月末に 2 段階で賃上げを実現する提案を行い、2018 年の 10 月 1 日から 3％、2019 年 10 月 1 日から 2.1％賃金を引き上げか、それ以外に、従業員は賃金引き上げの代わり、補足的な時間短縮というオプションも提示された。組合によれば、3％の賃上げの代わりに 60.27 時間の「勤務解除時間」を使え、2.1％の賃上げの代

---

[32] [16 ページ：174-175]
[33] [18 ページ：63]
[34] [17]
[35] [15 ページ：86-87]

184　第12章　ドイツ

図5　新協定のモデル

出典：FACHBEREICH・POSTDIENSTE・SPEDITIONEN・LOGISTIKSPE be wegen Heft4/2018

わりに42.19時間の「勤務解除時間」を使えるという内容である。正規雇用労働者の1年間の労働時間の1%が20.09時間に相当する。2019年1月1日から同年12月31日までのいずれにするかの申請書を2018年9月30日までに提出しなければならない作りである[36]。

　コツェルニク議長は、「基本的には交渉の後には組合員にアンケートを行った。交渉チームにとっても、2つ目のステップには物足りなさがあったものの、5万人以上からの投票では好意的に受け止められていることが明らかになった。しかし、組合の立場としては賃金と時間のどちらを採るかの選択は問題であり、これを習慣にしてはならない。しかし、実際に40%が負担軽減を望んでいる。賃金の増を60%が望んでいる」と反省の弁が加えられた。

　さらに、「時間短縮の場合には人が足りなくなるのでは」という質問に対しては、議長は「現行の労働協約は勤続年数に応じて賃金が上がっている。これは2年ごとに18年まで上がることになる。そのため、年配の従業員の給与は新しく採用した人は達しない。一方、高齢の従業員は病欠しないが、一度大病を患うと時間調整を自分で行って体

---

[36] (9)

調管理に気を使うようになる。ベテラン従業員が職場からのいなくなることは避けたい思いもある」としている（図5）[37]。

(5) 高齢者時間短縮勤務制度

「Ver. di」と「ドイツポスト」が2011年に締結した「人口動態型協約」について、従業員の高齢者短時間勤務制度がこれまでの6年間の適用から10年間に延長され2019年3月1日から実施される予定である。この協約は労働時間貯蓄口座を持っており、そこに従業員は一定の対価を払い込みことによって高齢者の短時間勤務を支える仕組みである。高齢になり短時間で働くようになると、まず労働時間が半分となる。

そして年金が払われる前、高齢者短時間勤務が終了に近づくと、労働時間貯蓄口座に貯蓄されてきた残高から自由に引き出すことが出来るようになる。短時間勤務により高齢者が受け取る賃金は、それ以前の賃金のおよそ87％で、年金掛金は高齢者短時間勤務前の年金掛金の90％になるとみられる。

労働時間貯蓄口座の残高は、「ドイツポスト」では年3.2％で運用される。補足的に「労働短縮日」を月ごとに設け、高齢者短時間制度の間、特別な支払いを行う。その理由は「ドイツポスト」の従業員は高齢者短時間制度の間50％の労働となるためである。1年間早く家に帰る為には、平均時間価値口座では1,000労働時間に対応する額で足りる。このモデルは、高齢者短時間勤務制度では65％の勤務解放時間となる。同時に「ドイツポスト」は高齢者短時間制度に入る前の年金の掛金を90％に増額する。「ドイツポスト」は現在16万人の従業員が抱えており、その中でおよそ13万人が協約適用人数である。現在2万6000人が時間価値口座を持っており、その内4,200人が現在6年間の高齢者短時間勤務に従事している[38]。

「ドイツポスト」の状況

1.「ドイツポスト DHL」グループ構成

既に述べているように「ドイツポスト」は「ドイツポスト」と「DHL」のブランドで、郵便と小包の発送、エクスプレスの配達、貨物輸送、サプライチェーン・マネジメント及びEコマースソリューションのサービスを実施。2018年12月現在で、「ポスト・e-コマース・パーセル（PeP）」事業部、「エクスプレス」事業部、「サプライ・チェーン」事業部、「グローバル・フォワーディング／フレート」の4事業部から構成されている。各事業部には事業本部があり、その中で機能別、ビジネスごと、地域別に細分化されている。グループの経営は、コーポレート・センターに集約化されている。各事業本部のトップは取締役会のメンバーである（図6、図7）[39]。なお、ドイツには既

---

[37] [7]
[38] (13)
[39] (10 p. 26)

図6 「ドイツポスト DHL」組織図

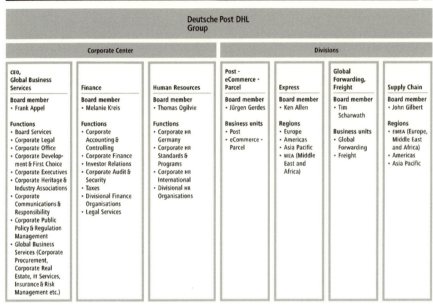

出典：2017Annual Report Deutsche Post DHL Group

図7 「ドイツポスト DHL」のブランド区分

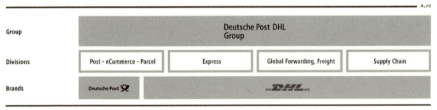

出典：2017Annual Report Deutsche Post DHL Group

に郵便局は存在しない。

2. 子会社及び関連会社

　「ドイツポスト DHL」には親会社は存在しない。次の表は、連結子会社及び関連会社の種類及び数を示す（図8）。

ドイツポスト DHL：世界を行くグローバル企業　187

図8　グループ連結子会社

	2016年12月31日	2017年12月31日
子会社数	787	729
国内	132	129
海外	655	600
共同経営	2	1
国内	1	0
海外	1	1
持分法が適用される投資数	12	14
国内	0	0
海外	12	14
トータル	801	744

出典：2017Annual Report Deutsche Post DHL Group から筆者作成

3. 経営結果

　グループの営業利益は2017年度には37億4,000万ユーロ（7.2%増）となり、目標としていた約37億5,000万ユーロをほぼ達成した。「PeP」事業部門では15億ユーロの営業利益を、各DHL部門では25億9,000万ユーロを計上した。全ての事業部門での増加によってグループ収益は600億4,000万ユーロ（5.4%増）となった[40]。

　コツェルニク従業員代表委員会議長は、「国際的に見ると郵便の減少と小包増加が傾

図9　経営指標の推移（2017年）

	2016	2017
	ユーロ	ユーロ
収益	573億3,400万	604億4,400万
営業損益（EBIT）	34億9,100万	37億4,100万
売上高当期純利益率（%）	6.1	6.2
資産に関する費用を計上後のEBIT（EAC）	19億6,300万	21億7,500万
連結当期純損益	26億3,900万	27億1,300万
フリー・キャッシュ・フロー	4,440万	14億3,200万
純負債（+）／純流動性（−）	22億6,100万	19億3,800万
税引前自己資本利益率	27.7%	27.5
1株当たり利益	2.19	2.24
1株当たり配当	1.05	1.15（提案）
従業員数　（人）	508,036	519,544

出典：2017Annual Report Deutsche Post DHL Group

---

[40] (10 p. 55)

向として現われているが、ドイツでは他の欧州諸国に比べて緩やかな 2-3％の減少幅となっている。その一方で、小包市場は活況を呈している。ドイツ国内の主要 5 社が競合しており昨今の小包の全体の取扱量の拡大に伴い各社も同じように取扱量を増やしている。「ドイツポスト DHL」国内外の収益構造は大まかにではあると断りを入れつつも、ドイツ国内の 40％で国外は 60％、マージンは「エクスプレス」事業の 12％、「PeP」事業の 5-8％、「サプライ・チェーン」事業と「フォワーディング/フレート」事業の 3％程度であり、「エクスプレス」事業と「PeP」事業は資産を保有するためマージンは高い」との語っている（図9)[41]。

各事業部の状況

1.「ポスト・eコマース・パーセル（PeP）」事業部

「ドイツポスト」という名称でサービスを提供する。1日当たり約 5,900 万通の郵便物を配達する欧州最大の郵便企業であり、郵便物、ハイブリッド、電子的書簡及び商品、料金着払い、書留郵便及び商品補償等の付加サービスを提供する[42]。

(1) ドイツの郵便市場規模

ドイツの郵便市場の規模は、約 45 億ユーロ（2016 年度：約 45 億ユーロ）である。「エンド・トゥ・エンド」サービス提供企業やコンソリデーターとの競合が激しい。「ドイツポスト」グループの市場シェアは、2016 年度の 61.3％から若干拡大して 61.7％となった（図10)[43]。

(2) 広告

「ドイツポスト」では、「エン・トゥ・エンド」の「ダイアログ・マーケティング・サービス」を提供。国内広告市場は、2017 年には前年比で 1.3％増の 271 億ユーロとなった。「ドイツポスト DHL」のシェアは減少して 8.2％（前年度：8.7％）となった（図11)[44]。

(3) 郵便及び商品の越境輸送

越境郵便物・小型商品の取り扱い、グローバルでの対話型マーケティング・サービスを実施。国際事業を展開する利用者向けに、書面・ハイブリッド・電子書面でのコミュニケーション手段を提供している。外国向けの国際郵便市場規模は、2016 年度においては約 58 億ユーロで、2017 年度は 59 億ユーロであった。市場シェアは 16.4％となった（図12)[45]。

---

[41] [7]
[42] (10 p. 28)
[43] (10 p. 28)
[44] (10 pp. 28-29)

図 10　事業顧客向けメール・コミュニケーションの国内市場（2017 年）

市場規模：45 億ユーロ	
「ドイツポスト」	61.7%
競合他社	38.3%

出典：2017Annual Report Deutsche Post DHL Group

図 11　ドイツ広告市場（2017 年）

市場規模：271 億ユーロ	
「ドイツポスト」	8.2%
競合他社	91.8%

出典：2017Annual Report Deutsche Post DHL Group

図 12　国際郵便（外国向け）市場（2017 年）

市場規模：59 億ユーロ	
DHL	16.4%
競合他社	83.6%

出典：2017Annual Report Deutsche Post DHL Group

図 13　国内小包市場（2017 年）

市場規模：108 億ユーロ	
DHL	45.4%
競合他社	54.6%

出典：2017Annual Report Deutsche Post DHL Group

(4) 国内小包市場

　ドイツ国内には高密度の小包集荷・配達所のネットワークがある。小包の受取りでは、利用者ニーズに応じて、受渡し期間中の配達、当日配達等のオプションや受取場所をパケットショップ等にすることも可能。オンライン小売事業を支援しており、「リターンロジスティクス」を含むロジスティック・チェーン全体への対応も行なう。

　2017 年のドイツの小包市場規模は、約 108 億ユーロ（前年度：101 億ユーロ）であった。「DHL」のシェアは、45.4%（前年度：45.1%）と若干の拡大している。「パーセル・ヨーロッパ」はドイツを含めて 26 カ国で事業を行なっている。欧州においては 60,000 カ所以上の小包取扱店と引渡場所がある。欧州外においては、チリ、マレーシア、ベトナム各国内で小包ネットワークの運用を始めている。米国においては、特定の大都市圏向けの利用者にエクスプレスでの B2C を提供している。日本には越境小包の取扱い強化のために配送センターが設置されている（図 13）[46]。

---

[45]　(10 p. 29)
[46]　(10 p. 29)

図 14　「PeP 事業部」

主要な経営指標—「ポスト-e コマース-パーセル（PeP）」事業部			
（単位：ユーロ）	2016 年調整後	2017 年	増減%
収益	170 億 7,800 万	181 億 6,800 万	6.4
ポスト業務部	97 億 4,100 万	97 億 3,600 万	-0.1
e コマース-パーセル業務部	73 億 3,700 万	84 億 3,200 万	14.9
利息を含まない税引き前利益（EBIT）	14 億 4,600 万	15 億 200 万	3.9
ドイツ国内	14 億 4,700 万	14 億 9,200 万	3.1
国際パーセル及び e コマース	-100 万	1,000 万	>100
売上高当期純利益率（%）	8.5	8.3	-
営業活動によるキャッシュ・フロー	3 億 6,000 万	15 億 500 万	>100

出典：2017Annual Report Deutsche Post DHL Group

(5)「ポスト・e コマース・パーセル（PeP）」事業部の営業成績

　2017 年度の PeP 事業部の収益は 181 億 6,800 万ユーロ（6.4%増）であった。これは E コマース・小包部門での取扱量と収益増によるものである。「パーセル・ジャーマニー」（ドイツ国内）の小包収益は 4.3%の増加を見た。2017 年を通して、「PeP」の小包の取扱は前年度比で 7.8%であり 13 億個以上を記録している。

　E コマース部門の収益は 10.3%増であった。しかし、UK メール（2017 年度：5 億 3,600 万ユーロ）の事業成績を今回初めてパーセルヨーロッパ（欧州領域）での小包収入に加えたことにより 65.4%増となった。

　郵便事業部門では 97 億 3,600 万ユーロ（-0.1%）の収益である。郵便物の減少傾向はあるものの、2017 年に限っては「ダイアログ・マーケティング・サービス」部門の成長とドイツでの選挙郵便による取扱増に伴って概ね相殺されている。「PeP」部門では、営業利益が 3.9%増して前年度並みの 15 億 200 万ユーロに回復した（図 14）[47]。

2．「エクスプレス」事業部

　「エクスプレス」事業部は緊急性の高いドキュメントや商品を取り扱う。220 以上の国・地域を結ぶグローバル・ネットワークを通して、270 万以上の利用者に、約 10 万人の従業員がサービスを行なっている。

(1)　時間指定国際便と越境エクスプレス・サービスの拡大

　主力サービスは時間指定国際便である。オプショナルサービスとして、ライフサイエンス・ヘルスケア分野の利用者向けに、温度コントロールに対応した温度管理パッケージングを提供する。リターンロジスティクスに強みを持つ。

---

[47]　(10 pp. 63-64)

図15 国際エクスプレス市場-欧州、2016年：トップ4

	市場規模：71億ユーロ	
1	DHL	44%
2	UPS	24%
3	TNT	11%
4	FedEx	10%

出典：2017Annual Report Deutsche Post DHL Group

図16 国際エクスプレス市場-米州、2016年：トップ4

	市場規模：82億ユーロ	
1	FedEx	43%
2	UPS	33%
3	DHL	20%
4	TNT	＜1%

出典：2017Annual Report Deutsche Post DHL Group

図17 国際エクスプレス市場-アジア太平洋地域、2016年：トップ4

	市場規模：80億ユーロ	
1	DHL	49%
2	FedEx	19%
3	UPS	11%
4	TNT	4%

出典：2017Annual Report Deutsche Post DHL Group

(2) 欧州地域

　欧州地域の越境エクスプレス市場（2016年度）では、ドイツポストDHLグループが44％の市場を占める。ロンドンやブリュッセルの既存の場所を新たなハブとした。ハンブルクにドイツ最大のエクスプレス配送センターをオープンさせた（図15）[48]。

(3) 米州地域

　米州地域でのドイツポストDHLグループのシェアは20％（2016年度）である。米州ではサービスポイントは1,000カ所を超えている。メキシコには複数のサービスセンターを開設した（図16）[49]。

---

[48] (10 p. 30)
[49] (10 p. 30)

図 18　エクスプレス事業部

主要な経済指標—エクスプレス事業部			
（単位：ユーロ）	2016 年調整後	2017 年	増減%
収益	140 億 3,000 万	150 億 4,900 万	9.5
欧州	63 億 1,700 万	66 億 9,600 万	11.0
米州	27 億 4,100 万	30 億 1,000 万	9.8
アジア・太平洋	51 億 9,400 万	55 億 5,600 万	7.0
MEA（中東・アフリカ）	10 億 5,400 万	11 億 1,000 万	5.3
連結／その他	-12 億 7,600 万	-13 億 2,300 万	-3.7
利息を含まない税引き前利益（EBIT）	15 億 4,800 万	17 億 3,600 万	12.4
売上高当期純利益率（%）	11.2	11.5	-
営業活動によるキャッシュ・フロー	19 億 2,800 万	22 億 1,200 万	14.7

出典：2017Annual Report Deutsche Post DHL Group

(4)　アジア太平洋地域

インドのニューデリー空港にゲートウェイ機能が拡大された。ホンコンのハブ機能は新技術を取り入れてアップグレードされた。収益は 7％増で 55 億 5,600 万となった。アジア太平洋地域の市場シェアは 49％となった（図 17）[50]。

(5)　中東・アフリカ地域

中東・アフリカ地域においては、中東は 2017 年も政情不安の影響を受けたが、この地域の収益は 2016 年度の 10 億 540 万ユーロを上回る 11 億 1,000 万ユーロ（5.3％増）を計上した。カイロへの貨物便数の増発をはかった。増加する物量に対応ためドバイのハブの能力を大幅アップした[51]。

(6)「エクスプレス」事業部の営業成績

エクスプレス事業部の収益は約 150 億 4,900 万ユーロ（9.5％増）となった。時間指定国際便の一日当たりの売上高は 12.9％、一日当たりの取扱量は 9.9％増と好調であった。営業利益（EBIT）は 12.4％増加して 17 億 3,600 万ユーロとなった。売上利益率は 2016 年度の 11.2％か 2017 年度には 11.5％へ増加した（図 18）[52]。

3.「グローバル・フォワーディング／フレート」事業部

この事業部ではコンテナ輸送・マルチモーダルシフト・などのソリューションの提供を行なう。

---

[50]　(10 pp. 31, 66)
[51]　(10 pp. 31, 66)
[52]　(10 p. 65)

図19　航空貨物輸送市場シェア上位4社（2016年）

		単位：1,000トン
1	DHL	2,081
2	Kuehne + Nagel	1,304
3	DB シャンカー	1,179
4	Panalpina	921

（データは輸出貨物重量）
出典：2017Annual Report Deutsche Post DHL Group

図20　海上貨物輸送市場シェア上位4位（2016年）

		単位：1,000 TEU
1	Kuehne + Nagel	4,053
2	DHL	3,059
3	DB シェンカー	2,006
4	Panalpina	1,489

（TEU：20フィートコンテナに相当する単位）
出典：2017Annual Report Deutsche Post DHL Group

図21　欧州地上輸送市場シェア上位5位（2016年）

	市場規模：1,950億ユーロ	（市場シェア%）
1	DB シャンカー	3.3%
2	DHL	2.2%
3	DB シャンカー	1.8%
4	DSV	1.8%
5	Kuehne + Nagel	1.4%

（国単位：バルク商品及び特殊物輸送を除くヨーロッパ25ヶ国の合計）
出典：2017Annual Report Deutsche Post DHL Group

(1) 航空貨物輸送

国際航空運送協会（IATA）によると、全世界の航空貨物輸送重量は9パーセント（2017年度）増加した。「DHL」は2016年の航空輸送市場においてもトップを維持した（図19）[53]。

(2) 海上貨物市場

市場全体で、特に取扱数量の主にアジア太平洋地域及び欧州航路で増加している。「DHL」は海上貨物輸送サービス分野で第2位であった（図20）[54]。

---

[53] (10 p. 31)
[54] (10 p. 32)

図22　グローバル・フォワーディング／フレート事業部の経営成績

主要な経営指標—グローバル・フォワーディング／フレート事業部			
（単位：ユーロ）	2016年	2017年	増減%
収益	137億3,700万	144億8,200万	5.4
グローバル・フォワーディング業務部	96億2,600万	102億7,900万	6.8
フレート業務部	42億7,400万	43億5,400万	1.9
連結／その他	-1億6,300万	-1億5,100万	7.4
利息を含まない税引き前利益（EBIT）	2億8,700万	2億9,700万	3.5
売上高当期純利益率　（%）	2.1	2.1	-
営業活動によるキャッシュ・フロー	2億4,800万	1億3,100万	-47.2

出典：2017Annual Report Deutsche Post DHL Group

(3) 欧州の地上輸送市場

「DHL」は2017年にプレミアムサービスの「EURAPID」を欧州22カ国でスタートさせた。なお、2016年も引き続き第2位で2.2%のシェアを維持した（図21）[55]。

(4) 「グローバル・フォワーディング／フレート」事業部の経営成績

「グローバル・フォワーディング／フレート」の業績は改善が見られた。2017年度の収入は5.4%増の144億8,200万ユーロであった。航空と海上輸送で取扱量の増加が見られた。トラックや鉄道による地上輸送は、欧州において、特にドイツで活発に利用された。この事業部の営業損益は3.5%増の2億9,700万ユーロであった（図22）[56]。

4.「サプライ・チェーン」事業部

「DHL」は倉庫保管、輸送及びカスタマイズした高品質のサプライ・チェーン・ソリューションを提供。特に、契約ロジスティクスでは、プランニング・調達・清算・梱包・修繕・リターンロジスティクスに強みがある。Eコマース向けのフィルフルメントサービス・付加価値サービス・サプライ・チェーンのサービスなどによって一貫したサービスの提供が可能である。

(1) 得意分野

ライフサイエンス・ヘルスケア・自動車産業・テクノロジーの分野において強みを持つ。2017年には、ライフサイエンスが得意分野とするブラジルの「Olimpo Holdings」を買収した。テクノロジー企業はライフサイクルが短い商品を扱うため、それに対応するサプライ・チェーンを必要としており、「ドイツポストDHL」では、カスタマーニーズに合致したサービス提供を通じてビジネスチャンスの拡大につなげている[57]。

---

[55] （10 p. 32）
[56] （10 p. 67）

図23 契約物流市場シェア上位10社（2016年）

	市場規模：2,020億ユーロ	（市場シェア%）
1	DHL	6.2%
2	XPO Logistics	2.4%
3	Kuehne + Nagel	2.1%
4	日立物流システム	1.8%
5	Ceva	1.6%
6	SNCF Geodis	1.4%
7	Neovia	1.3%
8	DBシェンカー	1.2%
9	UPS SCS	1.2%
10	Ryder	0.7%

出典：2017Annual Report Deutsche Post DHL Group

図24 サプライ・チェーン事業部の経営成績

主要な経済指標—サプライ・チェーン事業部			
（単位：百万ユーロ）	2016年	2017年	増減%
売上高	139億5,700万	141億5,200万	1.4
EMEA（欧州、中東・アフリカ）	73億3,600万	72億4,500万	-1.2
米州	44億5,400万	45億5,100万	2.2
アジア太平洋	22億	23億8,900万	8.6
連結／その他	-3,300万	-3,300万	-
利息を含まない税引き前利益（EBIT）	5億7,200万	5億5,500万	-3.0
売上高当期純利益率	4.1	3.9	-
営業活動によるキャッシュ・フロー	6億5,800万	2億3,900万	-63.7

出典：2017Annual Report Deutsche Post DHL Group

(2) 契約物流

「DHL」は契約物流事業を50ヶ国以上で展開し、トップの市場シェアは6.2%（2016年）がある。北米地域や欧州地域においてトッププレイヤーである。「DHL」のプレゼンスがアジア太平洋地域やラテンアメリカの新興成長市場で高まっている（図23）[58]。

(3) 「サプライ・チェーン事業部」の経営成績

「サプライ・チェーン事業部」の2017年度の収益は141億5,200万ユーロ（1.4%増）である。2017年度に自動車や消費財関連や小売事業者と14億9,000万ユーロにおよぶ契約を結んだ。営業利益は5億5,500万ユーロ（3.0%減）であった（図24）[59]。

---

[57] （10 p. 32）
[58] （10 p. 33）

企業戦略「戦略 2020:フォーカス・コネクト・グロー」

「ドイツポスト」は 2014 年 4 月に 5 カ年計画「戦略 2020:フォーカス・コネクト・グロー」を導入した。この戦略では新興国市場と E コマース関連の物流の取り込みはかることを目的としている。

目標は 2013 年の 28 億 6,000 万ユーロ (EBIT) をベースとして、2020 年までにわたり連結 EBIT が年平均で 8% 以上、「DHL」が年間約 10% で、郵便については年間約 3% の成長をかかげている。さらに、連結収益の 0.5% を下回るようにコーポレート・センターやその他費用の縮減をめざしている。

「ドイツポスト DHL」は新興市場からの収益を 2020 年までに 30% までに引き上げる。さらに、この戦略では連結純利益の 40%-60% が配当金として株主に配当することをコミットしている (図25)[60]。

1. フォーカス

ロジスティクスを 2020 年までにキービジネスに育てる。「ドイツポスト」の各事業は世界で成長市場での好位置にあり、ドイツ国内の郵便市場の基盤強化と E コマース市場への拡大をはかる。

図25 「戦略 2020:フォーカス・コネクト・グロー」

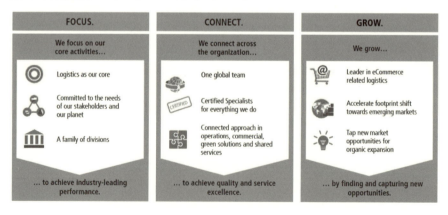

DPDHL Group Strategy 2020, Focus. Connect. Grow. Source: DPDHL (2017)
出典:Drivers and Performance Factors of Mergers and Acquisitions − A Case Study at Deutsche Post DHL

---

[59] (10 p. 69)
[60] (21)

2. コネクト

2020年までに「ドイツポストDHL」の全世界の従業員の80％が従業員研修を受けることになる。従業員研修と人材開発に莫大な投資を行ない、従業員が持つノウハウや専門性等をグループ内で共有することで、顧客ニーズに沿ったサービスの提供につなげる。環境に優しいロジスティクスがうたわれており、商業的に環境を保護する車両の導入が進められている。

3. グロー

Eコマース関連のロジスティクスにおいて、重要な越境Eコマースルートと国内B2C小包市場でそれぞれナンバーワンをめざしている。さらに、「ドイツポストDHL」がドイツ国内で成功した小包モデルの移転を国外へはかる。

DHLの49の地域会社（DHL Delivery GmbH）について

ドイツではインフラを提供する企業の労働協約は連邦レベルで締結されている。一方で、その他の企業は、例えば小売業や金融業等は地域レベルで結ぶことになる。この点において「ドイツポスト」の位置付けは特殊である。同時に「ドイツポスト」は地域でもレベルでも協約を結んでいる。ドイツには16州があり、地域レベルでの協約は、「Ver. di」と雇用者連盟が協約を結んでおり、彼らの賃金は各地域の運輸ロジスティクス業の協約に従って支払われている。このように、「ドイツポスト」には2つの異なる協約が存在することである。

「ドイツポスト」の小包配達子会社「DHLデリバリー」の従業員数は、13,000人である。「ドイツポスト」の従業員は90,000～100,000人、そのうち小包を配達している従業員は7,000人である。小包はグループ全体で約20,000人の従業員がおり、1/3は「ドイツポスト」の協約に、残りの2/3は地域の協約におかれている。

職員身分（Angestellte）は全体的に良い「ドイツポスト」の企業別協約が適用されている。「ドイツポスト」は結んでいる協約内容を引き下げるため、2015年には「DHLデリバリー」という46小包専業の地域子会社を設立、子会社の小包配達員（Paketbote）は低いレベルの地域協約での給与となった。

「ドイツポスト」は「Ver. di」に対抗して地域会社の設立を立ち上げており、「Ver. di」は猛反対している。

「Ver. di」のラウホ博士は「この協約では賃金について20％も連邦レベルの協約を下回っている」とし、さらに、「ドイツ全土には49の支店があり、そのうちの46支店で小包配達専門の『DHLデリバリー』を立ち上げた。そのため、46の「DHLデリバリー」は49支店と並立しており協約は異なるものの、従業員は各地域では同じ配達センターを使い、同じ車両で配達業務を行ない、同じ地域の人々に接している。同一賃金

となっていない。このような組織構造は経営学的な観点からみると有益ではない。最終的な目的は従業員をもとの協約に入れる」と見解を示している[61]。

「アマゾン」との関係について

「ドイツポスト」は膨大な小包の数を「アマゾン」から受託している。一方、「アマゾン」はドイツでも独自のネットワークを立ち上げて配達を実施している。そのため、「ドイツポスト」から見ると、「アマゾン」は主要な顧客でもあり競争相手でもあるという構図である。

「アマゾン」はEコマースに関連した幅広いビジネスを展開しており、多くの物流拠点、貨物機等も保有しており物流企業の様相を呈している。ドイツに限ったことではないが、「アマゾン」は荷主として優位なポジションに立っており、「アマゾン」と「ドイツポスト」を含めた大手5社を比べて「大人と子供」といえる状態に喩えられるようである。十分に巨大な「ドイツポスト」さえ「アマゾン」から見ると小さな存在に陥っている状態といえる。

「アマゾン」は配送物の形状は郵便受け箱に入るものから入らないサイズまで多様であり、ラストマイルについては、「ドイツポスト」や「ヘルメス」や「ピンメイル」等の企業を使っている。一方でドイツでは他の欧州諸国とは異なり、ドイツの顧客の求める品質の高さもあり1年半から2年ぐらい前までは「アマゾン」は自社配達を行なっていなかったが、最近では大都市を中心に実施している。「Ver. di」は「アマゾン」がどれくらいの物量を一日に配達しているかは不明としつつも、「アマゾン」が自社配達を行なっている地域では「ドイツポスト」の取扱量が減少していることを認識しているという[62]。

「ドイツポスト」では、「アマゾン」は2020年までにドイツ全体で、少なくとも13〜14の州で自社配達ネットワークを持つかもしれないと予測している。その一方で「アマゾン」が「DHL」の小包全体取扱量の17.6%を占めているともいわれる。このような状況で「アマゾン」は「DHL」に価格面で強力な圧力をかけている[63]。「Ver. di」では顧客のオーダーから配達や決済までを自社でシームレスに行ないたいという戦略を感じており、配達だけでなく、ロッカーについても「アマゾン」は独自に人口が密集している地域においても独自のロッカーを展開している。

「Ver. di」のラウホ博士は、労働者の賃金についてあくまで仮定の話ではあるとした上で、「『アマゾン』の賃金は協定で定めている賃金よりも時間当たりで10-15ユーロ低い。もし『アマゾン』がこれを15-18ユーロに引き上げようとすると簡単に引き上げることが可能であろう。そして、労働者の確保に影響が出るかもしれない。また、『ドイ

---

[61] [8]
[62] [8]
[63] (19)

ツポスト』をはじめとする主要5社は、企業からの荷受事業者として、価格交渉で弱い立ち位置にあるが、『アマゾン』にとっては一般消費者が対象であるためそれがない[64]」と語っていた。やはり、「アマゾン」に対する緊張感は大きいようである。

課題

　ドイツでも郵便の減少傾向は続いている。他の欧州諸国の減少傾向は著しい。例えば、デンマークでは年間で約20％の減少が見られ、特定の日に配達している状況であり、「Ver. di」からの聞き取りではそれに比べればドイツの状況は良い方にあるとの認識である。一方で、Eコマースの伸びに応じて小包は6-7％の増加で順調に推移し、ハイシーズン毎に伸びている。特にクリスマスシーズンがハイシーズンにあたり夏と比べると3倍となっているとの事であった。郵便については配達インフラが整っているが小包については業務を遂行するために必要なツールが整っていない。

　オンラインブームの影響で取扱能力の増強のため、小包のセンターの増設や規模拡大を行っているものの、ツールやインフラが整っていない点をあげている。経済的・効率的に業務を遂行することが最大の課題となっているようである。

　配達日については、郵便の週6日配達を削減し小包については取扱量が多いため、日曜日を含めて毎日配達を検討しているとの話があった。週6日配達を火曜日から土曜日までの5日配達にする配達日の削減について「ドイツポスト」の経営側は政治に働きかけている。実際に、「ドイツポスト」では2017年に「毎日郵便の配達を行なわない」実験を実施した。この実験に対しては「Ver. di」は大反発した経緯がある[65]。これについて「Ver. di」は反対しており、労働側からも政治に働きかけを行なっていると述べている。

　「Ver. di」は「ドイツポスト」による「EU郵便指令」が規定している郵便の5日配達を上回る週6日配達は維持されるべきであり、国民の資産が民営化された際の条件が週6日配達であったことを考慮しなければならないと、経営側も移り変わり時間も経過してこの点が抜け落ちていることを問題視していた。

　郵便の配達速度に差をつけることについては、インフラが翌日に配達することを前提に出来ているため、翌々日にすることについては賛同を得ていないようである。

　小包について「ドイツポスト」はマーケットリーダーである。その料金帯は上位にあるが品質の面でカバーしている。どのように利用者に小包を使って頂けるかについては、利用者視点で行っている。例えば、「パックステーション」を設置して利便性の向上をはかり「DHL」の利用促進をはかっている。コストの面からでも安価となり設置場所も拡大している。一方で、「アマゾン」を含めた他社でもガソリンスタンドやデパートにロッカーの設置を進めているそうである。

---

[64] [8]
[65] (22)

環境対策では、「ドイツポスト」ではディーゼル車規制を逆手に取ったラストマイルのグリーン戦略を進めている。人々は街中の大気汚染に大変敏感になっている。例えば、ドイツの自動車産業の中心であるシュトゥットガルトでは、排ガスの規制値がEUの規制値を大幅に上回っている。2019年からディーゼル車両の市内への侵入が禁止されることになり、これを見越して電気自動車の導入を進めている。ドイツ国外のケースとして取り上げられたのは、ロンドンのヒースロー空港へ「DHL」は電気車両であるために乗り入れることが可能であるとのことである。

将来的には大都市においては市内の交通規制の対象となる可能性が高い。そういった規制が入った場合には、市内に入ることが出来るように先手を打っている。他社では行っていない、また、ビジネス戦略的にも有効で「ビジネスへの売り込む駒である」と経営陣は見なしていることをうかがい知ることが出来た[66]。

第4次EU郵便指令の可能性

「第4次EU郵便指令」の可能性について、現行の「第3次EU郵便指令」の枠組みで十分に機能しているため、「Ver.di」は大きな変更を望んでいないと断言している。基本的にはEUレベルでは現在の加盟28カ国を取り巻く環境の差が非常に大きいことから、一つにまとめることは難しい状況のようである。そのために欧州委員会では全体の実態を探るために日常業務の一環として頻繁にリサーチを行っている。しかし、その結果を結論に結びつけることは困難な作業であると見ている。2019年5月にはEU選挙があり欧州委員会も新しく立ち上がることになる。ある程度落ち着くまではこのような大きな制度の改革や変更はないとの考えをドイツ連邦政府や「Ver.di」は考えを持っている。

欧州委員会にとっては新たな法的枠組みの構築に関心を寄せている。しかし、北欧やバルト三国のように郵便局がないところから、ユーロ危機の影響で国の支援なしにはUSOが成り立たないような南欧諸国、ドイツように安定した環境下でUSOの提供が出来る国もある。「Ver.di」としては、全てを網羅するような新郵便指令を作るのは容易ではないと見通しである[67]。

さらに、ラウホ博士は「USOの将来について、スイスやフランスの郵便労組と議論した結果として、都市部でのUSOはなくならない。ドイツの人口は分散している。スイスやフランスは人口が都市部に集中している。都市部と地方部では平均人口年齢がかなり異なる。地域格差もある。政治的な議論になった場合には、USOは保障されるべきであり、そうすることで地方の人は都市の人と同じ生活レベルにつながる。均衡ある国土の発展のためにはUSOは必要である[68]」と強調していた。

---

[66] [7]
[67] [8]
[68] [8]

「ドイツポスト DHL」の展望

　「ドイツポスト」を取り巻く環境は厳しさを増しているようである。まず、郵便物の減少幅は緩やかであるとはいえ減少は続いている。「ドイツポスト」は自主的に USO を実施しておりその維持も行わなければならない。一方でオンラインショッピング隆盛に伴い、小包の増加は終わりが見えないと喩えられるように全体のパイが拡大しており「ドイツポスト」を含む大手 5 社もあまねく恩恵を受けている。「ドイツポスト」は小包物数増加に伴う週 6 日配達から毎日配達への配達日の拡大の検討、「パックステーション」（ロッカー）の設置箇所数の拡大、小包の拡大に対して小包施設や電気自動車（大気汚染対策）に投資を行っている。小包と郵便の配達ネットワークの分離も行っている。小包を専業で扱う「DHL デリバリー」という地域子会社を設立して、「ドイツポスト」本体との従業員とは異なる賃金体系の導入もはかり、「Ver. di」とも係争中の問題である。

　しながら、同業他社や E メールなどの電子的代替手段だけがライバルではなく、想定を超えるような競争相手の出現している。小包の委託元である「アマゾン」が自社配送ネットワークを保有してシームレスにビジネスを行うモデルをスタートさせている。E コマースの拡大が「ドイツポスト」を難しい立場へと追いやりつつある。例えば、「DHL」の小包全体の取扱量の 17.6％は「アマゾン」由来といわれ、これをバックに価格圧力をかけ、「アマゾン」には 2.55 ユーロを、他社には 2.97 ユーロで取引をしているとされる[69]。「アマゾン」が配達を行っているところでは「DHL」の取扱量が減少しているようであるが、ここに競合者としての側面をも併せ持つ「アマゾン」のプレゼンスの大きさを垣間見ることが出来る。そして、世界の巨大企業「ドイツポスト」も思わぬ方向へと追いやられつつある。それだけ、「アマゾン」の市場支配力が強まっているといえる。「ドイツポスト」を含めた大手 5 社全体でも、「アマゾン」から見ると弱い立場にある。

　USO については、「EU 郵便指令」により法的に課せられたサービス以上のサービスを自主的に実施している。しかし、最近会社側は郵便の配達日数を現行の週 6 日から EU 郵便指令で示されている週 5 日配達に、一方小包については毎日配達への変更の検討を進めているようである。「Ver. di」としては、週 6 日配達は民営化時の約束であるとしてサービスレベルの切り下げについて反対している[70]。

　「EU 郵便指令」について他の EU 諸国がサービスレベルを実際に切り下げているにも関わらず、ドイツではたとえ 1 日配達日をカットしたとしても「EU 郵便指令」と同等なサービスを提供することにつながることから、「第 4 次 EU 郵便指令」の可能性についてドイツとしては十分に現行の指令で十分に機能しているため変更の必要性を感じ

---

[69] (19)
[70] [7]

ていないといえる。2019年5月に行なわれるEU選挙後に欧州委員会も新しくなり、当面の間は大きな制度の改革や変更はないとの認識である。

　新協約が「Ver. di」と「ドイツポスト」の間で締結され、約13万人の郵便労働者は、2018年10月1日以降新協約に沿った賃上げ額か賃上げ相当額の時間短縮の選択が可能となった。「Ver. di」も賃金を採るか時短を採るかの交渉となったが、「ドイツポストDHL」の従業員代表委員会のコツェルニク議長は、「組合員は好意的に受け止めているようであるが組合としては物足りなさがある」と語っている。雇用確保と人手不足の解消と人件費のバランスを考えての交渉結果であったのであろう。

　最後に、「ドイツポスト」が直面している課題は今後日本でも経験する可能性はありえる。加えて、小包専業子会社と「ドイツポスト」本体での同一労働にも関らず賃金格差がある問題の行方や「ドイツポスト」から完全に分離されポストバンクの動向にも注目に値すると考える。

引用文献

1. Deutsche Post DHL. Deutsche Post DHL Group focuses PeP division on German Post and Parcel business and creates DHL eCommerce Solutions division to drive global growth sector. Deutsche Post DHL.（オンライン）2018年9月17日.（引用日：2018年11月14日.）
https://www.dpdhl.com/en/media-relations/press-releases/2018/deutsche-post-dhl-group-focuses-pep-division-german-post-parcel-business-creates-dhl-ecommerce-solutions-division.html.
2. UPU. Germany. *Status and structures of postal entities*. [Online]2018.[Cited：11 6, 2018.]
http://www.upu.int/fileadmin/documentsFiles/theUpu/statusOfPostalEntities/deuEn.pdf.
3. PostNL. European Postal Markets 2018 an overview. *PostNL*. [Online]2 26, 2018.[Cited：11 12, 2018.]
https://www.postnl.nl/Images/European-Postal-Markets-An-Overview-2018_tcm10-22110.pdf.
4. Bundesnetzagentur, The. Annual Report 2017 Networks for the future. *Bundesnetzagentur*. [Online]2018.[Cited：11 9, 2018.]
https://www.bundesnetzagentur.de/SharedDocs/Downloads/EN/BNetzA/PressSection/ReportsPublications/2018/AnnualReport2017.pdf?__blob=publicationFile&v=2.
5. Bundesnetzagentur. Li-cences. *Bundesnetzagentur*. [Online][Cited：11 5, 2018.]
https://www.bundesnetzagentur.de/EN/Areas/Post/Companies/Licences/Licences-node.html.
6. —. Mar-ket Mon-i-tor-ing. *Bundesnetzagentur*. [Online]2 16, 2016.[Cited：11 5, 2018.]
https://www.bundesnetzagentur.de/EN/Areas/Post/Companies/MarketMonitoring/MarketMonitoring-node.html.
7. KoczelnikThomas. ドイツポスト郵便調査.（インタビュー対象者）JP総研郵便調査団. ベルリン, 2018年12月5日.
8. RauchSigrunDr. ドイツポスト郵便調査.（インタビュー対象者）ドイツ郵便調査団. ベルリン, 2018年12月4日.
9. ver.di. Tarif　Wie funktioniert die neue Entlastungszeit? *ver.di　Postdienste・Speditionen und Logistik*. [Online]5 6, 2018.[Cited：12 10, 2018.]
https://psl.verdi.de/tarif/++co++55f738c4-68bd-11e8-9a5a-525400423e78.
10. Deutsche Post DHL. DHL, 2017 Annual Report Deutsche Post. *2017 Annual Report*. [Online]

3 7, 2018.[Cited：11 5, 2018.]
https://annualreport2017.dpdhl.com/downloads-ext/en/documents/DPDHL_2017_Annual_Report.pdf.
11. Reuter News. UPDATE 1-German regulator holds off approving any hike in letter postage. *Reuter News*. [Online]10 31, 2018.[Cited：12 10, 2018.]
https://www.reuters.com/article/deutsche-post-postage/update-1-german-regulator-holds-off-approving-any-hike-in-letter-postage-idUSL8N1XB55L.
12. WELT.
https://www.welt.de/wirtschaft/article168238264/Die-Deutsche-Post-will-nicht-mehr-jeden-Tag-kommen.html. *WELT*. [Online]9 2, 2017.[Cited：1 7, 2019.]
https://www.welt.de/wirtschaft/article168238264/Die-Deutsche-Post-will-nicht-mehr-jeden-Tag-kommen.html.
13. Ver. di. Deutsche Post AG：Zehn Jahre Altersteilzeit möglich. *Ver.di*. [Online]12 14, 2018. [Cited：2 1, 2019.]
https://psl.verdi.de/presse/pressemitteilungen/++co++1cb6710c-fecb-11e8-8f3b-525400afa9cc.
14. ベルント・ヴァース（フランクフルト・ゲーテ大学教授）．ドイツにおける企業レベルの従業員代表制度．労働政策研究・研修機構．（オンライン）2012年12月26日．（引用日：2019年2月1日．）
https://www.jil.go.jp/institute/zassi/backnumber/2013/01/pdf/013-025.pdf.
15. 堀口朋亨吉村典久, . 現代のドイツ企業における共同決定の研究に向けて ：準備的考察．CiNii．（オンライン）2013年6月1日．（引用日：2019年2月1日．）
https://ci.nii.ac.jp/els/contentscinii_20190203175650.pdf?id=ART0010027785.
16. エデュアルド・ガウグラー．ドイツの経営体制・企業体制における労働者の共同決定．広島大学．（オンライン）2007年10月．（引用日：2019年2月1日．）
http://harp.lib.hiroshima-u.ac.jp/hue/file/1009/20140130131113/keizai1978300109.pdf.
17. haydnhil. クラシックおっかけ日記：ドイツの労働組合と従業員委員会の違い．（オンライン）2015年11月9日．（引用日：2019年2月1日．）
http://blog.livedoor.jp/haydnphil/archives/52366681.html.
18. 山崎敏夫．ドイツの労資共同決定制度とその現実的機能．同志社大学．（オンライン）2009年3月．（引用日：2019年2月1日．）
https://doors.doshisha.ac.jp/duar/repository/ir/8032/017060050603.pdf.
19. Schlautmann, Christoph. So abhängig ist die Post von Amazon. *Handelsblatt*. [Online]6 24, 2018.[Cited：6 30, 2018.]
https://www.handelsblatt.com/unternehmen/dienstleister/paketgeschaeft-so-abhaengig-ist-die-post-von-amazon/22724300.html?ticket=ST-1086221-v3l76jjQ7aziikYEisgA-ap2.
20. Deutsche Post DHL announces 'Strategy 2020'. DHL. （オンライン）2014年4月2日．（引用日：2018年12月17日．）
http://www.dhl.com/en/press/releases/releases_2014/group/dp_dhl_strategy_2020.html.
21. Deutsche Post DHL. SIMPLY GROW ANNUAL REPORT 2011. *Deutsche Post DHL*. [Online] 2012.[Cited：2 27, 2019.]
https://www.dpdhl.com/content/dam/dpdhl/en/media-center/investors/documents/annual-reports/DPDHL_Annual_Report_2011.pdf.
22. WeLT Die Deutsche Post will nicht mehr jeden Tag kommen [Online]02092017
https://www.welt.de/wirtschaft/article168238264/Die-Deutsche-Post-will-nicht-mehr-jeden-Tag-kommen.html

第13章　ポルトガル
ポルトガルポスト（CTT-PT）：完全民営化企業

郵便事業の概要と制度改革

　ヨーロッパ大陸の最西端に位置するポルトガルは北部と東部でスペインと国境を接し、西と南は大西洋に面している。イベリア半島の約15％を占めるに過ぎない。その面積は9万1,985平方キロメートル（日本の約4分の1）で人口は13分の1程度の約1,000万人である。そのため人口密度も114人程度である。

　ポルトガルの郵便事業は1520年に国王エマニュエル1世が公的郵便制度を創始したことに始まる。1969年12月31日までは「郵便電信電話省」であったが、1970年1月1日に「ポルトガル電気通信公社」に改組された。これはポルトガルで最初の公的企業。この日以前に採用された郵便局員は公務員と同様な権利を有したが、それ以降に採用された郵便局員は公務員身分を保持しつつも一部の権利については失われている。

　1992年に政府は「ポルトガル電気通信公社」の電気通信部門と郵便部門を分離して政府が株式100％を保有する「ポルトガル郵便株式会社（CTT）」となる。郵便市場の自由化については、1997年の「第1次EU郵便指令」と2002年の「第2次郵便指令」に基き国内法を整備した。ポルトガルは2007年頃からのEU域内における景気後退を受けて2009年秋のギリシャ財政危機を契機に、ポルトガルも財政赤字国としてクローズアップされた。2009年12月には「スタンダード＆プアーズ」による格付けで「安定的」から「マイナス」へ格下げされている。2008年の「第3次EU郵便指令」によって、2011年にポルトガルの郵便市場が完全に自由化された。

　2011年10月に財務大臣は民営化案を発表。「SNTCT」と「SINDETELCO」の郵便労組は利用者負担増、サービス削減、労働者の賃金やベネフィット削減に繋がるとして政府の緊縮政策と民営化計画に反対のキャンペーンを実施している。

　ポルトガル政府は、財政破綻を回避すべく2011年にトロイカ（EU、国際通貨基金、欧州中央銀行）との合意で3年間に総額780億ユーロの融資を受けるに至り、当時の社会主義政権は資金調達のために国営企業の売却に着手した。2013年12月4日に政府はポルトガルポストの保有株式の68.5％を1株5.52ユーロで売却、リスボン証券取引所に上場。2014年9月4日に、政府保有の残りの31.5％の株式を1株7.25ユーロで売却し完全に民営化された。ポルトガルポストの株式売却はその融資返済のために行なった政府のインフラ事業の民営化の一環であり、「ポルトガルポスト」の売却によって9億900万ユーロの売却益を上げた[1]。「ポルトガルポスト」は2012年12月の取り決めによ

り 2020 年まではユニバーサルサービス・プロバイダーとしてサービスを提供する。

その一方で、民営化以降の労使関係の状況は悪い。労働者の削減、その結果としてのサービスの悪化が起こり、様々な問題が蓄積された。

ポルトガル国家通信庁（ANACOM）

ANACOM が郵便及び電気通信分野における独立した規制当局で政府に助言を行う。その目的は同分野での競争促進を図ることにある。郵便事業に関連する国際機関についてポルトガルを代表する。1989 年にポルトガル通信委員会（ICP）として活動をスタートし、2002 年に「ICP-ANACOM」と名称を変更し、2015 年に現行の「ANACOM」に至る。

ポルトガルの郵便市場

ポルトガルの郵便規制体である「ANACOM」による報告によると、ポルトガルの郵便市場の概況（2018 年度前期）について、競争事業者数についてポルトガルポストを含むユニバーサルサービスの提供事業者は 10 社（2017 年前期は 11 社）が、ユニバーサルサービス領域外に 65 社（2017 年前期は 61 社）が参入している。ユニバーサルサービス外のサービスを実施する企業はエクスプレスのセグメントに多い。郵便取扱量の約 82.9％と収入の 64.3％はユニバーサルサービス分野からとなっている[2]。

1. 取扱物数

郵便取扱物数は 2017 年前期の約 4 億 1,102 万通と比較すると 6.2％減少の 3 億 8,550 万通である。全体の 82.9％の取扱いはユニバーサルサービスからで占められており、前年同時期と比較すると 8.1％の減少。この理由としては郵便 6.4％減、新聞・雑誌 7.5％減、DM12.3％減となっていることが上げられる。一方で、11.3％に上る小包の取扱取扱増によってある程度の相殺がされている。2008 年以降の減少は定着しており、その原因として電子的な代替手段によるものである（図1、図2）[3]。

2018 年前期の 1 人当たりの郵便の送付数は 37.5 通であり、前年同期と比較して 2.4 通の減少が見られる。ポルトガルの郵便市場全体での収入（2018 年前期）は 3 億 1,388.4 万ユーロで対前年同期との比較では 4％減となる。小包の収入は 10.2％増となっているが、その他のグメントでは減少している。1 通当たりの収入は 0.81 ユーロで 2.3％増である。書簡郵便、DM、小包は減少であるものの、新聞・雑誌については 5.2％の増加となっている[4]。

---

[1] （15 p. 6）
[2] （12 p. 8）
[3] （12 pp. 8-10）
[4] （12 pp. 10-12）

図1　取扱郵便物の種類内訳（2018年前期）

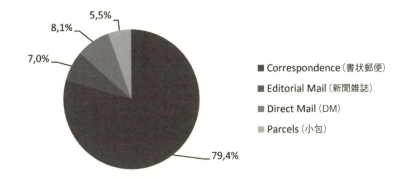

Unit: %
Source: ANACOM
出典：POSTAL SERVICES (First half of 2018) ANACOM

図2　種類別の取扱数（2018年前期）

	2017年前期	2018年前期	増減率
書簡郵便	3億2,721.7万	3億617万	-6.4%
新聞・雑誌	2,922.1万	2,702.4万	-7.5%
DM	3,558.7万	3,120.3万	-12.3%
小包	1,899.4万	2,114.9万	11.3%
トータル	4億1,101.9万	3億8,554.6万	-6.2%

出典：POSTAL SERVICES (First half of 2018) ANACOM

2. 労働者数

　ポルトガル郵便分野には1万4,766人（2018年前期）の労働者が従事している。前年同期から0.2%減となっている。2015年半以降、雇用者数は安定的に推移している。「ポルトガルポスト」では若干の減少が見られる（図3）[5]。

図3　労働者数

	2017年前期	2018年前期	増減率
ポルトガルポストグループ（CTT）	11,754	11,623	-1.1%
その他の事業者	3,045	3,143	3.2%
全雇用者数	14,799	14,766	-0.2%

出典：POSTAL SERVICES (First half of 2018) ANACOM

[5] (12 p. 13)

3. ネットワークアクセスポイント数

郵便業界全体のアクセスポイントは2018年前期（前年同期比）で、0.6％、配達センターは3.2％、車両は4.2％、とそれぞれ増加している。ポルトガルポストでは、郵便ポストが0.5％増、私書箱が1.4％減、切手販売機35.3％減、切手販売店は7.5％減である[6]。

「ポルトガルポスト」グループの郵便市場でのシェアは91.2％を占めて、その他が民間の郵便事業者である。ポルトガルポストはその国土全域にわたり多様なサービスを展開している。一方、民間の郵便事業者は都市部のみでのサービス提供となっている。ユニバーサルサービスのライセンスを受けているその他の事業者の市場シェアは極めて小さい。

「ANACOM」が2017年9月15日に承認した郵便ネットワークの密度[7]についての郵便アクセスポイントの指標（図4）[8] とポストの設置基準（図5）[9] は以下の図の通りである。

図4 郵便アクセスポイントの設置基準

1.	全国レベル 人口4,600人以下ごとに平均して1つの郵便アクセスポイントの設置
2.	全国レベル 人口95％が郵便アクセスポイントから最大で6,000メートル圏内にあること
3.	都市部 人口の95％が郵便アクセスポイントから最大で4,000メートル圏内にあること
4.	地方部 人口の95％が郵便のアクセスポイントから最大で11,000メートル圏内にあること
5.	人口20,000人のパリシュ（最小の行政区域） 郵便のフルサービスを提供する事業者少なくとも1カ所の郵便アクセスポイントの設置、及び人口20,000人に毎に同様のサービスを提供する郵便サービスポイントの設置
6.	人口が10,000人から20,000人のパリシュ 郵便のフルサービスを提供する事業者少なくとも1カ所の郵便アクセスポイントの設置

出典：ANACOM decision of 28.08.2014

図5 郵便ポストの密度

1.		全国レベル：人口1,100人に1つのポスト
2.	a)	都市部：人口1,767人に1つのポスト
2.	b)	都市部：人口881人に1つのポスト
2.	c)	地方部：人口492人に1つのポスト
3.		全国レベル：少なくとも1つのポストがパリシュに設置されること

出典：ANACOM decision of 28.08.2014

---

[6] (12 pp. 15-16)
[7] (3)
[8] (2)
[9] (1)

ユニバーサルサービスの現状

　第3次EU郵便指令を国内法に反映させた郵便法が2012年に施行され郵便市場の完全自由化のベースが整った。しかし、これには「ポルトガルポスト」がUSOの下で独占とされていた特定領域の開放を含むものであった。一方で公序と公共の利益の観点から、「ポルトガルポスト」へ特定の事業活動とサービス、例えば、公道上への郵便ポストの設置、ポルトガルという国名が付いた郵便切手の発売と販売、法的または行政手続において使用される書留は2020年まで引き続きポルトガルポストへ留保されることとなった。国内と越境を含めたユニバーサルサービスの範囲は、重量が2キロまでの書状・書籍・カタログ・新聞・定期刊行物と10キロまでの小包、EU領域からの20キロまでの小包、書留、保険付き郵便が含まれる。郵便料金は全国一律となっている。料金決定は規制当局である「ANACOM」が権限をもっており、料金改定を決定する前に許可を求めなければならない。また、「ANACOM」は新商品に対しても3年先の価格まで規制することができ、3年間は規制に責任を持つこととなる。申請がある場合は認可の可否を決める[10]。

　ユニバーサルサービスのための料金システムは、3年ごとに、「ANACOM」とポルトガルポストの間で締結される。その原則は、「あまねく全ての利用者へアクセスが可能な料金」、「コストベースの料金設定方式」、「透明性があり無差別な適用」、「均一の料金設定システムの適用」である[11]。なお、競争条件で提供されている郵便サービスの料金は各々の事業者によって自由に設定される[12]。

　「ポルトガルポスト」はEU郵便指令のユニバーサルサービスのサービス水準の提供が出来ず、2014年と2016年に規制に反したとして「ANACOM」から罰金を科せられている。2014年は15万ユーロを支払い、2016年は40万ユーロを科せられた。この時の支払い方法としては、罰金を一括支払いするのでなく、郵便料金を一定期間値下げして罰金に充てる手法がとられた[13]。郵便労組はEU郵便指令と民営化は完全な破綻につながっているとの見解である。

「ポルトガルポスト」

　「ポルトガルポスト」はポルトガルを代表する郵便事業体であり、郵便、エクスプレス&小包、金融サービス、ポストバンクのセグメントから構成される企業グループで、ポルトガルはもとよりスペインや旧植民地のモザンビークにおいても事業を展開している。同社は2000年9月1日に政府との間で2020年まで有効となるコンセッション契約を結び郵便サービスを提供している[14]。その後のコンセッション契約は数度にわたって改

---

[10] (9 pp. 2-4)
[11] (9 p. 3)
[12] (10 p. 2)
[13] [5]
[14] (13 p. 44)

定されているが、コンセション契約は2020年までの契約には変わりない[15]。

ユニバーサルサービス提供の義務を持つ「ポルトガルポスト」は、2013年に株式上場を果たし、2014年9月にはポルトガル政府が所有していたすべての株式が売却され完全民営化された。郵便以外のサービスとして、書籍・物品・宝くじの販売・保険サービス・運転免許証の更新・自動車専用道路料金の収納・一部の行政サービスの代行、等を実施している。

2017年12月31日現在、ポルトガルポストグループは連結決算の対象となるEU内の子会社8社（世界で9社）から構成されている。その他として関連会社1とジョイントベンチャー1社に出資している[16]。ポルトガルの主要企業の一つに数えられるが、郵便物減に伴う収入減を料金の値上げや小包の増加や新たなサービス展開で補ってはいるが近年の経営状況は苦しいようだ。例えば、郵便労組は「民営化後、郵便の基本料金は100％以上の値上げにより黒字経営が出来ている」としている[17]。

1. コーポレートガバナンス

「ポルトガルポスト」には業務執行機関を統制し会社を代表する取締役会と日常の事業運営を行なう経営執行役会から構成されている。2017/19年の任期において取締役会は13名、経営執行役会は5名からなっている（図6）。

図6　「ポルトガルポスト」組織図

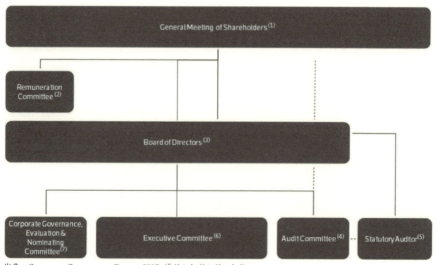

出典：Corporate Governance Report 2017（「ポルトガルポスト」）

---

[15] (11)
[16] (4 p. 108)
[17] [5]

2. 株主の状況

　2017年末で「ポルトガルポスト」のトップ10の大株主は全体の37％（2016年末の46％）を、トップ25の大株主を含めると全体の54％（2016年末の66％）を保有している。過去の年度別株主配当額は以下の通りとなっている。2017年にポルトガルポストは1株当たり€0.48を配当している。2017年の最後の株価は€3.507で取引を終えている。株価は株式公開時の10ユーロから最近では2ユーロ後半から3ユーロ前半を上下している[18]（図7、図8）。

　2017年末現在の株式分布状況では、ポルトガルの26％（2016年末の20％）北米の25％（2016年末の18％）、スペインの18％（2016年末の11％）、ドイツの6％（2016年末の13％）、英国とアイルランドの6％（2016年末の17％）、イタリアの4％（2016年末の0％）である。その他欧州では15％で2016年度末の21％から減少している。米国、スペイン、ポルトガルからの投資が増加しているが英国、ドイツ、フランスからは大きく減少した（図9）[19]。

図7　主要株主の保有割合（2018年12月17日現在）

	株式数	保有割合
Gestmin, SGPS, S.A.	18,874,419	12.58％
Global Portfolio Investments, S.L.	8,492,745	5.66％
GreenWood Builders Fund I, LP	7,500,502	5.00％
Norges Bank	6,399,190	4.27％
BlackRock, Inc.	3,881,095	2.59％
BBVA Asset Management, SA SGIIC	3,495,499	2.33％
Wellington Management Group LLP	3,105,222	2.07％
Other shareholders	98,251,328	65.50％
TOTAL	150,000,000	100.00％

出典：ポストガルポストCTTホームページ

図8　株主配当金

配当年月日	配当金額（ユーロ）
May 16, 2018	0.38
May 17, 2017	0.48
May 23, 2016	0.47
May 27, 2015	0.465

出典：https://www.investing.com/equities/ctt-correios-de-portugal-sa-dividends

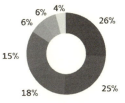

図9　地理的な株主の分布

出典：Sustainability Report 2017 ポルトガルポスト

---

[18] (16 p. 64)
[19] (14 p. 18)

3. 経営状況

「ポルトガルポスト」の 2017 年度の経常収益は 6 億 9,790 万ユーロで前年度の 6 億 9,510 万ユーロから 290 万ユーロ（0.4％）増であった。エクスプレス＆小包とバンコ CTT（ポストバンク）の成長が郵便とファイナンスサービス事業部門の減少を相殺している[20]。公表収益に占める郵便事業等は前年度比で 1.7％減とはいえ依然として 71％（前年度：72％）を占める収益の柱であることには違いない。エクスプレス＆小包事業では昨年度から 11.4％増で全体に占める割合は 19％（前年度：18％）、ファイナンスサービスは前年度から 10％から 9％へ、バンコ CTT については今回がスタート以来はじめての通期での 12 カ月間ということもり 1％を占めるに至っている（図 10、図 11）。

図 10　連結成績

単位：ユーロ	報告収益			経常収益		
	2017 年	2016 年	増減率	2017 年	2016 年	増減率
収益	7 億 1,430 万	6 億 9,680 万	2.5％	6 億 9,790 万	6 億 9,510 万	0.4％
売上げとサービス役務	6 億 7,600 万	6 億 6,970 万	0.9％	6 億 7,600 万	6 億 6,970 万	0.9％
純受取利息	340 万	3 万		340 万	3 万	≫
その他営業収入	3,490 万	2,710 万	28.6％	1,850 万	2,540 万	-26.9％
営業費用	6 億 3,310 万	5 億 9,480 万	6.5％	6 億 800 万	5 億 7,560 万	5.6％
利払い前税引き前償却前利益（EBITDA）	8,110 万	1 億 210 万	-20.5％	8,990 万	1 億 1,950 万	-24.8％
無形固定資産の償却費、減価償却、引当金繰入額、減損	3,400 万	1,120 万	204.8％	2,970 万	2,480 万	19.7％
支払金利前税引前利益（EBIT）	4,710 万	9,090 万	-48.2％	6,020 万	9,470 万	-36.4％
純金融収入	-500 万	-590 万	14.8％	-500 万	-590 万	14.8％
関連会社の損益	-	20 万	-	-	20 万	-
税引前利益（EBT）	4,210 万	8,520 万	-50.6％	5,520 万	8,900 万	-38.0％
期間内所得課税	1,500 万	2,330 万	-35.9％	1,540 万	2,540 万	-39.3％
非支配持分に帰属する減損	-10 万	-30 万	43.7％	-10 万	-30 万	43.7％
株主に帰属する純利益	2,730 万	6,220 万	-56.1％	4,000 万	6,390 万	-37.5％

出典：Consolidated Results 2017（ポルトガルポスト）

---

[20]（6 p.4）

図11 報告収益の事業別割合

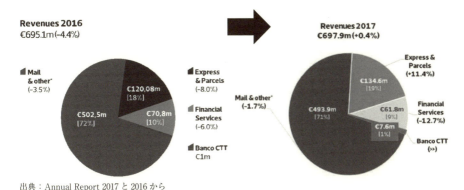

出典：Annual Report 2017 と 2016 から

(1) 郵便

　郵便部門での経常収益は5億2,750万ユーロで前年度比1.1％減となった。この大きな原因としては2017年には宛名郵便の取扱量が5.6％減となったことが上げられている。宛名郵便の中でも請求書や明細書などの商取引関連郵便物の取扱量が5.4％減となっている。通常の郵便の取り扱いは7.2％減少であった。その理由として、銀行や保険会社（10.7％減）やテレコム・電気・ガス・水道などの公益事業（8.5％減）から送られる郵便の減少による。これらは主にデジタルソリューションへ移行していると見られる。他の郵便事業者への書状の移行も僅かながら考えられる。広告の取扱量は7.6％

図12 事業別収益

単位：ユーロ	公表収益			経常収益		
	2017年	2016年	増減率	2017年	2016年	増減率
収益	7億1,430万	6億9,680万	2.5％	6億9,790万	6億9,510万	0.4％
ビジネス部門	7億3,150万	7億2,610万	0.7％	7億3,150万	7億2,610万	0.7％
郵便	5億2,750万	5億3,360万	-1.1％	5億2,750万	5億3,360万	-1.1％
エクスプレス＆小包	1億3,460万	1億2,080万	11.4％	1億3,460万	1億2,080万	11.4％
フィナンシャルサービス	6,180万	7,080万	-12.7％	6,180万	7,080万	-12.7％
バンコCTT	760万	100万	691.8％	760万	100万	-691.8％
CTTセントラルストラクチャー	1億900万	1億890万	0.1％	1億240万	1億10万	2.3％
グループ間取引き消去	-1億2,620万	-1億3,820万	8.7％	-1億3,600万	-1億3,110万	-3.7％

出典：Consolidated Results 2017（ポルトガルポスト）

図13 郵便取扱物数

	2017年	2016年	増減率
商取引関連郵便物	6億2,720万	6億6,280万	-5.4
新聞・雑誌	4,080万	4,330万	-5.6
広告郵便	6,850万	7,420万	-7.6
宛名郵便	7億3,660万	7億8,020万	-5.6
無宛名郵便	4億9,210万	4億9,780万	-1.1

出典：Consolidated Results 2017

の減であった（図12、図13）[21]。「ANACOM」の2017年第3四半期の報告書によると、取扱数の全体の84.1%がユニバーサルサービスによるもので、1人当たり郵便の受け取り数は17.4通としている[22]。

小包の配達頻度は郵便と同じで配達時間帯は9時から16時。自宅への集荷も行う。不在の場合の受け取り方法は、通常は最寄りの郵便局で受け取るが他に手段がなければ再配達となる。ただし、再配達は実際には殆どないものと考えられる。小包の料金体系は重量制で地帯別料金となっている[23]。

(2) エクスプレス&小包

エクスプレス&小包については、経常収益は1億3,460万ユーロとなり前年度比で11.4%増と好調となっている。ポルトガル国内の事業では取扱量が21.5%増で収益が8,180万ユーロ（7.7%増）となり、スペイン国内でも取扱量が26.1%で5,120万ユーロ（18.2%増）となっており取扱量と収益とも拡大している（図13）[24]。

(3) フィナンシャルサービス

この事業からの2017年度の収益は6,180万ユーロで前年度の7,080億ユーロから900万ユーロ減（前年度比：12.7%減）である。この要因としては「Altice社」とのビジネス契約の終了等によると分析している（図14）[25]。

図14

金融サービス	2013年	2014年	2015年	2016年	2017年
支払い取引件数（万件）	7,150万	6,700万	6,150万	5,760万	5,370万
貯金と保険（：€）	24億2,990万	54億8,160万	42億5,290万	37億9,400万	40億2,900万

出典：「ポルトガルポスト」ホームページ

---

[21] (6 pp. 3-5)
[22] (7 p. 6)
[23] [5]
[24] (6 pp. 3-6)
[25] (6 pp. 4, 6)

図15　バンコ CTT

	2016 年	2017 年
口座数	74,135	226,001
預金残高（€）	2 億 5,394.5 万	6 億 1,923 万
カスタマーローン（€）	710.4 万	7,934.7 万
資産（€）	3 億 1,863.4 万	7 億 2,078.9 万
支店数	202	208

出典：ポストガルポストホームページ

(4) バンコ CTT（ポストバンク）

「ポルトガルポスト」は事業の多角化の一環として郵便局ネットワークを活用するポストバンクであるバンコ CTT を立ち上げた。スタート当初は従業員だけが利用可能であったが、2016 年には 3 月 18 日からは本格的に運営を開始している。住宅ローン、国債販売も行っている。「BNP パリバパーソナルファイナンス」との提携でクレジットカードも発行する。ポルトガルにもポストバンクが存在したが、2003 年にポルトガルポストは、その持分の 49％を国民貯金銀行へ売却。郵便局における銀行サービスの提供をやめ、郵便局内の支店を閉鎖し、国民貯金銀行は郵便銀行の支店を国民貯金銀行の支店に吸収した経緯がある。

この事業からの収益は 2017 年度には 760 万ユーロで前年度の約 100 万ユーロから大きく拡大している。2017 年度末で預金残高が 6 億 1,900 万ユーロ、約 285,000 の利用者、226,000 以上の口座数、208 支店となっている[26]。銀行業務はまずまずのスタートのようである（図15）。

2 大郵便労組からの説明によってポルトガルと日本とのポストバンクについての異違点が浮かび上がった。銀行業務は預金目的というよりも「融資」目的のようである、日本であれば融資を目的とした事業を立ち上げる際に、そこに至るまでの最低限の業務経験やノウハウが必要であるが感じ取られなかった。運営にあたり銀行等と業務提携して運営しているとのことだが、実際窓口に就く社員研修が十分でないことに労組側に大きな不満が出ていた。

「不良債権は発生しないか」との問いに対しては、「給与の差押さえをするから大丈夫」との回答であることから考えると、融資審査については、業務提携先の会社で実際には行っているのでないかと想像がつく。

4. 子会社

「ポルトガルポスト」には子会社が上記のバンコ CTT（ポストバンク）を含む 9 社の子会社があるが、ここではモザンビーク以外の 8 社を簡単に紹介する。モザンビークの

[26] (6 p.7)

図16　ＣＴＴ　子会社8社

社名	出資率	事業内容
cttexpresso	100%	CTT Expresso：クーリエサービスに特化。
bancoctt	100%	バンコ CTT：ポストバンクである。2016年に50以上の郵便局で営業をスタート。
cttcontacto	100%	CTT Contacto：広告郵便配達に関連するサービスの提供。
payshop	100%	ペイショップ：全国4,400以上のエージェント店（文房具店、タバコ屋、キオスク、スーパー）で公共料金の支払いを可能とする。
cttmailtec	100%	CTT Mailtec：物理的・デジタルメディア等をテレコム企業、銀行、保険のような大口郵便利用者サポートのための企業。
GO>Express by Transporta	100%	Transporta：貨物や道路運送市場で利用者ニーズにそくしたサービスを提供。
Recibos Online	100%	Escrita Inteligente：ITテクノロジーを活用した請求書の作成や領収書のデジタル化のサービスを提供。
TOURLINE EXPRESS	100%	Tourline Express：クーリエサービスに強みを持つスペインを拠点とする子会社。

出典：ポストガルポストホームページ

子会社は、「ポルトガルポスト」の出資率は50％である（図16)[27]。

5. 従業員

　2017年12月末、ポストガルポストの国内の正規雇用者と有期雇用者の合計は12,163名となっている。成長分野であるエクスプレス＆小包とバンコCTTの要員は強化された。本社支援サービスやオペレーションについては減少している。オペレーションと配達、そしてリーテールがCTTの労働力は全体の77％を占めている。（図17）

　Syndex（調査会社）と「UNI グローバルユニオン」（国際労働産別）が、2018年に「UNI グローバルユニオン」の加盟組合から収集したアンケートによって作成した調査報告書「郵便サービスの自由化による社会経済的な結果」によると、従業員数は2006-2017年間に、2006年の約14,800人から2017年の約11,600人へ約22％減であった[28]。全体に占める有期雇用者数は約9％である。

---

[27]　(4 p. 46)
[28]　(8 p. 79)

図17 従業員数

	2017年末	2016/2017 増減	2016/2017 増減率	2016年末	2015/2016 増減	2015/2016 増減率	2015年末
郵便	9,756	-18	-0.2%	9,774	123	1.3%	9,651
エクスプレス&小包	1,094	67	6.5%	1,027	-47	-4.4%	1,074
フィナンシャルサービス	87	-9	-9.4%	96	-6	-5.9%	102
バンコCTT	184	22	13.6%	162	97	149.2%	65
その他	1,042	-48	-4.4%	1,090	-75	-6.4%	1,165
トータル	12,163	14	0.1%	12,149	92	0.8%	12,057
正規雇用	11,122	-125	-1.1%	11,247	-118	-0.1%	11,365
有期雇用	1,041	139	15.4%	902	210	30.3%	692
トータル ポルトガル	11,715	13	0.1%	11,702	102	0.9%	11,600

出典：Consolidated Results 2016 と 2017（ポルトガルポスト）から作成

6. 郵便局の設置状況

郵便局の設置規定状況は、2017年現在、直営店608局、委託局1,761店で、8時間換算で従業員数は12,787人。（2013年民営化前の直営店数は1,100局、職員数は1,2000人）営業時間は9時から18時となっている。規制体の「ANACOM」は人口密度に比例する郵便局の設置数を定めている。委託局は、町村役場、コンビニ、ガソリンスタンド、スーパー等と代理店等と契約を結んでいる。リスボン市街から10km程の郊外に住んでいる人の声として、「民営化以降、町にあった郵便局は無くなり郵便を差し出す時には、役場まで行かなければならず不便になった」と不満があるようである（図18)[29]。

「Syndex」と「UNIグローバルユニオン」の調査によると、ポルトガルでは郵便局の大幅な減少があり、2009-2017年の間に32％も減少している。ポストガルポストではその維持に努めなければならない。しかし、それに見合った数のアクセスポイントの設

図18 ポルトガルポストのネットワーク

	2013年	2014年	2015年	2016年	2017年
直営局	623	623	619	615	608
委託局	1,820	1,694	1,711	1,724	1,761
ペイショップエージェント	3,886	3,876	3,939	4,202	4,394
配達局	285	262	254	242	235
配達ルート（区）	4,713	4,659	4,731	4,698	4,702
車両数	3,465	3,478	3,530	3,609	3,626

出典：ポストガルポストホームページ

置がなされておらず、同期間中に12%減となっている[30]。

労働側からの意見

ポルトガルには郵便労組が大小あわせて12組合あり80%の従業員はいずれかの組織に加入している。その中でも組織人員の大きな2つの郵便労組の「SNTCT」と「SINDETELCO」は「ポルトガルポスト」の民営化は利用者には利便性の低下、そして労働者には労働条件の悪化を引き起している。そのため、地域社会と連携した活動取り組んでいる。[31]。

1. 郵便サービスの状況

郵便労組は週5日配達の維持が出来ていない状況だとしている。以前は毎日戸別配達をしていたが、今はファーストクラス優先で通常郵便は10日に1度しか配達できない場合や、配達担当者の要員事情により、地域によっては5日以下のところも、1日のみのところも存在する。都市部と地方部での配達頻度の格差だけでなく、都市部の一部地域では週1回の配達となっている状況のようである。

さらに、郵便配達員の給与は600ユーロ程度。557ユーロが最低であるため応募が少なく、要員不足により厳しい業務であるようである。例えば、以前は3人で配達していた配達地域を現在は2人で配達している。毎日超勤（ほとんどがサービス労働）で対応しているとのことであった[32]。

2. バンコCTT

郵便労組はポストバンクの設置については評価しているものの従業員の要員政策については厳しい見方を行なっている。郵便業務だけに携わっていた職員に4日間の訓練だけでポストバンクの業務に就かせ、以前と変わらない要員配置で郵便とポストバンクの両方の業務を行なっている。そのため、利用者に長い待ち時間を強いていること、また従業員には長時間労働を招く結果となり、利用者にも従業員にも不満が高まっていることなどを問題視している[33]。

3. コンセッションの終了

2020年に「ポルトガルポスト」と政府との間のコンセッションが終了に伴って5,000人（3,500人の郵便配達員、1,000人の郵便局員、その他の500人）の雇用継続が危ぶまれると不安視している[34]。そのため、そのコンセッション契約の維持が必要であるこ

---

[30] (8 p.77)
[31] [5]
[32] [5]
[33] [5]
[34] [5]

とを主張している。

4. EU 郵便指令について

「ANACOM」では、ポルトガルの郵便政策のキーとなる EU 郵便指令ついて、2008 年に出された EU 郵便指令に対して、現状の実態・課題を含め検討しているが、現時点では、「第 4 次 EU 郵便指令」について、利用者の意向が確定でないので、どのようにするか決めていないとのことであった。

欧州委員会の指令も現段階においては、明確ではなく 2019 年には判明するようであるとしており、2 つの郵便労組は、「今後の新たに予測される EU 郵便指令についてルールなきルールを策定して、配達日の削減等を各国で自由にやらせる方向に移るのではないか」との意見であった[35]。

「ポルトガルポスト」の展望

ポルトガルポストの状況は厳しい。新サービスの立ち上げ等を行っているが悪循環に陥っているように見受けられる。地方においては配達局の閉鎖、郵便局の閉鎖に替わる「ポスタルポイント」に十分に置き換えられていないこと、労働条件の劣る第三者への郵便配達業務の委託などにより配達が 15 日まで遅れること、も実際にあったようである。特に年金や社会保険料の受け取りが遅れることが問題となっている。

「SINDETELCO」は「ポルトガルポスト」の再国営化を目指して活動しているという、一方、「SNTCT」は「ポルトガルポスト」の経営陣は資産を切り売りして資産の減少を導いているだけではなく、株主への配当のみを考え、労働者への還元は無い上に、利用者からの信頼がなくなっている点に不満を募らせている。「SINDETELCO」と「SNTCT」は、クリスマス前の 2017 年 12 月 21 日と 22 日の 2 日間にわたり「ポルトガルポスト」の再国有化、雇用確保とより良い労働条件を求めてストライキを決行した。さらに、2018 年 3 月には、「ポルトガルポスト」が発表した 22 の郵便局閉鎖プランに対抗し、郵便労組は地域社会と協力して反対キャンペーンを実施した。ストに対する国民の反応が気になるが、お国柄として認める風潮があるようである。

郵便局の高度利用を目指した新規ビジネスはバンコ CTT である。当初は従業員を対象として始められ、2016 年に本格稼働した新規事業である。今後の郵便事業を支える事業に成長できるかいなかが、ユニバーサルサービスを維持できるかであると考える。

また、EU 各国の郵便配達事情は、EU 郵便指令により最低で週 5 日配達と定められているが、それ以上の配達を行う国もあるが、ポルトガルでは EU 郵便指令で定められている 5 日配達が法律で定められているが事実上は困難な状況であると見うけられる。「ポルトガルポスト」は、要員不足と低賃金によってサービスとプレゼンスが著しく低下している。その例として、かつて郵便局は常にポルトガルで働きたい人気企業のトッ

---
[35] [5]

プを占めていたが、現在ではなるべくならば郵便局で働くことを望まないことが現状のようである。

引用文献

1. ANACOM. 4.2. Density of letterboxes. *ANACOM*. [Online] 10 20, 2017. [Cited: 12 22, 2018.] https://www.anacom.pt/render.jsp?categoryId=392516.
2. —. 4.1. Density of postal establishments. *ANACOM*. [Online] 10 20, 2017. [Cited: 12 22, 2018.] https://www.anacom.pt/render.jsp?categoryId=392609.
3. —. Approval given to the density targets of the postal network and minimum offers of services. *ANACOM*. [Online] 9 15, 2017. [Cited: 12 22, 2018.] https://www.anacom.pt/render.jsp?contentId=1418158.
4. CTT. Financial Statements. *CTT*. [Online] 3 2018. [Cited: 12 20, 2018.] https://www.ctt.pt/contentAsset/raw-data/95778951-0a20-4670-8e2c-15736b2e1bec/ficheiro/0cf1e3ce-ebda-462c-9dfa-86202fb9fa3d/export/Volume%20II_CTT_R%20C2017_FinancialStatements.pdf.
5. ポルトガルの郵便労組. ポルトガル郵便調査. リスボン, 2017年年12月4-5日.
6. CTT-PT. Conslidated Results 2017. *CTT-PT*. [Online] 3 7, 2018. [Cited: 12 17, 2018.] https://www.ctt.pt/contentAsset/raw-data/83b5a35e-4a21-4dcb-9501-d01e3bd99902/ficheiroPdf/Press%20Release%202017_FINAL_EN.pdf?byInode=true.
7. ANACOM. FACTS&FIGURES 3RD QUARTER 2017. *ANACOM*. [Online] ANACOM, 1 12, 2018. [Cited: 12 21, 2018.] https://www.anacom.pt/streaming/Facts_Figures3Q2017infographic.pdf?contentId=1425505&field=ATTACHED_FILE.
8. Syndex. THE ECONOMIC AND SOCIAL CONSEQUECNCES OF POSTAL SERVICES LIBERALIZATION. [Online] 2018. [Cited: 12 14, 2018.] https://drive.google.com/file/d/1QgzLLWC5VzrZ0-xxxodQWjL5rNECV4kb/view..
9. ANACOM. FINAL DECISION UNIVERSAL POSTAL SERVICE PRICING CRITERIA FOR THE 2018-2020 PERIOD. *ANACOM*. [Online] 2018. [Cited: 12 21, 2018.] https://www.anacom.pt/streaming/Finaldecision_rulesPrices2018_2020_18072018.pdf?contentId=1458588&field=ATTACHED_FILE.
10. Universal Postal Union. Portugal Status and structures of postal entities. *Universal Postal Union*. [Online] [Cited: 12 21, 2018.] http://www.upu.int/fileadmin/documentsFiles/theUpu/statusOfPostalEntities/prtEn.pdf.
11. ANACOM. 4.2. Universal service (US) of postal services. *ANACOM*. [Online] 1 2, 2013. [Cited: 12 21, 2018.] https://www.anacom.pt/render.jsp?categoryId=347681.
12. —. Postal Services1 half 2018. *ANACOM*. [Online] [Cited: 12 18, 2018.] https://www.anacom.pt/streaming/PostalServices1half2018.pdf?contentId=1461749&field=ATTACHED_FILE.
13. PARPÚBLICA - Participações Públicas (SGPS), S.A. Management Report and Interim Financial Statements 1st Semester 2013. *PARPÚBLICA - Participações Públicas (SGPS), S. A*. [Online] 2013. [Cited: 2 19, 2018.] http://www.parpublica.pt/newsfiles/PARPUBLICA_RelatorioGestaoDFs_Intercalares_1Semestre_2013_EN.pdf.
14. CTT. Sustainability Report 2017. *CTT*. [Online] 2018. [Cited: 12 25, 2018.] http://www.ctt.pt/contentAsset/raw-data/0e7e7de7-cf22-4c7f-9944-0c098b40710c/ficheiro/42c187be-cc47-4bc2-ba0f-2ccc6292a28f/export/Rel%20Sustentabilidade%202017_EN_Publica%C3%A7%C3%A3o.pdf.

15. TORRES, JOANA DE SOUSA. *CTT Postal Sector: Addressing Mail's declining trend.* s.l. : NOVA SCHOOL OF BUSINESS AND ECONOMICS, 2018.
16. CTT. Annual Report 2017. *CTT.* [Online] 2018. [Cited: 1 10, 2019.] https://web3.cmvm.pt/sdi/emitentes/docs/FR67479.pdf.

第14章 スイス
スイスポスト：評価が世界1位の取り組み

スイスの郵便と制度改革

　スイスは26州から構成される連邦制を採用しており、州の権力が非常に強い。首都ベルンは人口16万人ほどでスイスポストや国連の郵便機関である万国郵便連合（UPU）が位置する。スイスは永世中立国であることから、国連の欧州本部、世界貿易機関（WTO）、国際赤十字、国際労働機関（ILO）・世界気象機関（WMO）・世界知的所有権機関（WIPO）・世界保健機関（WHO）、国際オリンピック委員会（IOC）など、さまざまな国際機関がジュネーブを中心に数多く集まっている。これは労働組合関係の国際組織についても同様のことがいえる。各グローバルユニオンもジュネーブ周辺に本部を置いて各国際機関と対話を行なっている。このようにスイスには国連を含む国際機関の多くが設置されているにもかかわらず、同国の国連加盟は2002年になってのことである。なお、スイスは欧州自由貿易連合（EFTA）には加盟しているものの、EUには加盟していない。

　国営の郵便事業体である「スイスポスト」の設置は1849年である。多言語国であるスイスの特徴を表して、その郵便事業体の名称は各言語によって異なる。例えば、ドイツ語地域では「Die Post（ディポスト）」、フランス語地域では「La Poste（ラポスト）」、イタリア語地域では「La Posta（ラポスタ）」と表記されており、「Swiss Post（スイスポスト）」は英語標記となる。

　1997年の郵便法が成立して同年10月に電気通信事業と郵便事業を分離した。「スイスポスト」は1997年、「郵便組織法」に基づく独立の法人格を付与された連邦政府所有の企業体として発足した。「スイスポスト」は郵便法の規制を受ける。連邦環境運輸エネルギー省（DETEC）と連邦財務省（FDF）が同社の株主利益会議を代表する。

　2004年に小包市場が自由化された。2006年には100グラムまでの郵便を除いて郵便市場が自由化されている。2013年6月、2010年「郵便組織法」の実施決定により「スイスポスト」は株式会社となり、同時に「スイスポスト」の一部門である「ポストフィナンス」（ポストバンク）も株式会社化された。「ポストフィナンス」は銀行免許を受けて連邦金融市場監督機構（FINMA）の監督下に入った[1]。「連邦郵便サービス委員会」（ポストコム）は2012年の「郵便組織法」の立法に伴って設置された独立の規制機関である。主な業務は、スイスの郵便市場調査、ユニバーサルサービスの実施状況の検証、

---
[1] [25 pp. 24-25]

図1　スイスの郵便分野における各関連機関

	スイスポスト		
	ポストCH	ポストファイナンス	ポストバス
制度	通信局（OFCOM）		
USO（郵便・支払）	ポストコム	OFCOM	
独占料金監督	連邦委員会		
料金統制			料金監督庁
出版物の補助金	OFCOM		
分野別の市場監督	OFCOM	スイス金融市場監督庁（FINMA）	連邦交通局（FOT）
株主	連邦環境運輸エネルギー通信省（DETEC）/FAA		

出典：Market Regulations and USO in the Revised Swiss Postal Act：Provisions and Authorities

サービス品質の監督、郵便サービス事業者の登録などである[2]。また、労働者との団体交渉が行なわれているか、必要な情報が提供されているか、産業水準の雇用条件が守られているかなどの調査や監督も行っている[3]。従って、「スイスポスト」が基本的なユニバーサルサービスの提供をしているか、その品質が守られているかについては、「ポストコム」が調査を行っている（図1）。

郵便サービスレベルの現状

スイス全体の郵便市場の規模は、Eコマースブームといわれながらも2017年には売上において前年度に比べて0.3％の減少が見られた。2017年の売上高は38億2,800万スイスフラン（CH）、2016年は売上高38億3,800万CHである。そして3.5％も取扱量が減少している。その内訳は、書状の取扱額が20億560万CH、エクスプレスや小包が13億3,100万CH、新聞や雑誌が4億3,100万CH、スイス全体の郵便事業者のトータルの数値である。小包・郵便・雑誌・新聞を含む取扱物数が35億7,300万個（2015年：37億400万個）である。重量が30キロまでの小包については、「スイスポスト」が全体の78.5％（2016年：79％）を占めている。また、2017年の競争領域にある郵便については、「スイスポスト」のシェアは98.2％（前年度：98.6％）であった。「ポストコム」では中国やアジアからの大量の小包が到着しており、「スイスポスト」では毎日約4万個を配達に迫られておりれ、到着料の見直しが必要であるとの見方をしている[4]。

2018年5月現在、スイスの郵便事業者数は172社（2017年5月現在：165社）に上る。「ポストコム」では、郵便会社で年間収入が50万CHを下回る企業は「シンプル

---

[2] (24)
[3] [26]
[4] (15 p.34)

デューティー」に、年間収入が 50 万 CH を上回る企業は「オーディナリーデューティー」のカテゴリーへの登録が必須である。その内訳は「シンプルデューティー」が 128 社（2017 年 5 月現在：121 社）、「オーディナリーデューティー」は 44 社（2017 年 5 月現在：44 社）となっている[5]。「ポストコム」によると、これらの登録を通して各事業者のサービス内容や労使関係が明らかにされるとしている[6]。

スイス市場には、グローバル企業の DHL、FedEx、UPS、ラポスト系の DPD が参入しているものの、「スイスポスト」はスイスの郵便市場において事実上の独占的な立場にある。なお、小包については 2004 年 1 月 1 日以降、完全に市場開放された。

スイスにおける郵便ユニバーサルサービスの義務には、書状・小包の週 5 日配達、新聞・定期刊行物の週 6 日配達、郵便局ネットワークの運営が含まれる。法的な要件としては、宛名郵便物 97％と小包 95％が送達目標の日数で配達されなければならない。プライオリティ郵便と小包は翌日の配達。非プライオリティ郵便とエコノミー小包は引受後 3 営業日以内での配達とされている。

郵便へのアクセスについては、郵便政令によって、スイス国民の 90％が徒歩や公共機関を利用して 20 分圏内に郵便アクセスポイントがあること、支払取引サービスの拠点までに徒歩や公共機関を利用して 30 分圏内にあること、ホームデリバリーサービスを利用している地域の住民は徒歩や公共機関を利用してアクセスポイントまで 30 分圏内にあること、村より大きな単位の地域には少なくとも 1 つの郵便局を設置すること、各村には最低 1 つのポスト設置が求められている。また、身障者に対して、スイスポストは郵便サービスと電子的な決済処理サービスへのアクセスを保障している。これらの要件は、毎年検証されている[7]。

スイスポストは経営効率化の一環として直営の郵便局を減らすことを計画しており、2016 年には大幅な削減計画として 1,300 局のうち 600 局を閉鎖する方針を打ち出した。これに対し、郵便労働者を組織する労働組合の「Syndicom」は E コマースの利用増加により利益も出しており、直営店舗を減らす必要はないと「スイスポスト」の経営方針に反対する姿勢を示している[8]。

スイスにおける郵便のユニバーサルサービスコストは、2017 年の 3 億 2,500 万 CH（2016 年：3 億 4,600 万 CH）とされている。これは直営店の委託店化や効率的な郵便の配達によるコスト削減によるものである。これについては納税者への負担は課されていない。このコストはユニバーサルサービスプロバイダーである「スイスポスト」の独立採算で賄っているが、スイス政府はその見返りとして、スイスポストに 50 g までの書状について独占権を与えている[9]（図2）。ただし、社会のデジタル化によって書状の

---

[5] (15 p. 30)［28］
[6] ［28］
[7] (3)
[8] ［26］
[9] (15 pp. 26-27)

図2 独占領域と競争領域

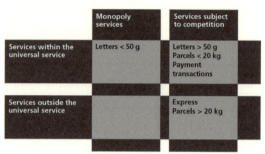

出典:スイスポストポジションペーパー

図3 スイスとEUの郵便規制の比較

	スイス	EU
法令	郵便法	EU郵便指令
市場開放	50gまでの書状は独占	完全自由化
規制体	ポストコム	各国の規制体
USOの範囲	書状、小包	明記なし
・配達頻度	少なくとも週5日(新聞:週6日)	少なくとも週5日
・配達場所	戸口	戸口ないし、適切に据え付けられた器具
・料金	経済原則、均一料金	廉価、コスト重視、透明性、無差別
・インフラ	アクセサビリティ、人口の90%が20分圏内	明記なし
USOファイナンシング	ネットコスト方式	公的ファンドやシェアリングメカニズムによる補償

(出典:Market Regulations and USO in the Revised Swiss Postal Act:Provisions and Authorities)

取扱量が減少している中、ユニバーサルサービスの対象となっているものだけでは利益を確保することは非常に難しいことから、都市部と山間部の郵便物を組み合わせるなどの効率化・合理化施策を実施している。一方、出版物については、国民世論の多様性を維持するためとして、スイス政府は新聞や雑誌の配達料金に対し補助を行なっており、安い料金での配達が可能となっている[10]。

郵便法では独占サービスにより得た利益は、ユニバーサルサービスに対してのみ使用できるとしている。そして、ユニバーサルサービスコストの補填は「スイスポスト」が政府に求め、毎年規制体の「ポストコム」によって承認される。

図3はスイスにおける郵便法制とEU郵便指令を比較している。ちなみに、ノルウェーはEU非加盟国ではあるものの、基本的には郵便指令を自国の郵便政策に取り入

れており、郵便市場も完全自由化している。一方、スイスもノルウェー同様にEU加盟国ではないものの、欧州自由貿易連合（EFTA）には加盟していることから、郵便市場開放についても周辺国の流れを受けて段階的に進めてきている。但し、スイスは現在までのところ完全に市場開放はしていない。また、スイスでは国内送金決済サービスについてUSOが課せられていることも特徴である[11]。

スイスポストの概要

　国営の郵便事業体である「スイスポスト」の本社は首都ベルンに置かれ、「スイスポスト」はスイス第2の雇用主である。従業員数はスイス国内外で59,369人（2017年現在）となっている。

　連邦政府が任命する経営会議がスイスポストの意思決定最高機関で、2018年現在、9名の理事から構成されている。ここでは同社の経営戦略、企業組織、会計原則及び予算、資金計画等を決定するとともに、同経営会議はスイスポストの日常業務の運営を担当するCEOと7名の部門担当責任者を任命する（図4）。なお、この9名の理事のうち1人は労働組合の「Syndicom」出身でUNIグローバルユニオン（スイスのニヨンに本部を置く国際労働産別）の財政局長を務めたミッシェル・ゴベー氏が就任している。

　「スイスポスト」は2010年の「郵便組織法」が根拠となって2013年6月、スイス政府が「スイスポスト」の株式を100％保有する株式会社に経営形態を変更した。持ち株会社の「スイスポスト」は、「ポストCH（スイス郵便）」、「ポストバス（交通）」、「ポストバンク（銀行）」の3社を傘下におさめ、スイス郵便については郵便・小包・ソ

図4　スイスポストグループ

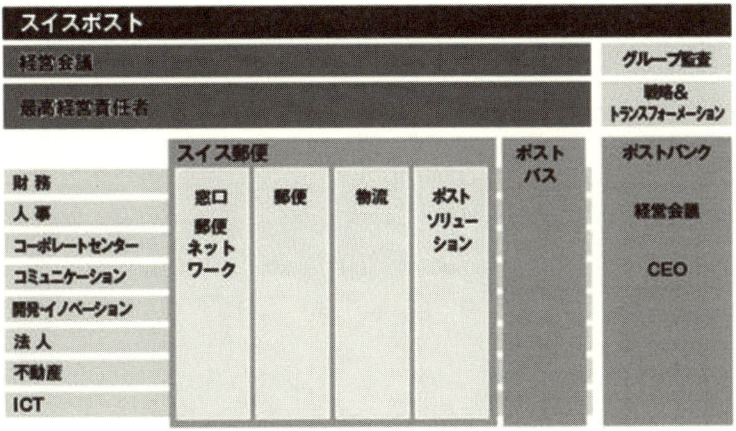

出典：2017年スイスポスト年次報告書

---

[11]　（2 p.41）

図 5　スイスポストグループ企業

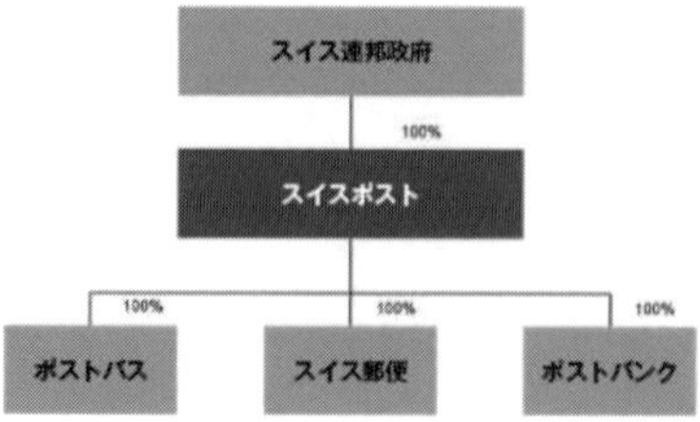

出典：2017 年スイスポスト年次報告書

リューション・窓口の 4 つの事業を行っている。なお、これらの 3 社ともスイスポストが 100％の株式を保有している[12]。（図 5）さらに、スイスポスト傘下の 3 社は欧米を中心に 69 社（子会社）[13] や 18 社（関連会社や合弁会社）[14] を展開している。なお、「スイスポスト」は独立採算で運営することが強く求められる。

1. スイス郵便

「スイス郵便」は、書状・新聞・ビジネスメール等を扱い、ロジスティクスマーケットでは小包・エクスプレス・同日配達・E コマース・ロジスティクスサービスを展開している。窓口では、郵便引き受けや物販・取次など行なう。近年、宛名なしの広告郵便は急成長しているが、その一方、宛名郵便は社会のデジタル化の影響を受けて減少中である。こうした中、スイスポストソリューションズは事務管理および郵便物仕分け関連の製品やサービスを世界中で提供して営業利益は伸びているが、郵便事業全体を取り巻く環境は厳しい。

2. ポストバス

旅客サービスを行う「ポストバス」は、国内の地域間輸送とスイス国外（フランス、リヒテンシュタイン）を結ぶ国際間輸送の役割を果たしている。かつて馬車は郵便物とともに人を運んでいた歴史的経緯から、バス事業（ポストバス）をグループ内で経営している。「ポストバス」は「スイスポスト」のコアビジネスの 1 つで、スイスの公共輸送ネットワークを担っている。「ポストバス」の年間輸送人員は 1 億 5,200 万人、1 日平均 416,000 人が利用しており、バスルートは約 900、車両は 2,311 である[15]。そのトレードマークであるラッパとバスの黄色は、スイスの文化的アイデンティティであり、信頼性と安全を表している。「ポストバス」は「連邦交通局（FOT）」による監督をうける[16]。

---

[12] (5)
[13] (7)
[14] (8)
[15] (29)（36 p. 9）

「ポストバス」では公道における旅客バスの自動運転の実証実験を進めており、2016年6月からシオンの旧市街で自動車が乗り入れることのできないエリアにおいて、2台のミニバスで約60,000人を運んでいる。この実証実験は2018年末まで延長が決まっている。また、「ポストバス」でも地域における需要の拡大や利便性の向上、さらには最新技術の導入を行なっている。例えば、新たにスクールバスを電話で呼び出すバスサービスやスイス国鉄とレンタバイク社とのパートナーシップによる自転車のバイクシェアリングなどを展開している。このバイクシェアリングについては、通勤者・旅行者・サイクリストを対象に106の拠点で800台を提供している[17]。

3. ポストファイナンス（ポストバンク）

「ポストファイナンス」はポストバンクとして市民の身近な金融機関であり、「スイスポストグループ」の稼ぎ頭として重要である。「郵便組織法」によって、「ポストバンク」は「支払業務」・「預金の受入れ」・「口座関連業務」・「自己名での投資」・「第三者を代理とする金融業務」と規定されている[18]。なお、住宅ローン等の貸付業務は直接行なうことはできない。郵便法では、「ポストバンク」はスイス国内においての送金決済のユニバーサルサービスを実施することが義務づけられている[19]。格付け会社の「スタンダード＆プアーズ」の報告書（2018年12月14日）によると、ポストバンクはAA＋

図6　ポストファイナンス主要指標

ポストファイナンス	2015年	2016年	2017年
利用者数（人）	295万1,000	295万2,000	289万
口座数	483万5,000	484万5,000	480万9,000
顧客資産（スイスフラン）	1,148億6,600万	1,194億3,600万	1,197億9,700万
パートナーソリューションズにおける顧客資産	77億7,200万	82億4,600万	99億6,800万
住宅ローン [1]	50億8,900万	53億6,100万	56億5,000万
ビジネスローン	90億6,300万	98億9,400万	101億8,500万
Eファイナンス利用者数	168万3,000	174万3,000	175万6,000
従業員数 フルタイム当量 [2]	3,571	3,599	3,474
取り扱い件数（件）	10億2,000万	10億4,400万	10億7,200万

[1]　パートナー銀行との提携
[2]　8時間換算労働者数
出典：Swiss Post holds its ground despite lower profit - situation at PostBus impacts 2017 Group result Communication dated 08.03.2018

---

[16] (9 p.9)
[17] (30 pp.49-52)
[18] [25 p.25]
[19] (11 p.41)

と格付けされている[20]。

　2017年12月末のスイスの総資産上位20行において、「ポストバンク」の総資産は7番目の1,216億CHでそのシェアは3.74%である[21]。有力な銀行が割拠するスイス国内において、「ポストバンク」は大いに健闘しているといえる（図6）。

(1) サービス形態

　「ポストバンク」は直営店の窓口や郵便局、インターネット、モバイルチャネルでサービスを提供している。預金預入・引出、住宅ローン等の基本的な金融サービスは郵便局で提供されている。図11によると、顧客数は約289万人、口座数は約481万、残高は約1,200億CHである。また、Eファイナンスの利用者数は約176万人となっている。「ポストバンク」では40の直営店舗、55のコンサルティングオフィス、999のATMのネットワークを展開している[22]。

(2) 若年者への優遇金利サービス

　年齢が30歳未満の若年層向けに、2種類の口座を設けている。「ユースアカウント」と呼ばれる口座は12歳と20歳までの子供と若年者向けである[23]。一方、30歳未満の学生向けには「学生アカウント」がある[24]。これらの口座保持者には利息の優遇、会費無料のクレジットカード、無料の口座管理等があり、将来にわたってポストバンクの大事な顧客になってもらおうとする一種の「囲い込み戦略」と見られる。

(3) 新たなサービス

　社会も金融分野も急速にデジタル化が進展しており、「ポストバンク」も従来のサービス提供事業者から、デジタル技術を駆使した企業へと変わりつつある。デジタル化に合わせた新ビジネスとして、「ポストバンク」ではスマートフォンを活用したデジタルウォレットの「TWINT」を展開している。スイスの巨大銀行（「UBS」、「クレディスイス」、「ポストバンク」、「レファイゼン」、「ZKB」）[25]を含めた60以上の銀行もこのシステムに参加しており、個人間送金やオンラインショッピングにも対応している。このサービスは銀行口座やプリペイドカードともリンクしており、キャッシュレス化を見越した事業展開といえる。現在、60万人以上がこのサービスを利用している[26]。

　「ポストバンク」では、お金の支払いや公共料金の支払いは直営店のみで、直営店以外では決済について現金精査ができないため、ポストカードというカードで決済しなけ

---

[20] (10 p. 2)
[21] (25 p. 7)
[22] (36 pp. 7-8)
[23] (13)
[24] (12)
[25] (14)
[26] (11 p. 13)

ればならない。「ポストバンク」の1つの大きな事業として投資信託があるが、郵便局では取り扱いできないことから日本における郵便局のイメージとは異なる。

以上のように、「スイスポスト」は、郵便サービスや「ポストバス」、「ポストバンク」など、スイス国内における国民生活に密着した重要な事業運営を行っている。

スイスポストグループの経営状況

スイスポストグループを取り巻く環境は厳しい。宛名郵便の取扱数は減少の一途をたどる。成長が著しいロジスティクス市場での価格競争も激化している。また、郵便局窓口での取扱件数も減少傾向が止まらない。このような状況下にも関わらず、「スイスポスト」は2017年に4億2,000万CHのグループ利益（前年度：5億5,800万CH）を計上した。グループの営業収益は79億8,700万CHで、営業利益（EBIT）は前年度の7億400万CHから7,400万CH減の6億3,000万CHである（図7）[27]。

図7　スイスポストグループ連結

単位：スイスフラン			
概要	2015年	2016年	2017年
営業収益	82億2,400万	81億8,800万	79億8,700万　[1]
営業利益（EBIT）[2]	8億2,300万	7億400万	6億3,000万
営業利益率　%	10	8.6	7.9
グループ利益	6億4,500万	5億5,800万	4億2,000万
総資産	1,203億2,700万	1,266億900万	1,274億1,000万
株主資本	43億8,500万	48億8,100万	66億1,300万　[5]
投資 [3]	4億3,700万	4億5,000万	3億9,400万
グループ従業員数 （トレイニーを除く）FTE [4]	44,131	43,485	42,316
海外の従業員数 FTE [4]	7,449	7,195	6,971
スイス国内グループ （トレイニー）FTE	2,077	2,118	2,115
宛名郵便（通）	21億7,160万	20億8,880万	20億190万
小包（個）	1億1,520万	1億2,180万	1億2,940万
スイス国内での乗車人数（人）	1億4,500万	1億5,190万	1億5,460万

1　平準化値
2　営業外収益前、税引き前営業利益（EBIT）
3　有形固定資産、投資不動産、無形固定資産、および子会社への投資
4　平均人員（フルタイム当量）
5　その他の包括利益に計上された退職給付債務の評価益は持分変動に大きく関与

出典：Swiss Post holds its ground despite lower profit – situation at PostBus impacts 2017 Group result（2018年3月8日）と Swiss Post delivers solid result and increases investments amid growing pressure on its core business（2017年3月9日）から筆者作成

「スイスポスト」では投資は2016年度に新たなサービスとコアビジネスの開発のために4億スイスフランに及ぶ投資を実施している。「ポストファイナンス」（ポストバンク）でも2018年4月1日からスタートとした新たなコアバンキングシステムに投資をしている。2017年12月末現在の「スイスポストグループ」の連結資本は66億1,300万CHである。経営理事会は政府納入責任額として2億CHをスイス政府に納入することを決定した[28]。「スイスポスト」はスイス連邦・利用者・従業員・株主に対して貢献している。

1. スイス郵便

(1) ポストメール

デジタルの急速な拡大は、「スイスポスト」のコアビジネス（書状、新聞、DM）の分野への影響が大きい、2017年の宛名郵便物数は前年度比で4.2％減、新聞の配達も2.9％減で、営業収益は28億3,500万CH（前年度：29億600万CH）と大幅に減少した。こうした中、「スイスポスト」ではラストマイルサービスに関わる付加サービス、およびコスト管理と効率化でカバーしている。その結果、営業利益は3億7,000万CH（前年度：3億1,700万CH）と増加している。2017年度の営業収入は28億3,500万CH（前年度：29億600万CH）へと減少しているが、効率化によって相殺されている[29]（図8）。

(2) ポストロジスティクス（小包）

オンラインショッピングの拡大により、ロジスティクス市場は引き続き好調である。ポストロジスティクスが取り扱った小包物数は約1億3,000万個（前年度比：6.2％増）、ポストロジスティクスは1億1,900万CH（前年度比：200万CH増）の営業利益を計上し、営業収益は16億1,900万CH（前年度：15億7,200万CH）となった。（図8）このように小包ビジネスは好調ではあるものの、国内外の民間企業の参入によって競争は激化している。「スイスポスト」ではEコマースの拡大に伴い、今後も小包の取扱数は増加すると想定しており、2020年までに3つの地域小包センターを建設するとともに、約1億5,000万CHの投資を計画中である[30]。

小包サービスの現状では、小包市場は自由化されているものの、20キロまでの小包はユニバーサルサービスの対象である。小包は週6日配達で6時30分から20時までの時間帯で配達される。スイスでは受け箱が多くあるため、初回配達率は90％である。なお、受け箱に荷物が配達出来ない場合や受取人が不在の場合には、配達員は荷物を近所の人あるいはセキュリティがしっかりと確保された場所に配達する。それでも配達で

---

[28] (4)
[29] (4)
[30] (4)

きない場合は、不在通知を残し、受取人は再配達の希望を郵便局、または「My Post24 ターミナル」（ロッカー）などに指定し荷物を受取ることになる。収集については、各家庭、郵便局、委託先、前述のロッカー等、いずれにおいても可能である[31]。

(3) 郵便局ネットワーク（窓口）

「スイスポスト」では 2016 年に 3,800 のアクセスポイントを 2017 年に 3,870 まで増加した。さらに 2020 年までには 4,200 以上までアクセスポイントの拡大を計画している。先述のとおり、窓口での取扱件数は減少しているが、アクセスポイントの充実と利用者ニーズに対応することでバランスを保っているようである。

郵便局ネットワークでの営業業績が 3,400 万 CH 増加したことにより、赤字ではあるものの営業損益赤字は 1 億 5,900 万 CH にまで回復している。しかし、営業収益は 9,400 万 CH の減少となった。これはデジタル化の進行による窓口での郵便取扱数の減

図8　各部門別業績

コミュニケーション分野		2015 年	2016 年	2017 年
ポストメール	営業収益	28 億 2,000 万	29 億 600 万	28 億 3,500 万 [1]
	営業利益 [2]	3 億 5,800 万	3 億 1,700 万	3 億 7,000 万 [1]
スイスポストソリューションズ	営業収益	6 億 900 万	5 億 5,800 万	5 億 5,100 万
	営業利益 [2]	1,500 万	2,000 万	2,500 万
郵便局ネットワーク	営業収益	16 億 100 万	11 億 9,600 万	11 億 200 万
	営業利益	－1 億 1,000 万	－1 億 9,300 万	－1 億 5,900 万

1　平準化値
2　営業外収益前、税引き前営業利益（EBIT）
＊単位：スイスフラン
出典：Swiss Post holds its ground despite lower profit - situation at PostBus impacts 2017 Group result（2018 年 3 月 8 日）と Swiss Post delivers solid result and increases investments amid growing pressure on its core business（2017 年 3 月 9 日）から筆者作成

図9　ロジスティクス分野業績

ロジスティクス分野		2015 年	2016 年	2017 年
ポストロジスティクス	営業収益	15 億 5,200 万	15 億 7,200 万	16 億 1,900 万 [1]
	営業利益 [2]	1 億 4,500 万	1 億 1,700 万	1 億 1,900 万 [1]

1　平準化値
2　営業外収益前、税引き前営業利益（EBIT）
＊単位：スイスフラン
出典：Swiss Post holds its ground despite lower profit - situation at PostBus impacts 2017 Group result（2018 年 3 月 8 日）と Swiss Post delivers solid result and increases investments amid growing pressure on its core business（2017 年 3 月 9 日）から筆者作成

[31] [6]

少（7%減）、ならびに請求書の支払件数の減少（6.5%減）によるものとされている[32]。

そのため、「スイスポスト」は将来の需要に合った「店舗」と「デジタルアクセスポイント」のネットワーク構築に投資している。郵便以外のサービスとしては、物品、文具、イベントチケット、宝くじ等、一部の行政サービスの代行が郵便局で行われている（図9）。

(4) スイスポストソリューションズ（SPS）

2007年に設置された。デジタルトランスフォーメーションの業務支援サービスを提供するスイスポストソリューションズの2017年の営業収益は5億5,100万CH（前年度：5億5,800万CH）となっているものの、営業利益は2,500万CH（前年度比：500万CH増）を計上している[33]（図8）。

(5) 新技術の導入

スイスポストは公道での無人配達について法律上越えなければならない課題があるとしつつも、将来性を見越して引き続き配達ロボットを試行中である。試行から得られた結果を収集して現在あるテクノロジーを結び付けてサプライチェーンに活かそうとしている[34]。ドローンについては世界で最も早く実用化に向けて実験を行なっている。例えば、実際には医療分野において、緊急性をも要する物の輸送には道路輸送よりも有効性が高いことから大学と大学病院間でのサンプルの輸送の実施を2018年12月に計画している[35]。あるいは、自然災害で孤立した場所への物資の輸送、あるいは従来の小包配達にも可能性を見出そうと模索中である。

2. ポストファイナンス（「ポストバンク」）

2017年の「ポストバンク」の営業利益は700万CH増の5億4,900万CH（前年度：5億4,200万CH）であり、株式の売却による経常外利益と金融資産の減損の戻入れによるところが大きい。営業収益は20億8,800万CH（前年度：21億5,500万CH）で6,700万CH減となり、これは国による低金利政策による減少としている。低金利政策による金利収入の減少がビジネスに大きく影響を与えている[36]。「ポストバンク」は貸付ビジネスが行えないため、現行の金利収入に頼らない、デジタル化を図ったビジネスモデルへの見直しを進めている。新たな収入源の開拓を課題としている（図10）。

---

[32] (4)
[33] (4)
[34] (30 p.34)
[35] (1)
[36] (4)

図10　金融分野業績

金融分野		2015年	2016年	2017年
ポストファイナンス	営業収益	21億4,300万	21億5,500万	20億8,800万 [1]
	営業利益 [2]	4億5,900万	5億4,200万	5億4,900万 [1]

1　平準化値
2　営業外収入前、税引き前営業利益（EBIT）
*単位：スイスフラン
出典：Swiss Post holds its ground despite lower profit - situation at PostBus impacts 2017 Group result（2018年3月8日）と Swiss Post delivers solid result and increases investments amid growing pressure on its core business（2017年3月9日）から筆者作成

3. 旅客運輸（ポストバス）

　スイスの「ポストバス」による補助金の不正受給が2018年2月に明らかとなり社会問題化している。これは同社が2007年から2015年でバスの保守整備費として連邦・州・自治体から過剰に補助金を受給していたことに帰因する。これを受けて「ポストバス」の営業収入は8億3,600万CHに減少、さらに「ポストバス」は6,900万CHの営業損益赤字を計上した[37]。

　国民からの信頼が厚かった「ポストバス」による不正行為は、スイスポストグループ全体の信用問題に発展した[38]。2018年9月に返還額が特定されて行政機関に合計で2億530万CHが返還されることになる。2007年から2015年分の返還額として1億8,810万CH、さらに2007年以前の2004年から2006年までの時効により返還義務が消滅している分として、1,720万CHを任意で返還する意向を示している。そして、連邦政府や各州との間で合意に至り2018年12月14日までに協定を結び不正に受け取った金額が返還されることになった（図11）[39]。

　「ポストバス」による補助金の不正受給問題について、労働組合の「Syndicom」では「自治体はバスの保守費用などについて補助金の支出を行なっており、補助金を受ける側である「ポストバス」が利益を上げることは法的に認められていない。このような中

図11　旅客運輸事業（ポストバス）

旅客輸送分野		2015年	2016年	2017年
ポストバス	営業収益	8億4,900万	9億2,300万	8億3,600万
	営業利益 [1]	2,900万	3,600万	(6,900万)

1　平準化値
*単位：百万スイスフラン
出典：Swiss Post holds its ground despite lower profit - situation at PostBus impacts 2017 Group result（2018年3月8日）と Swiss Post delivers solid result and increases investments amid growing pressure on its core business（2017年3月9日）から筆者作成

---

[37]　(4)
[38]　[26]
[39]　(6)

で、「ポストバス」は実際にはタイヤの交換をしていないのに、交換をしたように見せかけて自治体から補助金を受け取り、その資金をその他の事業の利益に置き換えていたことが問題の核心である」としている。

「Syndicom」は「この不正請求が『ポストバス』だけにとどまらず、他のバス運営事業者も同様な操作を行なっているのではという疑い眼差しを国民が向けるおそれがある」ことを指摘している。この問題によって、「ポストバス」のダニエル・ランドルフ取締役が辞任した。性善説に立脚するスイスでこのような問題の発生が、スイス社会を揺るがす大事件となっている[40]。

郵便局のアクセスポイント状況

スイスでは1970年代に約4,100もの郵便局があったが、2000年には3,500局に減少した。そして2018年10月1日現在、郵便局のネットワークの構成は、ホームデリバリーサービス（1,335）、直営店（1,114）、スーパーや文房具店内に設置されている委託店（1,033）、郵便物の差出や受取ポイント・ビジネス集荷ポイント・宅配ロッカー的なMy Post 24ターミナル（422）で[41]、そしてポストの数は14,617本である[42]。すでに述べたように、「スイスポスト」では近年、経営合理化のため直営局の閉鎖を進めているが、直営の郵便局が閉鎖された際には、「スイスポスト」はコンビニやガソリンスタンド、スーパー等と代理店契約を結び、委託店化させてその機能を代替させている。

郵便局は基本的に平日の8：00～12：00、14：00～17：00が営業時間で、土曜日・日曜日・祝日は休みである。但し、郵便局によっては営業時間にばらつきがあり、都市部の中央郵便局や一部の郵便局では、一部の窓口が24時間、あるいは土曜日の半日営業などを行っている。また、郵便局によっては休業日の前日に16時までカウンター業務を行っているところもある。なお、各郵便局の年間の営業時間については、インターネット上で検索が可能である。

「Syndicom」からの説明によると、小さな郵便局ではお昼の時間帯に昼食休憩で郵便局の業務は行なわれないため、急用がある利用者は近隣の大きな郵便局へ行くことになる。配達について、再配達のシステム自体はあるものの、サービス提供は営業時間内となっていることから、利用者にとっては使いにくいものとなっている。さらに営業時間の短縮が実際に行われているため、結局、利用者は週末に郵便局へ受け取りに行かなければならない。但し、週末の営業時間は土曜日の昼までとなっている。しかも委託されたポスタルエージェンシーでなければ受け取ることができないため、利用者から不満も出ている状況である[43]。

---

[40] [26]
[41] (16)
[42] (36 p. 8)
[43] [26]

E ヘルスとインターネット投票

1. E ヘルス

「スイスポスト」はこれまでに医療ドキュメントを郵便で取り扱った豊富な経験から E ヘルスの参入を進めている。ヘルスケア分野強化のために 2015 年には「スイスポスト」はチューリッヒを拠点とする「ヘルスケアリサーチ研究所 (HCRI)」を買収した。「HCRI」は 400 以上の病院、クリニック、介護施設を取引先に持ち、約 25,000 診療履歴を管理している。この買収で「スイスポスト」は E ヘルスサービスのポートフォリオに品質管理と情報処理を盛り込むことが可能となった。さらに、スイス医師会によって設立された「ヘルス・インフォ・ネット (Health Info Net：HIN)」及び「スイス薬剤師協会 OFAC)」とも提携を結んでいる[44]。

スイスの医療については各州に権限があるため、州ごとに医療政策が異なる[45]。また、デジタル化の進行に伴い紙ベースのカルテからデジタルカルテ (HER) への移行が進んでいる。「スイスポスト」は電子医療のプラットフォームを全 26 州のうちジュネーブ州、アーガウ州、ヴォー州、ティツィーノ州などや 100 以上の機関に HER のプラットフォームを提供する。2017 年 5 月に「スイスポスト」は「ジーメンス・ヘルスケア」社と e ヘルスの強化のための提携を発表した[46]。

「スイスポスト」のポスト E ヘルスは、より患者に相応しい診療や専門的なアドバイス等が行なうために患者、医師、病院、理学療法士、薬剤師、等の医療関係者によるデータの交換が可能である。関係者は患者の診療カルテから診療状況を把握することが可能となり不必要な検査の繰り返しを避けること、今までにどのような処方が患者に為されていたかの把握が出来る。患者はいつでも HER へのアクセスが可能であり、自分の HER へのアクセスを誰に許可するかはオンライン上で決定できる[47]。患者の HER はスイス連邦法にそって適切に守られている[48]。

「スイスポスト」が提供する電子医療の拡大に伴い、例えば手術室で使用される器具の輸送・回収洗浄等も実施している。そのため、「スイスポスト」のヘルスケアセクターは将来を見越してドローン部門やロジスティクス部門と連携を強くしている[49]。

2. インターネット投票

スイスでは議員選挙とは別に、様々な国政・州政の動向について国民が投票する機会が年間最大 4 回もあり、市民は生涯に 360 回以上もの選挙を経験するといわれる。そのため、スイス政府はインターネット投票を推進している。現在スイスでは選挙や国民投

---

[44] [17]
[45] (18)
[46] (19)
[47] (20)
[48] (31)
[49] (30 pp. 30-33)

票ついて2つの選択肢があり、一つは投票所に足を運ぶ方法、もう一つは郵便投票である。そして、第3の選択肢としてインターネット投票の動向に焦点があたっている[50]。

インターネット投票の試行が、2004年以降これまでに有権者登録を済ませた市民が14の州で200以上の投票に試行に参加している。インターネット投票は義務化せずに導入については各州に委ねられることになる。2017年に連邦政府はインターネット投票を市民が選択できる制度を全国に広げることを決定した。2019年10月までに全26州のうち少なくとも18州で可能とする考えであり、これまでの投票所での投票、郵送による投票に加えて、インターネット投票が可能となる[51]。

「スイスポスト」は年4回行われる国民投票で年間計1,900万枚の郵便投票を取り扱い[52]。郵便投票では現在90パーセント以上の大都市部の住民が郵便投票を利用[53]していることから、この実績と信頼性からインターネット投票に可能性を見出しており、インターネット投票システムを提供するスペイン企業の「サイトゥル」社と2014年から提携している[54]。

「スイスポスト」の構築したシステムにより、2016年にはフリブール州において、スマートフォン・PC・タブレットを用いたインターネット投票が行われた[55]。スイスポストのプラットフォームはフリブール州、ヌシャッテル州、トゥールガウ州で運用され

図12　スイス各州におけるインターネット投票利用の状況

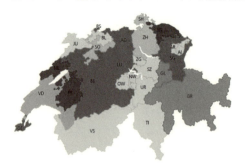

■ CHvote system: developed by GE; AG, BE, BS*, LU and SG have joined; VD is planning introduction in autumn 2018.
■ Swiss Post solution: FR, NE, TG.
■ GL and GR are planning reintroduction in 2019 respectively 2020.
■ These cantons carried out electronic voting trials up to the end of 2015.
■ These cantons have not yet carried out any electronic voting trials.

*BS will change over to the Swiss Post system (probably in 2019).

出典：egovernment voting

---

[50] (32)
[51] (21)
[52] [23]
[53] (22 p. 3)
[54] (33 p. 26)
[55] (32)

ており、2019年にはバーゼル・シュタット州が加わる見込みである（図12）。

「スイスポスト」のシステムではインターネット投票の利用者数が増加してもシステム的に対応が可能であるとしている。その料金体系については、基本料金はスイスポストデータセンターの利用料金、有権者数の規模と選挙に実際に行った有権者数、選挙や投票に参加可能人数や州の数に応じて変動するメカニズムを採用している[56]。

労働条件

「Syndicom」の組合員数は約3万5,000人で通信とメディアの分野の労働者を組織化している。「Syndicom」のダーヴィト・ロート氏によると、「『Syndicom』は『スイスポスト』の組合ではなく郵便やロジスティクス分野の組合であることから、例えば、『Syndicom』は『スイステレコム』の競争相手の『サンライズ社』も組織化しており、労働条件や賃金の保証が整っていれば企業間競争について問題はない」と述べていた。郵便とロジスティクスの労働者を抱える組合としては、自由化の条件が問題であるとの認識である。現在、「Syndicom」はバイクで配達する未組織労働者と協議を行い、団結し労働条件を合わせるようにアドバイスを行っているとのことであった。

労働者のアウトソーシングについて、組合では小包はピーク時には外注して増員も可能となっているが、ピークの定義がないため、当初はクリスマスシーズンのみであったが、人件費を抑えるため必要な人員を確保せず、最近では年中業務繁忙の状態にしてアウトソーシングを実施している現状を批判していた。そのため、処理センターでは全体の20％が一時雇用の職員となっている。また、小包配達も委託に出されており、委託労働者の労働条件が低く抑えられている現状である。

しかし、「スイスポスト」から外部への委託であるために、「Syndicom」として労働条件のコントロールが効かないと語気を強めている。「ポストバス」についても、「Syndicom」はアウトソーシングが進んでおり「実際に誰が運行しているのか、運転手への賃金がどの程度であるか、職場現状の把握が難しい」と複雑化する職場環境を問題視していた。

郵便局の廃止については、「スイスポスト」は自治体との協議が必要であり、郵便局の閉鎖に不満がある自治体は規制機関の「ポストコム」に申し出ることになる。しかし、「ポストコム」の役割は「スイスポスト」と自治体との間で郵便局の閉鎖についてきちんと協議がなされたかどうかの「プロセス」をチェックするのみで、閉鎖についての「妥当性」の検証や廃止方針の見直しを「スイスポスト」に勧告するといった権限は持ち合わせていない。そのため、廃止対象となる地域の自治体や住民にとって「ポストコム」の役割はあまり期待できないとのことであった。

規模の小さな自治体の首長の多くは、自治体業務にパートタイムで従事しているためこの方面の知識が全般的に不足しており、このため「理詰め」で「スイスポスト」の経

営方針への太刀打ちが難しいため、「Syndicom」ではこれ以上の郵便局の閉鎖を避けるため、自治体の首長に対し「安易に『スイスポスト』との話し合いに応じないように」とアドバイスをしているとのことであった。郵便局の閉局については、関係自治体との協議が必要となっているが、事業者優位であることに間違いないようである。

スイスでは反対運動などが大衆運動に発展することがほとんどない中で、「スイスポスト」が2016年に1,300局のうち600局を閉鎖する方針を打ち出したことに対し、一部の自治体では住民を巻き込んだデモや署名活動が行われている。同国では10万人の署名があれば法律改正の発動が可能といわれる中、郵便局の閉鎖に一定の歯止めをかけることを目指す法律には20万人もの署名が集まっており、国民の意思が表れた大きな抗議活動となっている。

「Syndicom」によると、一般的に労働組合は労働者の利害のみを考えているように思われているが、州ごとにチラシを配布するなど様々な活動を行い、市民とともに郵便局の大幅な削減計画に反対する活動を展開しているという。なお、「Syndicom」では政治家は世論に敏感であるためほど良い距離を保っている[57]。

スイスポストの展望

日本人は便利なサービスに慣れきってしまっており、配達や営業時間等は利用者目線で設定されがちだが、スイス人にはそれをサービス過剰と考えている節もありそうだ。スイスではほとんどの店が夕方には閉店し、日曜日もほとんど店を開けていない。「夜間や日曜日は誰しも家族と過ごす時間を大切にすべき」という考え方が一般的であり広く浸透している。

「スイスポスト」の案内でインターラーケン中心部に位置する郵便局を訪れた。この郵便局は「スイスポスト」が未来をコンセプトに、利用者の立場に立ってサービス展開している「モデル郵便局」である。郵便局中央に置かれたカウンターでは、「スイスポスト」の商品やサービスに精通したスタッフが常駐しており、「スイスポスト」のアプリを利用者のスマートフォンにインストールする方法や「My Post 24terminals」ロッカーの利用法、セルフサービスエリアでの郵便や小包の差し出しのために使う機器の使い方、個人利用者向けのドライブスルーサービスの利用方法などを案内していた。「スイスポスト」では、インターラーケンのモデル郵便局の状況を分析した上で、その他の地域へもこのタイプの郵便局を広めたいとしている。

デジタル社会において、「スイスポスト」はユニバーサルサービスプロバイダーとしての義務を遂行しつつ、将来を見据えた投資を積極的に行い、生き残りをかけている。UPUが「スイスポスト」を世界で「ナンバー1」とする理由は、積極的に将来に向けて投資を行っている点であると考える。インターラーケンの郵便局もその一つの例であろう。「スイスポスト」は7つの分野（Eコマース、モビリティ、デジタルファイ

---

[57] (26)

スイスポスト：評価が世界1位の取り組み 241

ナンス、デジタルトラスト、クロスチャネル・コミュニケーション、ビジネス・プロセス・アウトソーシング、セールス＆ソリューション）に重点を当てている。「スイスポスト」のサービスを、例えば、Eヘルスと医療器具の輸送をリンクづけ、ロボットやドローンを用いた医療機関への配送、今までの郵便の信頼に基づいた郵便投票から、さらに進んだインターネット投票への資源の投資等が評価されていることは間違いないであろう。日本人の目からはサービスが良くないとか、実際に目に郵便局からは見えない領域においてイノベーションが進んでいる部分が多いようである。

UPUのランキングが全てでないが、「時代」と「技術」の波に翻弄される郵便事業の今後のあり方を考えると、ランキングで上位となった国は新時代における郵政事業のビジネスモデルを積極的に提案・展開し、他国の「道しるべ」となることも重要であるように思われる。

引用文献

1. Swiss Post. Swiss Post to transport laboratory samples between University Hospital and University of Zurich. *Swiss Post.* [Online] 12 4, 2018. [Cited: 12 26, 2018.] https://www.post.ch/en/about-us/company/media/press-releases/2018/swiss-post-to-transport-laboratory-samples-between-university-hospital-and-university-of-zurich.
2. PostFinance. Annual Report 2017. *Post Finance.* [Online] 3 7, 2018. [Cited: 9 19, 2018.] https://www.postfinance.ch/content/dam/pfch/doc/ueber_uns/report2017_info_en.pdf.
3. Swiss Post. Public service for Switzerland: Swiss Post's universal service obligation. *Swiss Post.* [Online] [Cited: 9 16, 2018.] https://www.post.ch/en/about-us/subjects/position-papers/universal-service.
4. —. Swiss Post holds its ground despite lower profit - situation at PostBus impacts 2017 Group result. *Swiss Post.* [Online] 3 8, 2018. [Cited: 4 30, 2018.] https://www.post.ch/en/about-us/company/media/press-releases/2018/swiss-post-holds-its-ground-despite-lower-profit.
5. —. Group structure . *Swiss Post.* [Online] 11 1, 2018. [Cited: 9 30, 2018.] https://www.post.ch/en/about-us/company/swiss-post-at-a-glance/swiss-post-group-structure.
6. —. Repayment agreement enters into force: Swiss Post now able to repay all funds. *Swiss Post.* [Online] 12 18, 2018. [Cited: 1 1, 2019.] https://www.post.ch/en/about-us/company/media/press-releases/2018/repayment-agreement-enters-into-force-swiss-post-now-able-to-repay-all-funds.
7. —. Subsidiaries Swiss Post companies - worldwide. *Swiss Post.* [Online] 9 30, 2018. [Cited: 12 16, 2018.] https://www.post.ch/en/about-us/company/swiss-post-at-a-glance/subsidiaries.
8. —. Associates and Joint Ventures. *Swiss Post.* [Online] 9 30, 2018. [Cited: 12 16, 2018.] https://www.post.ch/en/about-us/company/swiss-post-at-a-glance/associated-companies-and-joint-ventures.
9. Jaag, Christian and Maegli, Martin. Market Regulations and USO in the Revised Swiss Postal Act:Provisions and Authorities. *IDEAS.* [Online] 8 2014. [Cited: 9 30, 2018.] http://www.swiss-economics.ch/RePEc/files/0048JaagMaegli.pdf.
10. Harm Semder; Benjamin Heinrich . *Die Schweizerische Post AG.* Ratings, S&P Global. s.l. : Ratings, S&P Global, 2018.
11. PostFinance . Annual Report 2017: For all your daily financial needs. *Swiss Post.* [Online] 3 8,

2018. [Cited: 4 1, 2018.]
https://www.postfinance.ch/content/dam/pfch/doc/ueber_uns/report2017_info_en.pdf.
12. PostFinance. Student account; The ideal account for apprentices and students. *Swiss Post*. [Online] [Cited: 4 3, 2018.]
https://www.postfinance.ch/en/private/products/accounts/student-account.html.
13. —. Youth account; The ideal pocket money or salary account. *Swiss Post*. [Online] [Cited: 4 3, 2018.]
https://www.postfinance.ch/en/private/products/accounts/youth-account.html.
14. TWINT. TWINT. *TWINT*. [Online] [Cited: 12 31, 2018.]
https://www.twint.ch/en/.
15. POSTCOM. RAPPORT ANNUEL 2017. *POSTCOM*. [Online] 12 20, 2018. [Cited: 12 26, 2018.]
https://www.postcom.admin.ch/inhalte/PDF/Jahresberichte/WEB_012-POC-1801_TB 2017_210x297_FR_RZ.pdf.
16. Swiss Post. Swiss Post keeps its promise and gives positive interim assessment of postal network restructuring. *Swiss Post*. [Online] 10 1, 2018. [Cited: 12 16, 2018.]
https://www.post.ch/en/about-us/company/media/press-releases/2018/swiss-post-keeps-its-promise-and-gives-positive-interim-assessment-of-postal-network-restructuring?query=postal＋network.
17. 一般財団法人マルチメディア振興センター．【スイス】スイス・ポスト、医療分野でのデジタル通信事業を拡大．物流ワールドニュース．(オンライン) 2015年7月3日．(引用日: 2018年8月6日．)
https://www.fmmc.or.jp/activities/worldnews/itemid495-003148.html.
18. healthcare-in-europe.com. Switzerland is not really one country. [Online] 11 10, 2014. [Cited: 8 15, 2018.]
https://healthcare-in-europe.com/en/news/switzerland-is-not-really-one-country.html.
19. Swiss Post. Swiss Post commits to partnership with Siemens Healthineers. *Swiss Post*. [Online] 5 7, 2018. [Cited: 8 15, 2018.]
https://www.post.ch/en/about-us/company/media/press-releases/2018/swiss-post-commits-to-partnership-with-siemens-healthineers?query=Siemens.
20. —. Electronic patient record (EPR). *Swiss Post*. [Online] [Cited: 1 2, 2019.]
https://www.post.ch/en/business/a-z-of-subjects/industry-solutions/industry-solution-healthcare/electronic-patient-record-epr.
21. Geiser, Urs. E-voting to be introduced permanently. *swissinfo.com*. [Online] 6 27, 2018. [Cited: 8 17, 2018.]
https://www.swissinfo.ch/eng/politics/direct-democracy-online_e-voting-to-be-introduced-permanently/44219770.
22. Serdült, Dr. Uwe. The Swiss Experience with Internet Voting. *THE CENTRE FOR E-DEMOCRACY*. [Online] 9 26, 2016. [Cited: 8 3, 2018.]
http://www.centrefordemocracy.com/wp-content/uploads/2016/10/Policy_Brief_Uwe_Serduit.pdf.
23. JabergSamuel. スイスの電子投票、今後の展開は不透明. swissinfo.ch. (オンライン) 2015年9月2日. (引用日: 2018年8月30日.)
https://www.swissinfo.ch/jpn/business/%E7%B7%8F%E9%81%B8%E6%8C%99%E3%81%AB%E5%90%91%E3%81%91%E3%81%9F%E9%9B%BB%E5%AD%90%E6%8A%95%E7%A5%A8_%E3%82%B9%E3%82%A4%E3%82%B9%E3%81%AE%E9%9B%BB%E5%AD%90%E6%8A%95%E7%A5%A8-%E4%BB%8A%E5%BE%8C%E3%81%AE%E5%B1%95%E9%96%8.
24. PostCom. Tasks and activities. *PostCom*. [Online] 12 20, 2018. [Cited: 12 31, 2018.]
https://www.postcom.admin.ch/en/commission/tasks-and-activities/.
25. 一般財団法人ゆうちょ財団. 海外の郵便貯金等リテール金融サービスの現状 —イタリア、オーストリア、スイス— XIX. スイス連邦. 一般財団法人ゆうちょ財団. (オンライン)

2017 年 3 月. (引用日: 2018 年 3 月 30 日.) http://www.yu-cho-f.jp/wp-content/uploads/Switzerland-1.pdf.
26. Syndicom. 郵便調査. ベルン, 2018 年 3 月 5-6 日.
27. Swiss Post. Swiss Post's e-voting service. *Swiss Post*. [Online] 11 21, 2018. [Cited: 1 2, 2019.] https://www.post.ch/en/business/a-z-of-subjects/industry-solutions/swiss-post-e-voting/swiss-post-s-e-voting-service?query=Swiss + Post%27s + e-voting + service.
28. POSTCOM. ベルン, 2018 年 3 月 7 日.
29. Swiss Post. PostBus Bus company and integrated solutions provider. *Swiss Post*. [Online] 3 8, 2018. [Cited: 3 30, 2012.] https://annualreport.swisspost.ch/17/ar/en/category/post_auto_en/.
30. ―. Annual Report 2017. *Swiss Post*. [Online] 3 7, 2018. [Cited: 3 15, 2018.] https://geschaeftsbericht.post.ch/app/themes/post-gb17/downloads/en/EN_Post_Geschaeftsbericht_2017.pdf.
31. the electronic patient record (EPR). My health information. In the right place at the right time. *EPR: Electric Patient Record*. [Online] [Cited: 1 1, 2019.] https://www.patientendossier.ch/en/general-public/information.
32. Swiss Post. Swiss Post's e-voting solution. *Swiss Post*. [Online] 8 2017. [Cited: 8 6, 2018.] https://www.post.ch/-/media/post/evoting/dokumente/factsheet-e-voting.pdf?la=en&vs=11.
33. ―. Annual Report 2015:The pleasure of simple solutions. *Swiss Post*. [Online] 2015. [Cited: 9 15, 2018.] https://annualreport.swisspost.ch/15/ar/downloads/geschaeftsbericht_konzern/en/E_Post_GB15_Geschaeftsbericht_WEB.pdf#search='Annual+Report+2015%3AThe+pleasure+of+simple+solutions'.
34. (オンライン) https://annualreport.swisspost.ch/app/themes/post-gb17/downloads/en/EN_Post_Finanzbericht_2017.pdf.
35. (オンライン) https://annualreport.swisspost.ch/app/themes/post-gb17/downloads/en/EN_Post_Finanzbericht_2017.pdf.
36. SWISS POST. My Swisspost is there for me wherevwer I am Financial Report 2017. *SWISS POST*. [Online] 3 7, 2018. [Cited: 3 15, 2018.] https://annualreport.swisspost.ch/app/themes/post-gb17/downloads/en/EN_Post_Finanzbericht_2017.pdf.

第15章　万国郵便連合（UPU）
国際郵便ルールの元締め

万国郵便連合（UPU）の概要

　国連の一専門機関である「万国郵便連合」（UPU）の概要は1874年に設置され、1948年に国連の専門機関となった。加盟国は192の国々と地域で、本部はスイスの首都ベルンに置かれている。その歴史は国連より古く、日本は1877年（明治10年）に加盟している。「UPU」は加盟国に対し郵便業務についての助言を与えるほか、紛争の調停や技術援助などを行っている。また、世界の国々を結んだ普遍的な郵便サービスの普及・発展を促進し、最新の郵便製品やサービスを提供して郵便物の増加を図ることを通じて、利用者のために郵便サービスの質を改善することがその主な任務と役割である（図1）。

　2016年にはトルコのイスタンブールで大会議が開催され、活動戦略として「イスタンブール世界郵便戦略」が満場一致で採択された。その戦略の主な柱は、デジタル経済が進展している中、各国・地域の格差を是正しつつ、国際郵便分野が総合的に発展していくことを目指すというものである。郵便業務発展総合指数2IPDはイスタンブール大会議の「世界郵便戦略：ビジョン2020」の推進を支援する重要な指標となっている[1]。

　大会議では、管理理事会（CA）及び郵便業務理事会（POC）の2つの理事国選挙と、POCの議長国選挙等が実施された。日本は、両理事会の理事国40カ国に得票数第1位で当選し、POCの議長国に選出された。議長職は、日本郵便株式会社の執行役員の目時政彦氏が務めている。なお、日本政府は、2020年に予定される「万国郵便連合」

図1　「UPU」組織図

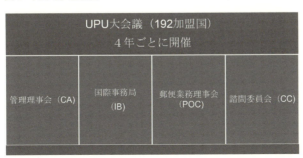

出典：「UPU」資料より筆者作成

(UPU) トップの事務局長選挙に、同氏の擁立を決定している。事務局長選挙は2020年の次期UPU大会議が開催されるコートジボアール（アフリカ）で行われる。

1.「UPU」大会議

大会議は4年に一度開催され192加盟国の代表が集まり新たな郵便戦略を策定する。大会議は「UPU」の最高意思決定機関である。年間予算はおよそ3,700万ドルである[2]。ちなみに、東京で開催された第16回大会議（1969年10月〜11月）において、同連合が発足した10月9日を世界郵便の日として大会議で決定された。

2.「UPU」の委員会

「UPU」は、内部組織として管理理事会（CA）、郵便業務理事会（POC）、諮問委員会（CC）、そして国際事務局から構成されている。

(1) 管理理事会（CA）

41の理事国から構成されるCAはベルンで毎年会合が開催される。CAは大会議から大会議までの間における「UPU」の事業継続の確保、活動の監督、規制の研究等を実施する[3]。

(2) 郵便業務理事会（POC）

POCは「UPU」大会議中の選挙によって選出される40の理事国から構成される。年次会合はベルンで開催され議長国が選出される。その業務計画では郵便事業体の近代化と郵便製品とサービスのアップグレードをはかることである。郵便ビジネス観点については、運営・経済・商業的な側面も対応している。POCは加盟国に統一慣習規則を必要とする権限内で技術上、業務上について勧告を行なう[4]。

(3) 諮問委員会（CC）

郵便事業体や規制体だけでなく郵便事業に関わるステークホルダーからの意見を取り入れるために2004年に設置された（図2）[5]。

目的

CCは郵便分野に影響を及ぼす課題を洞察することでグローバルな展望を発展させる役割を担う。この役割は「UPU」の価値をその産業と効率性を高めることにある。

---

[2] [4]
[3] (2)
[4] (5)
[5] (2)

図2　諮問委員会のメンバー

	国際団体及び国
1	Argentina
2	Burkina Faso
3	Italy
4	Mexico
5	Morocco
6	New Zealand（including the Ross Dependency）
7	Senegal
8	United States of America
9	DIGITALEUROPE
10	Ecommerce Europe – Chair
11	Federation of European Direct and Interactive Marketing（FEDMA）
12	Global Address Data Association（GADA）
13	Global Envelope Alliance（GEnA）
14	Global Express Association（GEA）
15	International Mailers'Advisory Group（IMAG）
16	International Post Corporation（IPC）
17	International Publisher and Postal Association（IPPA）
18	Latin American Association of Private Posts and Postal Operators（ALACOPP）
19	Latin American Institute for Electronic Commerce（eInstituto）
20	UNI Global Union
21	World Blind Union（WBU）
22	Xplor International

出典：http://www.upu.int/en/the-upu/consultative-committee/members/international-organizations.html

メンバー

　諮問委員会は消費者団体、「UNIグローバルユニオン」（国際労働産別）、郵便関連サービス提供事業者、「UPU」のミッションと目的に関心の深い個人や企業等の非政府組織から構成される。団体は加盟国において登録が求められる。個別の企業は現在のところ、この委員会のメンバーとはなれない。さらに、8カ国がメンバーとして加わっている。

会合

　CAやPOCの会合と同じ時期にベルンで年2回の会合が行なわれる。会合から会合までの間においては、CCの運営委員会が業務推進についての責任を負う。

(4) 国際事務局

　年間予算はおよそ3,700万ドルである。50以上の国々から約250人がベルンにある

「UPU 国際事務局」で業務に従事している。サンホセ（コスタリカ）、ハラレ（ジンバブエ）、カイロ（エジプト）、カストリーズ（セントルシア）、コトヌ（ベナン）、バンコク（タイ）、ベルンに地域調整官を配置[6]。

事務局機能の充実のため、国際事務局は技術的なサポート等を「UPU」の諸機関に提供する。国際事務局は連絡・情報・協議についての事務所としての役割を果たし加盟国間での協力関係の促進をはかっている。

「UPU」は世界各地に地域支援センターを設置して UPU 技術利用・製品・サービスの促進をはかっている。

2. 地域限定連合

加盟国は加盟国間の協力及び郵便サービス改善のため地域限定連合の設立や、特別の取り決めを締結することが可能である。18 の限定連合が設立されている（図3）[7]。日本は「アジア太平洋郵便連合」（APPU）（1962 設立，事務局はフィリピンのマニラ）に 1968 年から加入している。

「UPU」は地域開発計画を通して、地域限定連合と世界郵便戦略の発展と実施に向けて協力を行なっている。「UPU」は技術的な援助を含めて地域限定連合と協力関係にある[8]。

(1) アジア太平洋郵便連合（APPU）

1962 年 4 月 1 日に APPU は発足した。APPU は 1962 年から 40 年間をフィリピン・マニラに本部を置いたが、2002 年以降、本部はマニラからタイ・バンコクへ移転。事務局長は APPU 大会議で加盟国によって選挙で 2 期 8 年を限度に選出される。現在 32 カ国が加盟している[9]。

(2) PostEurop

欧州の公的な郵便事業体を代表する団体として 1993 年に発足。欧州 49 国と地域の 52 郵便事業体が 175,000 の窓口と従業員 210 万を通じて 8 億人の人々を結び付けるビジネスを展開する。PostEurop は加盟組織との協力、持続可能な成長と絶え間ないイノベーションを促している。

理事会は PostEurop の戦略の実施状況のモニタリングを行なう。本部はベルギーの首都ブリュッセルに設置されている[10]。

---

[6] [4]
[7] (3)
[8] (3)
[9] (10)
[10] (1)

図3 地域限定連合

	略称	正式名称	設立年
1	AICEP	International Association of Portuguese-Speaking Communications	1998
2	APPC	Arab Permanent Postal Commission	1992
3	APPU	Asian-Pacific Postal Union	1961
4	APU	African Postal Union	1961
5	BPU	Baltic Postal Union	1994
6	CEPT	European Conference of Postal and Telecommunications Administrations	1959
7	COPTAC	Conference of Posts and Telecommunications of Central Africa	1998
8	CPU	Caribbean Postal Union	1997
9	CRASA	Communications Regulators' Association of Southern Africa	2011
10	EACO	East African Communications Organization	2012
11	PUMed	The Postal Union for the Mediterranean	2011
12	NPU	Nordic Postal Union	1919
13	PAPU	Pan-African Postal Union	1980
14	POSTEUROP	Association of European Public Postal Operators	1993
15	PUASP	Postal Union of the Americas, Spain and Portugal	1911
16	RCC	Regional Commonwealth for Communications	1991
17	SAPOA	Southern Africa Postal Operators Association	2001
18	WAPCO	West African Postal Conference	2001

出典：UPU ホームページから http://www.upu.int/en/the-upu/restricted-unions/about-restricted-unions.html

(3)「米州・スペイン語・ポルトガル語郵便連合」(UPAEP)

「米州、スペイン、ポルトガル郵便連合」は1911年設置の28の加盟国から構成される地域限定連合で加盟国の郵便事業者と技術協力を推進している。本部は南米のウルグアイの首都モンテビデオに位置する[11]。

「郵便業務発展総合指数（2 IPD）」

「2IPD」とは、「UPU」が各国の郵便サービス全般を数値化し、サービス向上に資するため用いられる指標である。加盟173ヵ国と調査項目を議論・決定し、調査を行い、その結果を2017年と2018年に発表している。「UPU」はこの「2IPD」をイスタンブール大会議の「世界郵便戦略：ビジョン2020」の推進を支援する重要な柱と位置付けている。評価に当たって「UPU」は①「信頼性（郵便業務運営における効率性レベルの評価）」、②「到達性（郵便サービスの国際化のレベルの評価）」、③「妥当性（全ての主な市場における競争力のレベルの評価）」、④「弾力性（ビジネスモデルの適応能力のレベルの評価）」という4つの基準を設けており、加盟173ヵ国の公的な統計や51億通を

[11] (9)

図4 国連持続可能な開発目標（SDGs）

出典：国際連合広報センターホーム

超える郵便の追跡情報含むビッグデータなどをベースに、郵便事業体の実績を比較したものである[12]。

その結果から、「UPU」は郵便事業の可能性は高いにも関らず、郵便事業体や政府は電子的な代替による郵便物の減少がインフラ投資への意欲・関心を失わせていると推察している。このインデックスは郵便事業関係者のほか、政府や規制体にも有効なデータであり、「UPU」は各国がこのインデックスを活用し、Eコマース・金融包摂性を重要視した経済モデルや技術支援、サービス向上に資すると期待を寄せている。

同時に、「UPU」では2015年9月の国連サミットで採択された2016年から2030年までに国連加盟国が達成するべき目標「SDGs（持続可能な開発のための2030アジェンダ）」にも郵便事業が貢献できるものと考えている。特に、「UPU」では17の国際目標の中でも次の4つを目標（第8、第9、第11、第17）に着目している。例えば郵便局ネットワークの特性を活かして第8「成長・雇用」では金融包摂を、第9「イノベーション」についてはグローバルバリューチェーンを、第11「住み続けられるまちづくり」では災害時等の場合には郵便のネットワークを、第17「実施手段」については信頼性・到達性・妥当性・弾力性をもつインターネットの接続性による貢献の可能性を示唆している（図4）[13]。

図5は2018年のランキング、図6は2016年の順位となる。この2つの図表では、「UPU」が発表している上位10カ国と日本の周辺国、及び「JP労組」が2017年末から2018年末にかけて調査を行なった欧州諸国及びオセアニア諸国、さらには周辺諸国を含め計27カ国の順位を抜粋したものとなる。結果として先進国の郵便事業への評価が概して高くなっている点があげられる。

---

[12] (6 pp. 5, 8-9)
[13] (6 p.5)

図5　2018年

順位	国名	スコア
1	スイス	100
2	オランダ	93.7
3	日本	91.6
4	ドイツ	91.3
5	フランス	83.3
6	ポーランド	78.3
7	シンガポール	78.2
8	米国	77.9
9	英国	76.8
10	オーストリア	76.3
12	NZ	74.2
15	中国	69.5
17	タイ	68.4
19	スウェーデン	67.1
	先進国平均	67.92
20	フィンランド	66.3
23	インド	66.1
24	韓国	65.9
25	マレーシア	64.6
26	オーストラリア	64.4
28	イタリア	62.9
29	ベルギー	62.1
34	ノルウェー	60.3
50	ベトナム	51.73
59	インドネシア	46.47
65	デンマーク	44.19
71	ポルトガル	40.87

出典：Postal development report 2018 から筆者作成

図6　2016年

順位	国名	スコア
1	スイス	100
2	フランス	94.75
3	日本	94.09
4	オランダ	93.84
5	ドイツ	91.88
6	英国	86.46
7	ポーランド	84.94
8	シンガポール	83.77
9	中国	78.73
10	オーストリア	76.99
11	韓国	75.43
12	NZ	74.24
13	米国	74.17
16	フィンランド	72.55
17	インド	72.05
	先進国平均	67.40
22	タイ	66.11
23	マレーシア	66.00
24	イタリア	65.31
26	オーストラリア	63.45
29	ベルギー	61.49
31	ノルウェー	60.82
36	スウェーデン	59.02
54	インドネシア	49.40
56	デンマーク	48.48
57	ベトナム	47.84
58	ポルトガル	47.84

出典：Integrated Index for Postal Development（2IPD）2016 results から筆者作成

1．スコアについて

　中間値は50である。スコア75以上の国の郵便発展状況を見ると、最高スコアの国に接近しスコアで50-75の国は「中間値より上」を示す。一方、スコアが25-50の国は「中間値より下」を示し、スコアが25を下回る国は「最低の水準に近い」ことを意味する。最高はスイス[14]の100で、最低はツバル（太平洋）[15]のスコア0である。

---
[14]（6 p. 12）
[15]（6 p. 13）

「UPU」は、上位にランクインしている国は上記の4つの基準のバランスが良いとしており、例えば、「弾力性」は郵便事業体の主要な収入源としての4つの分野「郵便」、「小包とロジスティクス」、「金融サービス」等での多角化を示している。もし、収入が特定の分野からのみに集中すると、事業運営の面からは脆弱性があると考えられる。具体的には、収入の80％が書状とすると、電子的な代替など外的なテクノロジーからの影響を直接受けるため、ビジネスモデルの点で問題があるとしている[16]。

2. 上位国のランキング

2回連続で1位となったのがスイスでスコアが100（前回：100）、オランダの93.7（前回：93.7）、3位が日本で91.6（前回：94.09）、4位ドイツで91.3、5位フランス83.3と欧州諸国が上位にランクインした。「UPU」によると、上位3カ国は共通して、郵便商品全般で非常に優れた品質と利用者へのグローバルなアクセスを保証していること、国内で根強い需要の取り込みと急速に環境変化の高い弾力性を備えている点が評価につながったとしている。「UPU」では上位3カ国に4位のドイツ、5位のフランスを加えて、日本を含む上位5カ国が世界を牽引するグループとしている[17]。

日本については、アジア太平洋地で卓越した郵便サービスの提供、貯金や保険分野を含む金融サービスの提供、事業の多角化が評価された。スイスポストは、「金融サービスなどの多角化」と「ビジネスモデルの順応性」の点が評価された。オランダは、バランスの良い事業を行なっていることが高評価につながっている[18]。

3. その他の事業体の状況

図5から欧米の郵便事業体が上位を占めている。日本以外のアジア太平洋の順位は、シンガポール（第7位：前回8位）、中国（第15位：前回9位）、タイ（第17位：前回57位）、インド（第23位：前回17位）、韓国（第24位：前回11位）、マレーシア（第25位：前回23位）、ベトナム（第50位：前回57位）、インドネシア（第59位：前回54位）、である。なお、2017年末に調査を行なったポルトガルは、先進国で最低の評価（第71位：前回58位）である。

「UPU」の展望

「UPU」では、ランキング上位の郵便事業体に共通する点は、郵便インフラへの「投資」と国民利用者との「信頼」であるとしている。上位国では、利用者は安心して郵便事業者が提供するサービスを利用する傾向が強いものと考えられる。

「UPU」のミッションは郵便サービスの発展を促進することであり、グローバルな共

---

[16] [7]
[17] [6 p. 5]
[18] [6 pp. 15-16]

通のアプローチを行うことによって、弱者が取り残されないようにすることである。郵便事業の持続可能な発展を考えると、E コマースへの対応を図る必要があるなど、まだまだ解決すべきことが数多くあり、郵便事業がデジタル化に積極的に関わりを進めるという「UPU」の考え方は時代に合致している。郵便事業は各国で社会経済の発展について重要な役割を果たしている。そのため、政府や規制当局やその他のステークホルダーに国家のインフラとして見なし投資するべきであるということに賛同できる。郵便に対する国民の信頼性は総じて高いといえる。

「UPU」の「2IPD」を調査・分析して感じたことは、このインデックスはあくまで「郵便事業体がどの分野に投資を行なっているか」、「バランスの取れた事業を行なっているか」、「デジタル化には対応できているか」等をインデックス化してランキングしたものであり、必ずしも利用者の視点で実感するサービスとはリンクしていないという点である。そのため、各国の郵便労組から提供された情報等から得た内容とはズレがあるように感じる。上位 3 カ国の郵便事業体は「将来的な投資やバランスのある事業展開を行っている」とする評価はそれなりに理解・納得できる。

引用文献

1. PostEurop. About us. *PostEurop*. [Online] [Cited: 12 16, 2018.]
   http://www.posteurop.org/aboutus.
2. Universal Postal Union. About Consultative Committee. *Universal Postal Union*. [Online] [Cited: 11 13, 2018.]
   http://www.upu.int/en/the-upu/consultative-committee/about-cc.html.
3. —. About Restricted Unions. *Universal Postal Union*. [Online] [Cited: 11 13, 2018.]
   http://www.upu.int/en/the-upu/restricted-unions/about-restricted-unions.html.
4. 国際連合広報センター. 万国郵便連合. 国際連合広報センター. (オンライン) (引用日: 2018 年 11 月 18 日.)
   http://www.unic.or.jp/info/un/unsystem/specialized_agencies/upu/.
5. Universal Postal Union. About Postal Operations Council. *Universal Postal Union*. [Online] [Cited: 11 13, 2018.]
   http://www.upu.int/en/the-upu/postal-operations-council/about-poc.html.
6. —. Postal development report 2018: Benchmarking a critical infrastructure for sustainable development . *Universal Postal Union*. [Online] 4 2018. [Cited: 2 28, 2018.]
   http://www.upu.int/uploads/tx_sbdownloader/postalDevelopmentReport2018En.pdf.
7. UPU 副事務局長. UPU 調査. (インタビュー対象者) JP 総研調査団. ベルン, 2018 年 3 月 6 日.
8. Bureau Telecommunicatie en Post. 2IPD 2016: Integrated Index for Postal Development published. [Online] [Cited: 8 25, 2018.]
   https://www. btnp. org/en/publications/2ipd-2016-integrated-index-for-postal-development-published/.
9. UPAEP . La Organización . *UPAEP* . [Online] [Cited: 12 30, 2018.]
   https://www.upaep.int/upaep/la-organizacion.
10. Asian-Pacific Postal Union Bureau. Asian-Pacific Postal Union. *Asian-Pacific Postal Union Bureau*. [Online] [Cited: 11 13, 2018.]
    http://www.appu-bureau.org/appu/background/.

第16章　むすびと展望

　1990年代からスタートした郵便市場の自由化はネオリベラルな経済政策に立脚した流れである。郵便市場の自由化と国営の郵便事業体の民営化の傾向は一致する。今回採り上げた12カ国においては、国の行政機関としての郵便事業は存在しない。全ての郵便事業者は株式会社化されている。上場企業は「ロイヤルメール」（英国）、「ドイツポスト」（ドイツ）、「ポストNL」（オランダ）、「bポスト」（ベルギー）、「ポステ・イタリアーネ」（イタリア）、「ポルトガルポスト」（ポルトガル）となる。なかでも、完全に民営化された企業は「ロイヤルメール」、「ポストNL」、「ポルトガルポスト」である。

　EUの欧州委員会は競争政策を推進するためには単一市場が大前提としており、第1次EU郵便指令から第3次EU郵便指令で市場の規制緩和を進めてきた。欧州委員会は自由化と規制緩和競争を導入によって、料金は引き下げられ、郵便商品やサービスの品質は向上し、利用者にとっては良い事尽くめの政策であるように強調してきた。

　しかし、欧州各国の郵便労組は、郵便の自由化によって、欧州委員会が約束したサービスの向上も料金の低下も起こらず、逆に、毎年のように料金は引き上げられ、送達速度などのサービス品質も悪化の一途をたどり、利用者離れが起きる悪循環となっている。労働条件や賃金の切り下げる方向で競争が進み利用者にも労働者にも何も良い結果をもたらしていないと批判を展開している。その反論に対しては、欧州委員会は「自由化が不十分であるので、一層の自由化が必要である」との水掛論に発展している現状である。

　各郵便事業体では、郵便のユニバーサルサービス義務を遂行と維持のために、EU指令で求められている「少なくとも週5日配達」という文言を郵便配達員が「週に5日間外に出る」という解釈に変えてきている。その例がデンマークとなるが、実際には、ポルトガル、イタリア、フィンランド等においても同様である。また、北欧諸国では配達速度も優先郵便の翌日配達サービスと非優先郵便を統合したサービスとして配達速度が引き下げられている。なお、翌日配達をユニバーサルサービスの範疇からから外し、プレミアムサービスにしている国もある。郵便物の減少に伴う収入の減少は配達日数と配達速度の引き下げにつながっている。

　そして、採り上げた欧州各国の郵便局も直営の郵便局からスーパーやガソリンスタンドやキオスクなどに委託化が進められている。ドイツやオランダにはすでに直営の郵便局は既に存在しない現状となっている。一方、フランスでは、「公共サービスハウス」と呼ばれるオフィスで郵便以外の公共事業体と共にカウンターを共有して公共サービス

のワンストップサービスのような形でサービスを提供している。郵便局を維持する負担の軽減をはかる工夫がなされている。

　水平展開としては、かつての国内だけの市場に留まっていた自由化以前とは異なり、ナショナルオペレーターである郵便事業者も市場を求めて国境を越え事業展開を行なっている。その代表的な事例が、「ドイツポスト」の「DHL」であり、フランスの「ラ・ポスト」の「ジオポスト」、英国のロイヤルメールの「GLS」である。現在は国外の物流子会社を通じて各国の市場でライバル関係にある。

　一方で、国を跨いだ郵便事業体の再編もある。これはスウェーデンとデンマークのケースに当てはめることが出来る。この統合に当たっては、スウェーデンとデンマークのみならず、北欧全体の包括した郵便事業体として、主要各国の郵便事業体からの北欧市場を守るという目的があったが、この思惑が適わず両国政府は株式を保有するポストノルド・グループとして北欧市場を自国市場の延長として各国で郵便物流事業を実施している。

　ベルギーの「ｂポスト」については、デンマーク政府がデンマークポストのノウハウを活用して「ベルギーポスト」の近代化を行なうという理由で一時「デンマークポスト」の株式を保有していた経緯があった。そのベルギーの郵便事業体「ｂポスト」が結果的には実現しなかったが、小が大を飲み込む形で「ポストNL」の買収に動いたことは記憶に新しい。

　垂直展開としては、郵便事業者によるサービスの「選択」と「集中」もビジネスライクに進んでいる。「ポストNL」のケースでは、「TNT」の事業が期待していたほど相乗効果をもたらしていないことから、「物言う株主」の存在もあり「フェデックス」へ売却されている。最近では、ベネルクス3国（オランダ・ベルギー・ルクセンブルク）の市場への重点シフトのために、イタリアやドイツの子会社の売却の動きもある。一方、オランダ国内に目を転じると、「ポストNL」によるライバル企業である郵便を配達する「サンド」の買収の可能性も報道されている。そして、最新の報道では「ポストNL」と「サンド」が合意したとの情報が2019年2月下旬に出ている。

　スウェーデンでは、ノルウェーの「ポステンノルゲ」の子会社である「ブリング・シティメール」がドイツのファンドに売却された。その社名は元の社名である「シティメール」に再変更された。郵便事業体が所有していた企業の売却と買収が頻繁に行なわれ、所有者が目まぐるしく変わっている。

　各郵便事業体もデジタル化の副産物であるEコマース物流にシフトしている。Eコマース物流は郵便と異なり競争ライバルも多く、デジタル技術やITやIoTに強みを持つ企業を傘下におさめ市場の変化に対応している。郵便とロジスティクスを統合した施設が効率的な配送には求められる。

　郵便ネットワークに親和性のあるサービスとして、郵便配達員や配達車両を有効活用したサービスを実施している郵便事業体もある。フランスの「ラ・ポスト」は生活関連

サービスとして、デジタルと人をインターフェースとして用いる「見守りサービス」や「日々のサービス」を展開している。フィンランドの「ポスティ」でも生活関連のサービスを行なっている。また、郵便配達車両を使った路面のモニタリングを民間企業とパートナーシップで実施している。英国王室領で郵便事業を営む「ジャージーポスト」では「見守りサービス」の試行を行っているという。

　英国ではロイヤルメールと郵便事業会社の従業員を組織する「CWU」は地方では主要銀行が撤退する状況下で金融へのアクセスが悪化している。このような弱者対策としてポストバンクの設置を主張している。ポルトガルの「ポルトガルポスト」では新たにポストバンクを立ち上げるなど、動きがある。

　歴史を辿ると欧州の郵政事業には電気通信事業や郵便貯金事業含めて経営された経緯があるが、それらの事業は切り離されて別々の道を歩んでいる。現在の郵便事業体は郵便物流が中心であるというものの、そのサービスラインアップ拡大のためには金融サービス・携帯電話サービスだけでなく、デジタルサービスも提供している。ロイヤルメールは郵便事業会社と郵便窓口会社が別々の独立した企業となっている。産業の収斂が進む中で、当時の政策立案者の時代の「先読み感」を誤ったように感じられてならない。やはり、デジタル化とEコマースとAIがキーとなる時代では企業内に金融部門がある強みは発揮できる。

　労働の側面では、国際労働産別のUNIグローバルユニオンや郵便労組は「自由化は競争の激化、賃下げ、不安定雇用を導く失敗モデル」であると競争の激化に加えて、賃金と労働条を引き下げようとする力も働くが、競争は価格競争でなく、質の高いサービスで行われるべきであると主張している。EUレベルでは2019年にも新たな郵便指令の進展が見られる可能性もあり目が離せない。

　UPUのランキングについては、デジタル化に対応しているか、将来性や投資のバランスについて数値化しているが、経営のレベルにおいては理解できるが、利用者レベルでは利用者は納得するレベルにはなっていないようである。

　このように、郵便物数の減少と小包の増加によって郵便事業会社や労働者が直面している課題は数多くあるが、現在ある人と資産の活用次第では、大きな可能性を秘めている。時代はデジタルであるが、どんな時代でも、ある一定の年齢に達すると最新のデジタルに対応できなくなる人々は一定数存在する。そのような人々に対応することの出来るサービスはやはり、郵便事業ではないであろうか。また、郵便局には、多くの従業員がおり、職員の多機能化によって、積極的に社会や環境や人々のニーズを取り込むことで他の企業や産業との差別化をはかることが可能である。

　ビジネスチャンスのあるところには競争は必ずセットで付いてくる。欧州各国では「アマゾン」はEコマースで注文を受けた商品の自社配送を手がけるようになっている。それまでの郵便事業者にとっては最大級の顧客が、最大級のライバル化している現状がある。郵便サービス事業者は、差別化をはかるためにも既存の郵便ネットワークを

用いて人口構造の変化、シルバーエコノミーの拡大、新しい技術の発展に対応したサービスの展開が必要である。ユニバーサルサービス日々の配達を通してビジネスチャンスの拡大をはかれるのではないかと考える。

索　引

A-Z

2010 年郵便法　22,109
2011 年郵便サービス法　51
2 IPD　249
3F　27

A クラスレター　23
A プライオリティー　139,144
ACM　82,88
AG インシュランス　76
AGCOM　97
ANACOM　206,214
APC　118
APPU　248
ARCEP　108,109

B エコノミー　139,144
B クラスレター　23
b ポスト　5,66,68,69,71,73,74,76-78,255,256
b ポスト・バンク・クレジット・カード　76
B2B　156,159
B2C　159
B2 政府　156
Banco CTT　219
Banco Posta online　102
BEIS　51
Billexco　156,162
BIPT　66,76
BRT　113
Bussgods　14

CDC　107
CDP　92,94
CFDT　129
CFTC　129
CGC　129
CNAF　117
CNAMTS　117
CNAV　117
CTT　205,209
CTT-PT　255

CVC キャピタルパートナーズ　66
CVC ファンド　69
CVC キャピタル・パートナーズ　21
CWU　41,50,59,60

DB シャンカー　14
DHL　14,66,85,113,193
DHL デリバリー　197
DNB　145
DNB ASA　135
DnB NOR ASA　135
DPD　43,66,113
Dynamic Development of Cross-border E-commerce through Efficient Parcel Delivery　6

E ヘルス　127
e-Boks　25
EEA　1
EFTA　223
e-top ups　56

FedEx　85,113
FICORA　154,155
FINMA　223
First Rate Exchange Services Holdings Limited　56
FNV　86
FO　129

G3　66
Gjensidige Bank　145
Gjensidige NOR　135
Glass, Lewis & Co　48
GLS　37,44-46,66,256
GRDF　117

HCRI　237
Health Info Net : HIN　237

IATA　193

ILO　223
IN THE POSTAL SECTOR 2013-2016　6
Institutional Shareholder Services　48
IOC　223
ISS　48

KLP　145
KPN　85

MAIN DEVELOPMENTS IN THE POSTAL SECTOR 2013-2016
Mallzee Limited　44
Market Engine Global Pty Limited　44
MEF　94
MSA　117

NATO　81

Olimpo Holdings　194
OpusCapita　156

P&T　153
ParceLock GmbH　44
PeP　185,188,190
PiB　143
POC　246
pole empoi　117
Post Office Management Services　56
Postal Union of the Americas, Spainand Portugal Portugal　249
Poste Mobile　102
PostEurop　248
Pronto Banco Posta　102
PT フィンランド　153
PTS　10,15
PTT　125
PTT テレコム　85
PTT ポスト　85

Quadrant Catering Limited 44

RADIAL 78
RM Property and Facilities Solutions Limited 44
Royal Mail Estates Limited 44
Royal Mail Investments Limited 44
RP 118

sales and solutions 241
Sbanken 145
Scale Payment Delivery Office 49
SEKO 16
SFPI 69
SINDETELCO 205
SINDETELCO 218
SNTCT 205
SNTCT 218
SPDO 49
SPS 233
Sydex 14
Syndex 217
Syndicom 239

TBC ポスト 76
TCS 110
TNT 43, 85
TNT エクスプレス 85
TNT ロジスティクス 85
TPG 85
Trafi 154

UBS 230
UKGI 51
UKPIL 45, 46
UNDESA 22
UNI グローバルユニオン 8, 217
UNI 欧州 4
UPAEP 249
UPS 14, 66, 85, 113
UPU 131, 245, 252

VAT 11
Ver. di 8, 176, 183, 197

VSO-SLFP 77

WHO 223
WIPO 223
WMO 223
WTO 223

Yodel 43

ZKB 230

ア

アイルランド銀行 59
アイルランド島 39
アウトリーチ型 56
アジア太平洋郵便連合 248
アドルグゾ 110
アマゾン 198, 201
アルドワ 128
アルバータ・インヴェストメント 85
アレグラ 137

イェンセン CEO 26
イスタンブール世界郵便戦略 245
イタリア経済・財務省 94
イテラ 153
イテラ・ポスティ 153
イテラ・ポスティグループ 153
イテラ・ロシア 161
イベリア半島 205

ヴァイサラ 167, 169
ヴィアポスト・ロジスティクス 113
運輸建設住宅省 22

英国政府投資会社 51
英国通信労組 41
エマニュエル1世 205
エルサン 127
エンド・トゥ・エンド 42

欧州経済領域 1
欧州自由貿易連合 229
欧州郵便単一市場 1

オーディナリーデューティー 224
オーパスキャピタ 156, 162
オッド委員長 148
オップ 110

カ

ガス供給会社 117

技術的ユニバーサルサービス 1
奇跡の経済 91
切手販売代理店 14
基本フロー 26
キュービー 73

クイックフロー 26
クイックレター 23
草刈サービス 166
草の根運動 135
グリーンランド 21
クリスチャン4世 135
グレートブリテン島 39
クレディスイス 230
グローバル・フォワーディング 194
クロスチャネル 241
クロノポスト 110, 113

経済社会局 22
経済的ユニバーサルサービス 1
コーポレートガバナンス 52
国王ヘンリー8世 39
国際オリンピック委員会 223
国際航空運送協会 193
国際赤十字、国際労働機関 223
コツェルニク議長 179
コペンハーゲン・エコノミクス 6
コミューン 107
コミュニティー支店基金 58
コラド・パッセラ 93
コリソジェップ 110
コリッシッモ 110

索　引　261

サ

サブポストマスター　54,58
三事業一体　1
サンド　83,86,256

ジオポスト　108,113,120,123,
　131,256
シティメール　9
社会ダンピング　81
社会的ユニバーサルサービス
　182
従業員代表委員会　182,183
シュール　113
職業安定所　117
シルバーエコノミー　125
シンプルデューティー　224

スイスポスト　223,227,237
スイスポストソリューションズ
　233
スイス薬剤師協会 OFAC　237
スイス郵便　232
ストラルフォルス　31
スプリング　87
スマートホーム　127
スマートポストロッカー　165

世界気象機関　223
世界知的所有権機関　223
世界貿易機関　223
世界保健機関　223
世界郵便戦略：ビジョン 2020
　245
全国家族手当金庫　117
全国ネットワーク　1
全国被用者疾病保険基金　117
全国老齢保険金庫　117

タ

第1次 EU 郵便指令　1,5,39
第3次 EU 郵便指令　1,135,
　209
第3次リザーブドエリア　65
ダイナグループ　71
第2次郵便指令　1
第4次 EU 郵便指令　200
ダイレクトリンク　31,36

ダウンストリームアクセス　42
地方郵便簡易局　118
地理的ユニバーサルサービス
　1

ディレクト　110
デジタルトラスト　241
デジタルファイナンス　241
デジタルポスト　25
デパルトマン　107
テレコムフィンランド　153
デン・ノルスケ銀行　135
電気通信・郵便規制機関　108
電子政府　22,25,27
店舗内郵便局　143
デンマークポスト　66

ドイツポスト　172,174,175,
　179,188,196,197,199,255,
　256
ドイツポスト・アーゲー　171
ドイツポスト DHL　172-174,
　178,183,185
ドイツ連邦ネットワーク庁
　175
ドイツ連邦郵便局　171
統合生産モデル　16
ドカポスト　118,119,127
独立採算　1

ナ

ネオプレス　110
ネオリベラル　255
ネッツ　25
ネットワーク転換計画　57
ネットワーク補助金計画　57

農業社会共済　117
ノルウェー通信庁　136
ノルウェー郵便貯蓄法　135

ハ

パーセル・プリヴェ　110
パーセルフォース　39
ハイキ・マリネン CEO　168
バブルポスト　75
バンコ・ポスタ　92,95,101

バンコ CTT　212,215
万国郵便連合（UPU）　130,
　245

ビジネス・プロセス・アウト
　ソーシング　241
ビシャ　127
ビジョン 2020　78
ピンメール　87
ピンメールベルリン　86
ファクテオ　128
フィンランド運輸安全庁　154
フィンランド通信規制庁　154
フィンランドポスト　155
フィンランド輸送庁　154
フェロー諸島　21
付加価値税　11
プライスキャップ規制　109
フリブール州　238
ブリュッセル証券取引所　69
ブリング　136
ブリング・シティメール　12
ブリングシティメール　136
フレート事業部　192
ブンデスポスト　171

ベネルクス　65
ベルギーポスト　68
ヘルス・インフォ・ネット
　237
ヘルスケアリサーチ研究所
　237
ヘルメス　43

募集手当　103
ポステ・アクシラ　102
ポステ・イタリアーネ　92-96,
　98,100,101,103,255
ポステ・イタリアーネ・グルー
　プ　103
ポステ・ヴィタ　102
ポスティ　153,155,156,159,
　166-168
ポスティ・グループ　153,163
ポステイタリアーネ　5
ポスティネン　163
ポステン・デンマーク　21

ポステン AB　9,11,13,14,31
ポステンノルゲ　135-137,139,140,143-145,148,256
ポスト―e コマースーパーセル　190
ポスト CH　228
ポスト―e コマースーパーセル　188
ポスト NL　5,82,83,85,86,89,2555,256
ポストウオッチ　40
ポスト―e-コマース―パーセル　185
ポストコム　40,223
ポストデンマーク　26,27
ポストデンマーク A/S　31
ポストノルド　5,12,14,28,32,148
ポストノルド・スウェーデン　11,15,33
ポストノルド・ストラルフォルス　36
ポストノルド・デンマーク　22,34
ポストノルド・ノルウェー　34
ポストノルド・フィンランド　35
ポストノルドデンマーク　35
ポストバス　228,235
ポストバンク　223
ポストバンク　230
ポストファイナンス　223,229
ポルトガル国家通信庁　206
ポルトガルポスト　205,209,211,212,219
ポルトガル郵便株式会社　205

マ

マイナンバー　25
マスターカード　76
マッテオ・レンツイ政権　77
マルク・デゥ・ミュルデール委員長　77

見守りサービス　50,126,128

メールアライアンス　86,87
メディア・コミュニケーション　118
メディアポスト・コミュニケーション　119,124

モニタリングサービス　167
モンディアル・リレイ　110

ヤ

ヤナ・パートナーズ　85

郵便・電気通信庁　153
郵便業務発展総合指数　249
郵便業務理事会　246
郵便サービス委員会　39
郵便サービス消費者委員会　40
郵便組織法　223
郵便代理店　14
郵便貯金公社　135
郵便貯蓄金庫　107
郵便電気通信省　125
郵便電気通信庁　9,10,15
郵便取次所　118
郵便法　6
ユニバーサル・サービス・コスト　99
ユニバーサル・サービス法令　172
ユニバーサル義務　2
ユニバーサルサービス　1
ユニバーサルサービス義務　1

預金供託金庫　107

ラ

ラ・バンク・ポスタル　112,114,120,123
ラ・ポスト　107,109,110,112,118,125,128-130
ラ・ポスト・グループ　111,112,116,120
ラディアル　71
ラポスト　5

リチャードフーパー・オフコム　40
立憲君主国家　81
リブレ A　107,112,114

レジオン　107
レファイゼン　230
連邦金融市場監督機構　223
連邦郵便サービス委員会　223

ロイズ銀行　59
ロイヤル TPG ポスト　85
ロイヤルバンク・オブ・スコットランド　59
ロイヤルメール　5,39,40,42,45,48,50,255
ロイヤルメールグループ　44,45
ロイヤルメール年金問題　50
ローランド・ヒル　39

著者紹介

立原　繁（たちはら　しげる）
1959年東京都新宿区生まれ、茨城県水戸市出身。59歳。1988年東海大学大学院経済学研究科博士課程単位取得（満期退学・経済学修士）。1988年～1990年東海大学政治経済学部助手、1990年～1994年専任講師、1994年～2001年助教授、2001年～教授。2010年東海大学観光学部設立に関わり、同年より教授（現職）。東海大学大学院文学研究科観光学専攻主任。東海大学総合社会科学研究所所長。
2001年～2002年タイ国チュラロンコーン大学客員研究員。2010年より日本フードサービス学会理事（現職）、2016年より副会長（現職）。
　主な著書（共著）として、「変革期の郵政事業」（2000年、日本評論社）、「市民社会の経済政策」（2006年、税務経理協会）、「自助・共助・公助の経済政策」（2011年、東海大学出版会）、「ソーシャルビジネスのイノベーション」（2014年、同文舘出版）、「現代フードサービス論」（2015年、創成社）「基本観光学」（2017年、東海大学出版部）、など。

栗原　啓（くりはら　あきら）
　1965年千葉県野田市生まれ。53歳。1996年インディアナ州立大学大学院修了（Master of Science）。1996年全逓信労働組合中央本部職員、2012年～2013年UNI GLOBAL UNION本部プロジェクトコーディネーター（スイス・ニヨン駐在）、2016年～ＪＰ総合研究所研究員（現職）。
　主な論文として、「GFAの現状と課題」（2010年、日本ILO協会）、「FTA Impact on Postal Services」（2013年、UNI Global Union）、「覇権を争うＥコマース企業とラストワンマイルの進化」（2018年、東海大学総合社会科学研究所紀要）、「『見守り』サービスから見るスマートホーム市場と生活関連サービスの拡大」（2019年、東海大学総合社会科学研究所紀要）、など。

装丁　中野達彦

欧州郵政事業論
おうしゅうゆうせいじぎょうろん

2019年3月31日　第1版第1刷発行

　著　者　　立原　繁・栗原　啓
　発行者　　浅野清彦
　発行所　　東海大学出版部
　　　　　　〒259-1292　神奈川県平塚市北金目4-1-1
　　　　　　TEL 0463-58-7811　FAX 0463-58-7833
　　　　　　URL http://www.press.tokai.ac.jp/
　　　　　　振替　00100-5-46614
　印刷所　　株式会社 真興社
　製本所　　誠製本株式会社

Ⓒ Shigeru TACHIHARA and Akira KURIHARA, 2019　　ISBN978-4-486-02180-3

|JCOPY|＜出版者著作権管理機構　委託出版物＞
本書（誌）の無断複製は著作権法上での例外を除き禁じられています．複製される場合は，そのつど事前に，出版者著作権管理機構（電話03-5244-5088，FAX 03-5244-5089, e-mail: info@jcopy.or.jp）の許諾を得てください．